ZHEJIANG SHENG NONGCUN SHENGHUO LAJI

FENLEI CHULI SHIJIAN

浙江省农村生活垃圾分类处理实践

朱 娅 孔朝阳 著

中国农业出版社

北 京

探索农村生活垃圾分类　分出文明新时尚

　　生态文明是人类文明的更高级形态，垃圾分类处理是迈向这一文明形态的必由之路，也是人类文明发展的一个新坐标。普遍推行生活垃圾分类制度，是习近平总书记亲自倡导、亲自部署、亲自推动的"关键小事"。习近平总书记多次发表讲话、作出批示指示，强调实行垃圾分类，关系广大人民群众生活环境，关系节约使用资源，也是社会文明水平的一个重要体现。

　　2003 年 6 月，在时任省委书记习近平的倡导和主持下，浙江在全省启动"千村示范、万村整治"工程，拉开了农村人居环境整治和农村生活垃圾治理的序幕。2014 年，在农村生活垃圾集中收集处理基本覆盖的基础上，浙江积极开展生活垃圾减量化、资源化、无害化分类处理探索，试点建设农村生活垃圾资源化处理站点，科学选择符合农村实际和环保要求、成熟可靠且经济实用的农村生活垃圾处理终端工艺，并鼓励探索新技术、新工艺。2016 年 12 月，中央财经领导小组第十四次会议专题听取浙江省委关于推行垃圾分类的工作汇报，习近平总书记对此充分肯定，并强调要总结浙江经验，在全国推行垃圾分类制度。2018 年 9 月，浙江开展十五年之久的"千村示范、万村整治"工程获联合国"地球卫士奖"殊荣。2020 年 3 月 20 日，习近平总书记在浙江考察调研时，要求浙江努力成为新时代全面展示中国特色社会主义制度优越性的重要窗口，叮嘱要继续深化"千村示范、万村整治"工程和美丽乡村建设。在习近平总书记重要讲话精神指引下，浙江农村生活垃圾分类工作顺利推进。

　　农村垃圾分类处理是一项涉及面很广、管理线很长、工作难度很大又极具革命性意义的社会行为。浙江全省各级党委、政府高度重视农村生活垃圾分类工作，着力构建"党委领导、政府主导、企业参与、农民主体、社会协同"的协同治理体制，形成主要领导带头抓、主管领导亲自抓、基层领导具体抓，一级抓一级、层层抓落实的工作推进机制。各地倡导垃圾分类文明新风尚，普及垃圾分类新知识，采用村规民约、积分兑换超市、"小手拉大手"等有效举措，发动农民群众主动参与，实现家家分、户户比，把农村生活垃圾分类工作持续推向纵深。

垃圾分类看似是小事，实则是大事，它不是简单的举手之劳，而是一个需要全程管理的科学体系。浙江探索创新"三四五"工作法，坚持农村生活垃圾减量化、资源化、无害化的"三化"导向，全面推行分类投放定点、分类收集定时、分类运输定车、分类处理定位的"四分四定"模式，建立健全有组织体系、有处理设施、有保洁队伍、有经费保障、有督考制度的"五有"工作体系，开创了农村生活垃圾分类的新局面。

农村生活垃圾分类处理的关键在于做好源头分类、中端收集、末端处置和全程监督。一是前端源头分类精准。根据农村实际，实施"二次四分"法，按会烂、不会烂和可卖、不可卖分类，结合网格管理、党员包户等措施，解决农户愿分、会分、准确分的问题。二是中端收集运输规范。严格做到分类收集运输设施分格分箱，没有分格分箱的分车分批。三是末端处理设施集约。科学布局，规范管理，采取一村一建或多村合建农村生活垃圾资源化处理站点。四是全程监督管理智能。一批垃圾分类示范村通过设置二维码、终端设施数据化等途径，实现源头分类减量可评估、中端收集运输可计量、末端处理在线可监测，形成可复制、可推广的监督管理智能化模式。

浙江还建立三套机制，确保农村垃圾分类长效可持续。一是创新考核评价机制。建立省、市、县、乡四级考核机制，把农村垃圾分类处理工作纳入"美丽浙江""健康浙江"、乡村振兴、党政领导干部等年度考核。二是建立多元化投入机制。积极探索"各级财政补一点、乡镇与部门出一点、农户与企事业单位收一点"的多元化资金筹措模式。三是完善长效管理机制。加强站点运维管理，压实属地管理责任，引入第三方专业机构，以及推动建立各级垃圾分类处理大数据智能化管理平台，对终端站点运行等情况进行动态监测管理。全省各地还发动村民积极参与，提高农村垃圾分类管理水平，培养了一批垃圾分类处理的管理者、经营者、建设者、守护者。

习近平总书记指出，垃圾分类工作就是新时尚。让垃圾分类成为新习惯、新风俗、新规矩，那么文明的行为方式就能逐渐养成，日常生活环境就能得到改善。此外，要以学习贯彻习近平新时代中国特色社会主义思想，特别是习总书记对浙江的新期望新要求为抓手，按照数字赋能、变革重塑要求，持续擦亮浙江"三农"金名片，加快建设农业农村现代化先行省，为高质量发展建设共同富裕示范区夯实基础。

王通林

2022 年 2 月 20 日

<<< 目　录

浙江省农村生活垃圾分类处理工作实践

农村生活垃圾处理是农村人居环境治理中的痼疾，是新时代美丽乡村建设、美丽中国建设的痛点和难点，也是乡村振兴必须为农民办的民生实事。习近平总书记高度重视并倡导垃圾分类工作，多次发表讲话、作出批示指示，指出："实行垃圾分类，关系广大人民群众生活环境，关系节约使用资源，也是社会文明水平的一个重要体现。""垃圾是放错位置的资源，把垃圾资源化，化腐朽为神奇，是一门艺术。"

为贯彻落实党中央和中共浙江省委、省政府关于普遍推行垃圾分类制度的决策部署，深入开展农村生活垃圾分类处理工作，2022 年初，浙江省农业农村厅、浙江省"千村示范、万村整治"工作协调小组办公室开展了对全省各市、县（市、区）农村生活垃圾分类处理情况的调研。通过实地走访、召开座谈会、发放问卷调查表等多种形式的调查，调研组基本掌握了全省农村生活垃圾分类处理工作的总体进展情况。

一、浙江省农村生活垃圾分类处理发展历程

从浙江实践看，生活垃圾分类处理工作始于城市，相当一段时间内，农村的垃圾分类水平好于城市。2003 年，在时任省委书记习近平的倡导和推动下，以农村生产、生活、生态的"三生"环境改善为重点，浙江在全省启动"千村示范、万村整治"工程，自此浙江省拉开了农村人居环境整治和垃圾治理的序幕。经过 20 年的攻坚克难，浙江省逐步探索出一条有效的农村生活垃圾分类处理模式。农村生活垃圾处置由就地填埋、焚烧或转运处置等"粗放"处理模式发展到现在的以"三化"为导向、"四分四定"为标准的规范化处理模式，主要经历了三个阶段。

（一）农村生活垃圾集中收集处理阶段（2003—2013 年）

在农村垃圾治理初期，为破解农村环境脏乱差的顽疾、消除乱堆乱放的陋习，农村生活垃圾处理采用"户集、村收、村处理"的简单填埋和简易焚烧处

理方式。但简单填埋的垃圾在腐败过程中会产生大量的酸性、碱性有机污染物，会溶出垃圾中含有的重金属，包括汞、铅、镉等，形成有机物、重金属和病原微生物三位一体的污染源，造成水体污染和土壤污染。垃圾简易焚烧过程会产生大量有毒有害气体和粉尘，严重威胁人类身体健康。因此，积极探索垃圾"无害化"处理成为此阶段亟须突破的重点。浙江省逐步采用"户集、村收、乡镇运、县处理"体系，由县（市、区）对农村生活垃圾进行集中卫生填埋或焚烧处理，农村人居环境明显改善。随着生产力快速发展，农村居民生活水平日益提升，城郊农村生活垃圾井喷式增长，填埋场容量日趋饱和，"垃圾围村""邻避效应"等问题日益凸显，破解源头减量难题成为农村生活垃圾处理的新目标。

（二）农村生活垃圾分类处理试点阶段（2014—2016 年）

2014 年，在农村生活垃圾集中收集处理基本覆盖的基础上，浙江省积极开展垃圾减量化、资源化、无害化分类处理试点工作。浙江省"千村示范、万村整治"工作协调小组办公室、浙江省财政厅出台了《关于开展农村垃圾减量化资源化处理试点的通知》（浙村整建办〔2014〕17 号），探索农村垃圾减量化资源化处理在"分类收集、定点投放、分拣清运、回收利用、生物堆肥"等各个环节的科学规范。试点阶段涌现出一些典型经验，具代表性的有金华市金东区的"二次四分法"。"二次四分法"指农户在家按会烂、不会烂对垃圾进行初次分类，再由村里聘请的保洁员上门收集，会烂的就地堆肥，不会烂的再按可卖和不可卖分类。农村生活垃圾分类处理的试点工作取得显著效果。2016 年，中央财经领导小组第十四次会议专题听取浙江省委关于推行垃圾分类的工作汇报，习近平总书记对此充分肯定，并强调要总结浙江经验，在全国推行垃圾分类制度。

（三）农村生活垃圾分类处理全面推进阶段（2017 年至今）

2017 年，中共浙江省委印发《关于扎实推进农村生活垃圾分类处理工作的意见》（浙委办发〔2017〕68 号），提出要围绕农村生活垃圾实施减量化、资源化、无害化分类处理，加快建立分类投放要定时、分类收集要定人、分类运输要定车、分类处理要定位的"四分四定"垃圾处理体系，不断提高垃圾分类覆盖范围。2018 年 2 月，全国首个省级地方标准《农村生活垃圾分类处理规范》（DB33/T 2091—2018）正式发布，推进了农村生活垃圾分类处理的规范发展。2018 年 5 月，浙江省"千村示范、万村整治"工作协调小组办公室印发《浙江省农村生活垃圾分类处理工作"三步走"实施方案》，为贯彻落实浙江省委、省政府关于农村垃圾分类处理"一年见成效、三年大变样、五年全面决胜"的目标任务，方案提出实施五年攻坚行动，构建"三四五"工作推进机制，围绕控制增量、促进减量、提升质量，提升农村生活垃圾分类处理的能力与水平。2021年1月1日起，全省49个垃圾填埋场除应急处置外全面终止作业，至此，浙江成为全国首个实现生活垃圾总量"零增长"、处理"零填埋"的省份。

二、浙江省农村生活垃圾分类处理推进现状

（一）项目村覆盖

2022年，全省新创建生活垃圾分类村782个。2014—2022年，共创建农村生活垃圾分类村19 786个，其中省级高标准分类示范村1 200个。全省垃圾分类村覆盖率为100%，较上年增长4个百分点。

科学规划建设资源化站点，并以点带面辐射带动周边项目村的生活垃圾分类处理。2022年，全省技改提升农村生活垃圾资源化处理站点85个。2014—2022年，共建设省级农村生活垃圾资源化处理站点1 217个，覆盖2 506个项目村，服务人口1 149.36万。站点设计平均日处理能力5 706.65吨。

资源化站点日渐呈现集约化趋势，多村联建和县域集中逐步替代"一村一建"成为主要形式，有效提高了站点的处理能力和分类村的覆盖面。例如，嘉兴市南湖区投入1 500万元建成南湖区农村生活垃圾处理站，覆盖全域34个行政村，受益人口达10.4万，设计日处理能力30吨。宁波市鄞州区积极探索垃圾处理"1+X+N"模式，即一个区级处理中心，X个片区镇级处理站，N个村级处理点。

（二）处理模式

在多种技术单位的参与下，浙江省易腐垃圾资源化处理的技术方案有物理模式（热解和磁解）、化学模式（焚烧和生物炭）和生物模式（微生物和昆虫），资源化产物有肥料（固体和液体）、能源（气和电）、饲料等。各地根据自然资源、环境地貌、人口结构，因地制宜探索实践资源化处理模式。截至2022年底，1 217个省级农村资源化站点中有89.5%采用机器快速成肥处理模式，5.2%采用太阳能沤肥处理模式，2.6%采用厌氧沼气处理模式，可见，生物转化成肥是当前浙江省农村更普遍接受的资源化模式。

（三）站点运维

2022年，全省垃圾收集点和中转站投入分类运输车辆4.482 9万辆（含大型运输车2 133辆、分类运输车29 757辆、小型运输车12 939辆），农户垃圾桶1 121.174 7万个、公共垃圾桶69.026 7万个（表1）；站点工作人员2 376

人，保洁员 9.005 3 万名，监督员 3.9 万名，农村垃圾分类志愿者 10.62 万名。全省省级站点年运维费①共计约 3.31 亿元，其中电费 4 163.63 万元，水费 784.53 万元，人工支出 1.14 亿元。按站点总服务人口计，人均运维成本约为 20.59 元/人。

表 1　2022 年浙江省农村生活垃圾分类设施配置统计

地区	普通运输车（辆）	分类运输车（辆）	大型运输车（辆）	农户垃圾桶（万个）	公共垃圾桶（万个）
浙江省	12 939	29 757	2 133	1 121.174 7	69.026 7
杭州市	1 093	3 678	260	197.162 6	2.676 0
宁波市	582	3 090	286	187.255 6	8.103 2
温州市	2 220	3 568	354	50.998 1	12.341
湖州市	0	3 346	205	81.442 8	1.081 5
嘉兴市	973	4 334	246	88.890 2	2.088 9
绍兴市	398	2 682	189	141.780 8	8.954 8
金华市	3 771	3 422	253	136.532 3	3.552 4
衢州市	725	2 293	67	72.080 6	3.904 1
舟山市	250	188	66	15.129 7	3.436 9
台州市	1 482	1 312	129	87.460 0	7.258 3
丽水市	1 445	1 844	78	62.442 0	15.629 6

（四）垃圾处理

2022 年，全省农村生活垃圾总量 1 132.056 4 万吨，剔除城乡一体化收运因素，全省农村生活垃圾总量实现零增长；垃圾年资源化利用量 1 132.056 4 万吨，年资源化利用率 100%；资源化回收总量 168.896 4 万吨，回收率 63.81%；处理易腐垃圾 233.072 7 万吨，可腐垃圾占农村生活垃圾总量的 20.59%（表 2）；无害化处理率 100%。整体来看，资源化率较高，减量化明显。

表 2　2022 年浙江省农村生活垃圾（易腐）统计

地区	日处理易腐垃圾量（吨）	月处理易腐垃圾量（吨）	年处理易腐垃圾量（万吨）
浙江省	6 385.55	194 227.20	233.072 7
杭州市	2 084.69	63 409.31	76.091 2

① 站点运维费包括设备折旧费、设备维护费、菌剂购入费、人工费、水费、电费、产出物检测费等。

（续）

地区	日处理易腐垃圾量（吨）	月处理易腐垃圾量（吨）	年处理易腐垃圾量（万吨）
宁波市	754.74	22 956.79	27.548 1
温州市	550.22	16 735.89	20.083 1
湖州市	296.37	9 014.50	10.817 4
嘉兴市	428.98	13 048.07	15.657 7
绍兴市	343.55	10 449.50	12.539 4
金华市	658.80	20 038.42	24.046 1
衢州市	299.50	9 109.91	10.931 9
舟山市	130.26	3 962.08	4.754 5
台州市	597.01	18 158.93	21.790 7
丽水市	241.44	7 343.83	8.812 6

三、浙江省农村生活垃圾分类的举措

（一）围绕建章立制抓统筹，高起点推进农村生活垃圾处理

1. 建立农村生活垃圾分类处理管理体系。浙江省探索建立以"党委领导、政府主导、社会协同、农民主体、全民参与"的"一盘棋"工作体系。一是顶层统筹谋划，定方针。浙江省委、省政府先后出台了《关于扎实开展农村生活垃圾分类处理的意见》（浙委办发〔2017〕68号）、《浙江省农村生活垃圾分类处理工作"三步走"实施方案》（浙村整建办〔2018〕5号）等文件，对全省农村垃圾分类处理工作进行总体部署，确立目标任务，分阶段逐步推进。二是县级统筹推进，定方案。各县（市、区）制定农村生活垃圾分类处理实施方案、农村生活垃圾分类减量化处理资源化利用工作的实施意见、农村生活垃圾分类处理工作考核办法等文件，建立县（市、区）政府负总责、主要负责人亲自抓、分管负责人具体抓、其他负责人配合抓的层层落实推进机制；建立农办或执法局负责统筹规划、协调和督查工作，国土资源局保障垃圾处理站点建设用地等多部门联动工作机制。三是镇村主体实施，重落实。建立"联村领导、驻村干部、村干部、联络员、巡查员"网格管理体系以及"党建＋""保洁员包干"等机制，落实专门工作人员负责区域的垃圾分类、收运、站点建设和运维等具体工作的实施。

2. 建立农村生活垃圾分类处理标准规范。一是建立源头垃圾分类标准。浙江省于2018年制定出台了全国首部农村生活垃圾分类规范《农村生活垃圾分类规范》，建立了"易腐垃圾、可回收垃圾、有害垃圾、其他垃圾"四分类

制度，为全省统一、规范分类提供了标准。同年，金华市出台了全国首部农村生活垃圾管理的地方性法规，促进了农村生活垃圾分类进一步规范化发展。二是建立中端分类处理规范。全省全面推行"四分四定"的收运工作机制，要求分类投放要定点、分类收集要定时、分类运输要定车、分类处理要定位，确保收集、运输环节的规范化。三是建立终端处理设施标准。制定《浙江省农村生活垃圾减量化资源化主体设施规范建设要求》（浙村整建办〔2016〕36号）、《浙江省农村垃圾减量化资源化试点村项目竣工验收备案管理办法（试行）》等，规范末端设施的选址、建设、设备、工艺等。

（二）围绕要素保障抓落实，高要求推进农村生活垃圾处理

1. 多元筹集运维资金。浙江省提出有组织、有队伍、有经费、有设施、有督导的"五有"保障措施，落实农村生活垃圾分类处理工作，而资金支撑是破解维护管理后劲不足"卡脖子"问题的关键。目前，市、县两级财政按1∶1的比例给予常住人口一次性资金补助，用于垃圾桶、垃圾车、宣传经费等配套投入，县财政按照平均每人每年60～120元筹集经费，用于保洁员工资及垃圾分类处理设施后期维护等后续管理。全省各地农村生活垃圾长效运维保障资金每年约投入40亿元。

2. 探索农村垃圾收费制度。垃圾收费制度能够解决农村保洁资金短缺和村民卫生意识淡薄两大瓶颈，各地按照"谁生产、谁负责、谁付费"原则，探索建立住户付费、村集体补贴、财政补助相结合的机制。例如，衢州市江山市自2016年开展农村保洁资金自筹试点，筹集资金350余万元，收缴率90%以上；衢州市常山县尝试"1元统筹"，全县收缴保洁经费360余万元；杭州市桐庐县分水镇后岩村按照"村集体补贴、社会支助、村民自筹"方式建立"美丽基金"；湖州市南浔区开始实施村民自筹保洁费，每人每年12元。

（三）围绕运维管理抓效能，高效能推进农村生活垃圾处理

1. 探索建立多元运维管理模式。目前，浙江省主要采取以县级为主体购买"农村物业"服务、以乡镇为主体的专业化服务外包、乡镇（街道）＋建制村为主体的市场化运维、建制村＋自然村的自我管理四大运维模式。其中，以乡镇管理运维为主、委托第三方运维的资源化站点有303个，占站点总数的28.1%。

2. 鼓励社会资本参与运营。积极推行政府购买服务、政府和社会资本合作（PPP）、环境污染第三方治理模式，支持特许经营、承包经营、租赁经营，大力扶持垃圾资源化骨干企业的发展，逐步建设一批以企业为主体的生活垃圾资源化产业技术创新联盟和技术研发基地，实现"减轻财政负担、市场参与分担"局面。

3. 支持构建垃圾资源化产业链。 构造垃圾分类绿色封闭的循环圈和生态产业链，促进垃圾分类处置长效运行的内生动力。例如，龙游县整合保洁网络优势资源，建立由流动回收车、271 个村级回收网点、81 家回收综合服务站和 1 个大型再生资源分拣中心组成的再生资源回收服务网，对可回收垃圾进行再生利用，年产值 1 000 多万元。

4. 建立垃圾分类处理智能化信息监管平台。 通过设置二维码、终端设施数据化管理等手段，实现源头分类减量可评估、中端收集运输可计量、末端处理在线可监测的全程智能化管理模式。如东阳市经过全流程数字化改造，探索引进考拉 App 智能监管平台，实现对农村生活垃圾分类收集、分类清运、分类处理、资源化回收等全流程数字化管理。

（四）围绕监督考核抓示范，高质量推进农村生活垃圾处理

1. 突出绩效考核。 制定《浙江省农村生活垃圾分类处理工作验收标准》《浙江省农村生活垃圾治理工作年度考核管理办法（试行）》，建立"村日自查、镇乡月查、县级抽查、市年度考核、省年度抽查"的监督考核机制，结果纳入党政干部年度绩效考核。

2. 突出示范典型。 制定《浙江省省级高标准生活垃圾分类示范村评选参照标准》，对各地区工作实效进行评选，打造了一批山区、海岛、平原特色的农村生活垃圾分类处理示范村；评选垃圾分类示范县、示范镇、示范村；形成每镇有示范、村村有典型、人人争模范的局面，通过互看互比互学，带动全民参与垃圾分类。

3. 突出激励机制。 通过以奖代补、积分兑换超市、直接奖励等多种方式对先进集体、先进个人进行奖励。开展晒拼活动，组织"十佳村""十差村"评比等活动，建立"曝光台"和"红黄榜"，充分调动基层的积极性，引导村民自觉分类。

（五）围绕意识引导抓宣传，高水平推进农村生活垃圾处理

1. 立足宣传倡导。 通过线上线下相结合的方式，实现宣传"进村入户到人""入耳入眼入心"，营造人人参与垃圾分类的浓厚氛围。线上主要通过主流媒体播放公益宣传片和新闻报道、微信宣传、网络曝光加大垃圾分类宣传。线下主要运用社区宣传橱窗、LED 显示屏、墙绘、宣传单、广告牌、广播巡逻等方式展出垃圾分类展板、海报、标语等，让村民接收垃圾分类资讯；通过开展主题党日、知识竞猜、小品演出等群众喜闻乐见的文娱活动，普及垃圾分类知识，推动人人知晓、人人参与生活垃圾分类。

2. 立足文化引领。 金华市金东区建成全国首个垃圾分类艺术展馆，以

"垃圾艺术"诠释绿色环保理念，分"垃圾之殇""完美蝶变""精彩互动"三大板块，陈列垃圾艺术品近500件，集宣传、教育、体验、休闲"四位一体"，是推介农村垃圾分类"金东经验""金华模式"的重要窗口。临海市汛桥镇建成台州首个镇级垃圾分类体验馆，通过VR实景体验、资源化肥料＋花果蔬种子或小瓶装酵素厨房洗涤液应用实践，分享垃圾资源化成果，提供了集展览、宣教、互动、实践于一体的垃圾分类教育平台。德清县城乡环境生态综合体示范基地，集易腐垃圾资源化处理中心、易腐垃圾产物高值利用深加工中心、现代化有机肥农业应用示范中心、垃圾分类宣传教育园区于一体，实现了易腐垃圾处理全流程、全覆盖、全产业链的完整封闭生态循环。在示范基地的园艺DIY体验区，参观者可亲手种植盆栽或蔬菜，添加易腐垃圾产生的肥料，收获乐趣，践行环保。该基地通过垃圾资源化流程展示、有机农业、艺术品展览、DIY体验，将垃圾分类与科技、环保、生态、艺术、娱乐有机融合，为垃圾分类宣传和教育提供了新的模式和窗口，连同各地涌现的垃圾专题小品、相声、快板等节目，形成特色"垃圾文化"，引领垃圾分类新时尚。

四、浙江省农村生活垃圾分类处理存在的问题

浙江省农村生活垃圾处理在制度、模式、技术等方面取得了重大进展，但与美国、德国等发达国家的垃圾处理水平相比，与我国农业农村现代化相适应的农村生活垃圾绿色循环产业链形成的要求相比，还有差距，主要有源头分类不精准、设施运维不完备、工作推进不平衡、要素保障不到位、政策法规不健全等问题。

（一）分类意识和积极性尚不足，源头分类精准难

虽然农村生活垃圾分类已经在全省面上铺开，但是部分农村居民受传统生活习惯的影响，生活垃圾分类意识依旧淡薄，主动参与分类的积极性不高，尤其是"小、散、乱"的山区村庄及空心化、老龄化的乡村，此种情况尤为明显。浙江是经济大省，一些地区外来人口多、流动性大，外来人口归属感和主人翁意识的缺失，加大了垃圾分类劝导和监督工作难度。一些地区在工作中存在疏漏，忽略对工业园区企业的宣传发动，致使企业垃圾分类意识比较淡薄，存在工业垃圾和生活垃圾混在一起的现象。可见，农村的生活垃圾分类积极性和准确率有待提升。

（二）资源化处理技术尚不成熟，末端效能保证难

我国在垃圾资源化处理终端设备的国家标准和行业标准仍处于真空状态，

资源化设备处理工艺不成熟、功能不全面、运行不稳定、成肥效果不佳等问题都不同程度存在。早期制肥机处置技术、设备材料不过关，如浙江省第一轮试点项目设备中有不少是"三无"产品，终端设备故障报修率较高，几年运行下来，部分设备出现制肥困难甚至闲置。不同时期建设的资源化处理站点配置不同的制肥机，品牌多、设备杂，甚至同一个公司不同时期的设备都有较大技术更新，导致设备零配件难统一，设备操作难度大，对操作人员要求高。由于部分地方的农村易腐垃圾中餐余垃圾比例较高，目前的处理工艺对高油高盐的处理能力不足，导致生产出来的肥料虽然符合《有机肥料》（NY/T 525—2021）检测标准，但离成品有机肥标准还有很大距离，在实际使用过程中应用面狭窄，成品以赠送为主，经济效益较低，出肥资源化利用成效不明显。

（三）思想认识尚不到位，全域平衡推进难

一是思想认识不到位。一些地方干部对农村生活垃圾分类处理意义认识不足，存在"说起来重要、干起来次要、忙起来不要"的现象，没有把农村垃圾分类处理作为改善农村生产生活条件的系统工程进行长远谋划。基层政府承担着繁重的经济发展和社会事务管理任务，难以有更多的精力、财力和物力来解决农村垃圾分类处理问题，造成文件材料措施有、实际工作难跟上的问题。一些工作人员存在畏难情绪，对垃圾分类工作的垃圾分类分拣员评优制度、"红黑榜"制度、网格化管理制度等都没有真正落实。二是区域工作推进不平衡。大部分乡镇垃圾分类与资源化进展较快，实施效果较好，象山县、南湖区、诸暨市、衢州市衢江区、岱山县等县（市、区）的农村生活垃圾分类覆盖率皆达100％以上。部分乡镇还处在抓示范阶段，部分空心村及拆迁村垃圾分类不到位。

（四）要素保障尚不充足，长效运维管护难

1. 资金投入不充足。一是政府资金投入不充足。目前，农村垃圾分类与资源化运维资金主要由县（市、区）、乡镇（街道）政府支撑，部分地区未将农村垃圾分类运行经费纳入财政预算，部分乡镇难以支撑固定的垃圾运维经费。二是垃圾分类处理收费制度未落地。地方政府在资金筹措方面尚未建立合理的收费机制，农户及企事业单位的垃圾收费占比过低，导致生活垃圾处理缺乏稳定的资金保障。三是垃圾分类处理盈利渠道未建立。垃圾分类处理设施和资源回收利用体系建设具有很强的公益性，投资大、建设周期长、收益低，社会资本参与的积极性不高，市场化运作机制不健全。因为资金保障不到位，很多农村社区特别是偏远地区无法配备足额分类运输车，或者分类清运车不达标、密封性差，甚至有的地方依然较多使用敞开的拖拉机进行清运。

2. 土地保障不到位。现阶段资源化站点普遍采用的机器快速成肥模式和太阳能沤肥模式，均需要 200～1 000 米² 的土地用于厂房建设，但现有土地政策针对垃圾分类减量资源化处理的设施用地存在政策支持空白。如某村资源化处理站点因涉及永久农田保护，站房外部围墙已拆，站房内硬化路面已复垦。另外，近年来由生活垃圾分类设施建设引发的"邻避效应"问题愈演愈烈，村民因臭味、噪声等不支持建站，导致站址远离居民住所，不方便运输投放。有些站点仅试运行半年就因附近居民反对而不得不暂停试运行工作。

3. 专业化人才短缺。农村保洁人员大多文化水平偏低，普遍为小学水平，且多以兼职为主，难以满足资源化站点运维的专业化要求。农村保洁员、分拣员年龄结构较大，如平湖市农村保洁员平均年龄在 61 岁左右。

（五）政策法规不健全，工作执行到位难

尽管出台了《浙江省生活垃圾管理条例》，但是农村生活垃圾分类处理因没有执法约束，只能以"奖"激励，无法以"惩"规范，农村生活垃圾分类处理工作在执行过程中"按下葫芦浮起瓢"的现象时有发生。尽管政策法规健全，但各地指导意见、生活垃圾管理办法、农村垃圾分类处理指导规范及相应的标准存在不同程度的地域性。县（市、区）农村生活垃圾分类处理由农业农村、行政执法、建设局等不同部门负责，管理机构职能不同，在农村生活垃圾管理上方法不一。

五、推进浙江省农村生活垃圾分类处理的建议

深入践行"绿水青山就是金山银山"理念，根据浙江省委、省政府农村生活垃圾分类处理攻坚战"一三五"的部署要求，加强农村垃圾分类处理扩面提质，进一步推进减量化、资源化、无害化处理，为高质量发展建设共同富裕示范区、争创全国农村垃圾分类处理示范区打下坚实基础。

（一）加强协同推进

发挥市、县（市、区）人大、政协，行政执法、生态环保、妇联、党团、教育部门的横向联动机制，齐抓共管，合力推进农村生活垃圾分类处理。如自然资源和规划部门保障落实农村垃圾分类处理终端设施用地；财政部门保障设立农村生活垃圾分类处理专项资金；科技部门加强农村垃圾分类处理设备的研发；教育部门推动"垃圾分类进校园"，培养垃圾分类生力军；妇联发动妇女积极投身垃圾分类、培训和指导；农合联、供销社发挥组织优势，建立可回收垃圾回收网络。

（二）完善分类体系

1. 推进农村生活垃圾分类处理标准法规建设。 制定以"三化"为导向的农村生活垃圾分类处理法规条例，规定垃圾分类主体、实施主体、监管主体、执法主体，规定各个主体的权利、义务和责任，使垃圾"四分四定"落实有主体、执法有依据，实现垃圾分类处理全程法制化。

2. 构建农村生活垃圾分类环境信用体系。 建立垃圾分类服务企业信用评价制度和生活垃圾强制分类环境信用体系，将拒不履行分类或减量义务并被行政处罚的行为记录纳入信用信息系统。

3. 落实农村生活垃圾分类处理配套制度。 探索建立以"谁产生、谁付费，多产生、多付费，分类好、少付费"为原则的农村生活垃圾处置收费制度、农村生活垃圾分类处理设施用地相关法律、资源化站点报废注销制度、资源化站点星级评定标准等相关法律法规的建设。

（三）加强源头减量工作

1. 加大对农户源头分类的管控力度。 大力推进"四分四定"规范化执行，对农村生活垃圾应分尽分、应收尽收、日产日清。持续巩固现有垃圾分类村的分类成果，提质扩面将更多村镇纳入垃圾分类体系，集中整治农村集体机构、公共场所和流动人口的垃圾分类，力争农村垃圾分类无死角、全覆盖，为实现农村生活垃圾"控制增量、促进减量"目标奠定坚实的基础。

2. 加大农村生活垃圾分类意识的培养。 加大宣传力度，广泛借助媒体推出群众喜闻乐见的垃圾分类公益广告、文化节目、新闻报道，组建讲师团、志愿者、劝导员进村居、进家庭、进企业、进学校、进市场等巡回宣讲，营造"以参与垃圾分类为荣、以准确分类为荣"的分类氛围。培养绿色生活意识，从消费源头控制垃圾产生，如倡导家庭和个人首选简包装产品，重复使用布袋子、菜篮子，农家乐、餐馆、宾馆限制使用一次性产品，倡导"光盘行动"等。持续加强学校垃圾分类知识和实践教育，大力培养学生的分类意识和文明风尚，发挥好"小手拉大手"的作用。

（四）加强终端迭代升级

1. 加快垃圾处理站点处置能力提升。 新建站点要科学测算所辖区域、人口和垃圾量，优化整体布局，因地制宜适度扩大站点规模，点面结合，保证站点覆盖范围最优化、设施设备效益最大化。

2. 加快垃圾处置技术提升。 强化与高校科研机构的技术合作，扩大微生物制剂功效和适应性；优化处理工艺，提高设施处理效率，提高资源化产品质量，降低能耗和故障率。

3. 加强站点运维管理能力提升。一要注重专业化、市场化，持续引进和发展技术成熟、管理完善的第三方公司运维的管理服务。二要注重强化站点管理，落实完善安全上岗、规范操作、日常保洁、台账收集、应急响应等各项制度。三要注重强化设备日常养护，日常利用率严格控制在80%～90%，严防超负荷运行。四要注重产生物检测，确保外排废水、废气及产出有机肥符合相关标准规范要求。五要注重绿色资源循环利用，在出肥各项指标符合标准的前提下，逐步推广有机肥用于园林绿化等，提高绿色经济附加值。

（五）加强各类要素保障

1. 确保运行经费。首先，确保以政府拨发的关于农村生活垃圾分类长效运维管理金的落实；其次，在探索建立垃圾处置收费制度外，要拓宽建立多元农村生活垃圾筹集制度，尝试引入社会资本，优化农村生活垃圾处理产业发展环境。

2. 增加设施建设土地保障。在恪守耕地红线的基础上，加大与自然资源部门联通，探索建立农村生活垃圾分类处理设施用地准入清单，明确将农村生活垃圾分类处理终端设施用地纳入建设用地计划指标，或将设施农用地政策予以审批备案管理。

3. 增加人才队伍保障。进一步调整优化操作人员队伍结构，适当提高工作人员的福利待遇，招聘部分具备专业知识或较高学历、能够操作计算机等设备的人员；定期组织垃圾分类从业人员、管理人员进行专业知识、操作技能培训和安全生产培训，提高人员业务能力和自身防护意识。

（六）加强数字化管理

通过扫码溯源、全球定位系统（GPS）定位、互联网等技术推进垃圾分类过程的数字化和智能化，监测农户的垃圾分类投放率、准确率，建立垃圾分类家庭档案和诚信体系；动态监管人员、设备、车辆，建立垃圾收运、终端处理数据库，为智能化监管、考核、整改、提升、统计、决策提供依据，实现垃圾精准分类、精细管理。

杭　州　市

全域推进农村生活垃圾分类处理

杭州市充分发挥城乡统筹区域化推进优势，全域推进农村生活垃圾分类处理，积极开展市级农村生活垃圾分类示范村创建工作，改变以往城乡之间不平衡、示范少的问题，根据城乡地形特点、产业特色、乡村分布等实际情况，科学制订建设规划，优化资源配置，因地制宜开展农村生活垃圾分类工作。

一、主要做法

（一）加强宣传，提高生活垃圾分类准确率

根据《浙江省生活垃圾管理条例》《浙江省农村生活垃圾管理规范》《杭州市生活垃圾管理条例》，调整农村生活垃圾分类类别、分类标识，明确更换要求。明确分类设施配置和管理要求，重点提升易腐垃圾、可回收物、有害垃圾回收设施设置和维护水平。通过组织开展垃圾分类全覆盖入户宣传，在《杭州日报》每月设置垃圾分类专版等形式，不断提高村民的垃圾分类意识，利用垃圾分类便民服务小程序提高分类质量。

（二）完善体系，提高生活垃圾回收利用水平

通过规范化回收网点及分拣中心建设、回收模式创新、回收利用渠道拓展、行业转型升级等举措，农村生活垃圾回收利用水平持续提升。截至 2020 年 6 月，全市 128 个涉农乡镇基本实现农村生活垃圾分类投放体系全覆盖，农村生活垃圾回收利用率达 45％以上，资源化利用率达 99％以上，无害化处理率达 100％。

（三）强化监管，形成生活垃圾分类长效机制

根据杭州市生活垃圾分类考核办法有关要求，围绕生活垃圾"三化四分"，结合职责和目标任务，建立了"日检查、月通报、年考核"工作长效机制，每

月评估各区县工作进展情况并进行通报，年底考核成绩纳入市考评办对区政府及市直部门的综合考评之中。

（四）科技赋能，促进垃圾分类工作数字化转型

2019 年，萧山区农村生活垃圾分类示范村率先引入智慧分类监管体系，切实提高分类参与率、准确率和满意率。2020 年，全市启动云端建设，依托城市大脑，研究应用 5G、机器智能、区块链等数字技术，启动全市垃圾分类管理平台建设，构建分类投放、收集、运输、处置（利用）全流程应用和监管系统，提高垃圾分类数字化、精细化水平。

（五）有序推进，加强垃圾末端处置设施建设

全市有关属地政府及责任主体，严格按照环保督察和设施建设要求，全面有序推进项目建设。2019 年，全市新增易腐垃圾处理能力 400 吨/日。2020 年，全市按照全年新增 6 400 吨/日处置能力的省定目标，按计划推进临江、建德焚烧项目，卓尚餐厨二期、天子岭厨余二期、富阳、建德、淳安等易腐垃圾项目，实现农村生活垃圾集中化高效化处理。

二、存在问题

（一）站点运维成本高

由于乡镇垃圾资源化处理站是分批次建成，首批建成的站点机器功能相对落后，处理能力相对较差，体积较大的垃圾（如南瓜、甘蔗等）在进入机器前需要先进行人工破碎处理。部分设备使用时间长，尤其是 2016 年之前采购的设备使用时间已超过 5 年，处理的大都是油盐成分的易腐垃圾，机器容易被腐蚀，需要经常维修保养，维修费用较高。尽管目前各区县财政增加了农村生活垃圾资源化站点的运维经费投入，但是随着农村垃圾分类工作要求的进一步提升，垃圾处理的基础设施设备更新换代和维修需求大，所以财政支出压力大。

（二）运维管理挑战大

资源化处理站运维主要有两种模式，一种是镇、村自行运维，另一种是由第三方个人或公司进行运维。第一种模式的优势在于镇、村对于站点的管控更加有力，但是寻找专业运维人员较难，因为农村留守人员普遍年纪偏大，文化程度不高；第二种运维模式的优势在于可以由公司配备专业技术人员进行运维，但是公司对人员的管理及该人员的责任心和工作能力对站点运行影响很大，若人员责任心差而公司又不负责，很容易造成站点运维不正常。

（三）废水废气处置能力有限

资源化处理站点主要通过快速成肥机器自带的除臭设备处置废气，通过三格式化粪池处置废水，但处理能力有限。很多站点的渗滤液（污水）需要定期派专人抽取，耗费人力财力，区县无法承受高额的处置费用。

（四）站点产出肥经济效益低

杭州市农村垃圾分类末端资源化产业化体系基本建成，虽然对可堆肥垃圾进行资源化处理后的有机肥进行了商品化的探索，但仅有销售肥料这唯一途径，体系单一、方式单一，且公众对垃圾肥的认可尚需时日，有机肥销量一直不乐观，收益闭环反哺长效运维还需时日。

三、对策建议

1. 落实责任，建立实体化运作机制。各县（市、区）要强化属地责任，按照市农村生活垃圾分类处理总体要求，形成适合本地区的解决方案，加强垃圾管理第三方村庄经营管理单位主体责任，充分发挥机关、学校、科研、文化等企事业单位及社团组织等公共机构的示范引领作用，推进农村生活垃圾分类处理工作。

2. 求实求效，按要求全面完成达标创建工作。在村庄和主要道路、街区开展"定时定点"投放和收运试点工作，尤其注重在村庄的小区实现易腐垃圾精确分类。

3. 严格监管，加大执法保障力度。深化执法联动机制，深入开展垃圾分类执法专项行动，形成震慑效应。

4. 发动宣传，加强宣传推广和示范引导。一方面，广泛发动志愿者、党员群众和社会组织；另一方面，宣传部门、城管部门、教育部门等协同行动，主动宣传、精心策划，让更多的居民参与到垃圾分类工作中。

| 西 湖 区 |
农村生活垃圾实现零增长、零填埋

西湖区从源头着手，以减量化、资源化、无害化为导向统筹推进生活垃圾分类，依托"互联网＋"建立实名制生活垃圾投放和可溯源管理体系，构建农村生活垃圾分类"闭环模式"，实现农村生活垃圾总量零增长、零填埋。

一、构建链条，实现垃圾清运升级

西湖区在全区建成 210 个覆盖城乡的再生资源回收站点，引导村民将日常生活产生的低价值可回收物分类出来，交由回收点；提升农村地区垃圾分类源头化治理，不仅实现资源再利用还能实现源头减量。例如，双浦镇各自然村生活垃圾分类设施设备陆续建成并逐渐投入使用，垃圾清运由村委会自运模式升级为分类清洁直运到垃圾终端设施进行无害化处理；农村生活垃圾升级为分类清洁直运之后，其他垃圾和易腐垃圾两类清洁直运车辆直接深入各村庄进行分类清运。可回收物由再生资源回收站点回收；有害垃圾则按相关规定统一收运处理，有效解决了村内垃圾堆放以及村委会自运垃圾造成的不便和环境污染等问题。

二、探索智管，打造管理监督体系

实行智能化管理，是西湖区农村生活垃圾分类力推的一项创新举措。村民家生活垃圾分类做得好不好，工作人员扫一扫垃圾桶上的二维码，就能现场为其打分，积分结果列入考核和排名，适时予以表彰奖励。目前，三墩镇绕城村、华联村已率先试点推行二维码刷卡监督管理，978 户人家使用上了"私人订制"的垃圾桶。为使监督工作更高效，村里还配备了专职的垃圾收集员，收集员会在每天上午上门收集，通过一个手机终端，对每户的垃圾桶二维码进行扫描收集采录数据，核对农户姓名、地址等信息，看垃圾桶是否在指定位置、是否有破损、是否整洁；查看垃圾分类是否准确，对分类不彻底的进行二次分拣，根据每户分类结果进行量化评分。以积分奖励制为支撑，对分类规范的村民在村公告栏内进行表扬公示，对分类不规范的村民及时指导补正，逐步让村民养成垃圾分类的好习惯。通过生活垃圾分类智能化工作的实施，目前试点村大部分村民都能够主动参与垃圾分类工作，生活垃圾分类的准确率也大幅提升。

三、开展巡检，提升分类水平

西湖区成立垃圾分类工作领导小组，抽调区城管局、区商务局、区农业农村局等专职人员集中办公，集体巡查，加大垃圾分类检查力度，及时掌握面上分类工作情况，并对结果进行排名和公布。明确周通报、月度汇总评定和红黑榜制度，对镇街、部门进行考核，比学赶超，奖优罚劣，推动生活垃圾分类整体水平的提升。针对"专项巡检"中发现的问题，即刻列入"问题清单"，责令相关部门和责任人限期整改。问题整改完成后，经西湖区分类办检查合格后方可"销号"，并由巡检小组定期"回头看"，防止问题反弹。区主要领导层面牵头建群，每天线上公布镇街、部门的垃圾分类情况通报，出具月度报告和专题分析报告，并纳入生活垃圾分类管理目标考核、区级综合考评。

四、宣传指导，激发内生动力

与城市生活垃圾分类相比，如何提高村民生活垃圾分类工作的积极性，充分发挥村民自治自管的主动性，是农村生活垃圾分类工作推进过程中的关键一环。目前，西湖区农村地区生活垃圾分类通过村委会牵头、第三方配合、村民参与的工作方法，形成强大合力。针对村民垃圾分类习惯，重点在西湖区转塘、双浦、三墩等地区开展指导性宣传活动，通过入户走访和开展培训讲座相结合的形式，开展农村生活垃圾治理"百日攻坚"工作督查指导，对乡村沿路垃圾桶垃圾分类情况进行检查，同时发放垃圾分类宣传手册、惠农政策百问等宣传资料，当面为村民讲解，最大程度方便村民理解垃圾分类方式，增强村民垃圾分类意识，提高村民生活垃圾分类的积极性和准确率。发起垃圾分类"总动员"，实现全区垃圾分类宣传全覆盖，千名党员干部走进全域范围内的195个村社，进行"宣传垃圾分类，建设美丽乡村"垃圾分类指导与宣传志愿服务活动，形成全区携手奋进、推进垃圾分类工作的浓厚氛围。

︱萧 山 区︱

联动打好农村生活垃圾分类处理攻坚战

萧山区坚持把农村生活垃圾分类处理工作作为贯彻绿色发展理念的有力抓手，"前端分类、中途运输、末端处置"同步发力，农村生活垃圾四分类体系日益完善，基本形成了"政府推动、市场运作、社会参与"的农村生活垃圾分类模式，农村生活垃圾分类处理工作成效明显。

一、压实主体责任，构建上下联动的分类推进体系

（一）强化组织领导

2017 年 12 月，浙江省生活垃圾分类处理工作动员会后，萧山区迅速落实、建立以区主要领导为组长的生活垃圾分类处理工作领导小组，在相关单位抽调人员组建区垃圾分类工作专班，集中办公，实行周例会制度。分管副区长任办公室主任，通过"现场＋会场""调研＋座谈"等形式，深入农村一线查摆问题、剖析难点、探索路径，层层推进农村生活垃圾分类处理工作。

（二）强化党建引领

萧山区在推进农村生活垃圾分类中，坚持发挥"党建＋"引领作用，落实村"三委"、党员户家庭先行，组建了由 3 000 余名村民组成的志愿者队伍，建立"一长五员"（即片区长、专管员、宣传员、巡检员、保洁员、执法队员）和"一图一表"（即网格图、评价表）机制，制定农户垃圾分类星级评比办法，通过党建微治理将垃圾分类与社区治理相结合，以村委治理增量带动垃圾分类减量，让分类督导更加有力。目前，萧山区农村生活垃圾分类参与率 95% 以上，分类准确率达 90%。

（三）强化工作联动

萧山区将农村生活垃圾分类设施建设与美丽乡村建设同步设计、同步建设、同步验收，高质量完成省、市下达的各项示范创建任务。充分发挥工青妇等群团组织力量，调动区、镇、村三级宣传资源，广泛开展百姓论坛、分类嘉

年华等 1 000 余场宣传活动，让村民切身感受到垃圾分类给乡村带来的环境变化，加深了村民对垃圾分类的认同感和参与度。

二、坚持智慧赋能，创建精准科学的监管评价体系

"监管难"是农村生活垃圾分类的痛点。为解决这一难题，萧山区结合智慧城市建设，研发上线"生活垃圾智能监管系统"，充分运用大数据平台和"互联网＋"科技手段，建立了一套科学有效的垃圾分类评价体系，实现农村生活垃圾分类提质、增效。

（一）建立精准溯源机制

萧山区以"智能账户"为核心、以"一制三化"（实户制，智能化、精准化、强制化）为抓手，实施农村"一户一桶一卡一芯片"的实户制智慧分类，对垃圾分类精准溯源开展实践探索，实现对农村垃圾分类要素采集、分类溯源、精准计量的全维度监管。该模式位居浙江省六类可持续、可推广的垃圾分类模式之首。目前，全区已有 300 余个行政村共计 19 余万户村民已接入智能监管系统，拥有了专属"智能账户"。

（二）完善科学评价体系

依托智能监管系统，萧山区建立起"户—村—镇—区"四级数字化评价体系。通过建立"智能账户"，对每户村民的参与率、准确率、投放量等垃圾分类要素进行实时采集、实时分析，并通过监管平台按照"千分制"评价规则，对采集的数据进行每月定量分析、研判，实现对农村生活垃圾分类情况的科学评价。

（三）实施全链智能监管

萧山区为打造垃圾分类"信息链"闭环，率先对 968 辆垃圾分类运输车加装车载称重、车载视频监控、GPS 定位等设备，并接入智能监管平台，实施垃圾清运车辆的全程动态跟踪；对 43 个农村生活垃圾中转站、300 余个农村再生资源回收网点实施智能化改造；将其他垃圾、易腐垃圾、可回收物、建筑垃圾等八家垃圾末端处置企业的视频、数据接入智能监管系统，从而为生活垃圾减量化、资源化、无害化的信息统计分析提供了更为精准的计量工具。

三、注重能力建设，搭建类别完善的末端处置体系

农村垃圾末端处置能力不足，是困扰我国垃圾治理的一大难题。没有完善

的末端处置体系，就会出现"前端分类，末端混收"的局面，影响村民参与分类的积极性，也不利于生活垃圾分类处理体系的可持续发展。为此，萧山区坚持"先找出路，再行分类"的理念，以完善末端处置体系倒逼推进前端垃圾分类。

（一）建立农村再生资源回收网络

以市场化为主体，建立"户投、村收、镇处置、区考核"的再生资源回收体系，提升改造六大智能化分拣中心，收编 200 余位流动废品回收人员，构建由镇街、村社、企业等组成的规范化回收网络，实现农村所有可回收物的应收尽收。与支付宝合作建立线上"易代扔"回收平台，打造"线上预约"和"线下回收"两种模式，目前，全区农村可回收物日均收运量已达 300 余吨，生活垃圾回收利用率达 45.6％，垃圾减量效果显著。

（二）打造农村易腐垃圾专运链条

将易腐垃圾规范收运处置作为农村垃圾分类的重要环节，在分类设施全覆盖的同时，开展易腐垃圾规范收运"百日行动"，建立 319 个易腐垃圾专用集置点，投入 50 余辆易腐垃圾收运专业车辆，开辟 23 条专用收运线路，实现"村村有点、专线专运"。全区农村易腐垃圾统一纳入易腐垃圾末端处置企业，进行资源化处置。目前，全区农村日均易腐垃圾收运量达 150 余吨，资源化处置率 100％。

（三）完善农村垃圾末端处置路径

统筹规划，科学布点，建立垃圾焚烧、易腐垃圾处置、建筑垃圾资源化利用、分类减量综合体等九大垃圾末端处置项目，逐步构建领跑全省的垃圾处置体系，破解了生活垃圾末端资源化利用难题，实现了从"混合处置"到"分类处置"的大转变。

下一步，萧山区将做细做实做好农村生活垃圾分类处理各项工作，利用智能监管系统，打通垃圾治理全链条监管的堵点和难点，提高农村垃圾分类参与率、准确率和满意率，实现农村环境品质蝶变，为新时代美丽乡村建设和农村生态文明建设贡献力量。

| 余 杭 区 |

推进分类全覆盖 实现垃圾资源化

　　根据浙江省、杭州市关于农村生活垃圾分类处理工作的总体部署，余杭区按照党建引领、政府推动、市场运作、社会参与的工作方式，推行"全覆盖推进、全品类回收、全链条治理、全社会参与"的垃圾分类"余杭解决方案"，持续推进农村生活垃圾治理工作。2021年，推进省级高标准示范村创建2个、省级示范预备村创建31个；建设完成分类处理任务村9个、巩固提升村31个，全区116个建制村实现生活垃圾分类全覆盖。2021年12月余杭区农村生活垃圾进场量3.65万吨，同比2020年减量6.52％。2021年1—11月全区农村累计回收利用生活垃圾3.62万吨，易腐垃圾资源化处置2.23万吨。生活垃圾回收利用量从年初103.4吨/日增长至109.38吨/日，回收利用率从年初47.48％增长至52.55％，生活垃圾控量减量及资源化利用成效显著。

一、坚持因地制宜，提升分类成效

　　余杭区结合区域实际，因地制宜优化模式、创新机制，将垃圾分类工作纳入基层治理体系，通过党员骨干发动、合理奖惩考核、志愿公益服务等举措推进工作。针对城郊结合部外来人口多、管理难度大的特点，以"四个平台"为抓手，将垃圾分类与社会治理相结合，纳入网格员工作职责，建立星级评定和督导考核机制。对于出租房，将垃圾分类情况纳入出租房旅馆式＋星级化管理体系，将承租户垃圾分类情况与出租房准入挂钩，不进行分类不得出租，压实房东与承租户的责任，分类成效比较明显。以径山镇前溪村为例，通过建立"垃圾分类前溪大妈队"、制定"党员骨干1/4带动制度"、落实低价值物品回收仓库和实施"积分奖励兑换""合理推出免检农户"等一系列措施，将垃圾分类工作推上新台阶。

二、积分换奖励，分类有动力

　　与各村现有的便利店合作，设立农村垃圾分类积分兑换点。以村为单位，每月召开例会进行考评并公示，年终实施积分考核以奖代补的方法进行奖励和表彰，落实志愿者按照联系户数实行评比奖励，年底评比最美垃圾分类标杆农户及最美垃圾分类志愿者，对垃圾分类进行积分奖励管理。村村设立"积分兑换超市"，村民凭积分兑换券到相应的"积分兑换超市"兑换洗衣粉、保温杯、锅、床上用品等礼品，提高了农户参与分类的积极性和农村生活垃圾分类的正确率。

三、健全分类体系，实现全链治理

余杭区坚持以资源化利用促生活垃圾减量化，不断健全回收利用和末端处置体系，推动生活垃圾全链条闭环治理。关于前端投放，为每户门前配置一组30升易腐、其他垃圾收集容器，在农村居住区推行上门回收的同时，坚持"不分类不收运"，倒逼农户主动分类。在收运环节，实现"黄桶黄车、绿桶绿车"分类清运。对易腐垃圾由镇街牵头，引入第三方企业或由原保洁公司，按150～200户配置1名收运人员和车辆，落实专线清运、实施就地处置；对其他垃圾按照原环卫体系收运。在处置环节，推进农村易腐垃圾不出村，推动各镇街因地制宜布点建设机械成肥和黑水虻养殖等处置点。在回收环节，对大件垃圾、可回收物、有害垃圾，在"虎哥"覆盖区域，由企业配备回收车，定期定点收集，实现线上、线下积分兑换日常生活用品；在"虎哥"覆盖区域以外，全覆盖推进以建制村为单位的暂存点建设，以镇街为单位引入再生资源企业托底回收。目前全区已经建成农村再生资源回收站（房）114个，回收范围涵盖116个建制村，采取定时回收、集中暂存、统一收运，实现再生资源回收全覆盖。

四、加强宣传教育，激发村民参与

2021年，全区推进"八个一"宣教工作，共召开户主大会216场，入户宣传39.8万户，开展集中宣传活动1 700余场、垃圾分类专场培训547场，发放垃圾分类倡议书55万余份，张贴垃圾分类海报7 200余张，结合垃圾分类修订村规民约297个。进一步深化"党建＋生态"工作方式，充分发挥各级党组织的职责作用，通过党员示范带头、民主协商议事、村规民约立据、开展承诺践诺、公益组织助推等方式广泛参与垃圾分类工作。加大督查检查力度，每天分四组开展日常监督检查，共检查2 800多个具体点位，发现问题及时抄送相关责任单位并限期整改。

以塘栖镇塘栖村为例，农户垃圾分类参与率100％，分类正确率95％。该镇通过宣传发动，镇、村、村民层层动员，建立每 15 户配置 1 人的垃圾分类志愿者队伍，由镇街城管、团委、妇联、农办联合组织培训，志愿者每日入户检查投放情况、督促整改问题、指导正确投放、评定投放得分。

五、推行智慧管理，实现源头可追溯

对于易腐垃圾，启用"溯源巡检＋定点回收"模式，以户为单位设定"一户一码一卡"的智慧化垃圾分类管理系统，建立垃圾分类绿色档案，配套落实巡检督导员、垃圾称重设备等，全面实现易腐垃圾投放可溯源、可督导、可量化，对村民分类投放情况进行评分登记，并结合分类情况，有针对性地组织村委会、物业和专管人员开展上门教育指导。

｜临 平 区｜
推进农村生活垃圾资源化利用

　　临平区围绕"无废城市"创建目标，持续推进农村快递包装物减量，将"制止餐饮浪费"与"垃圾分类""光盘行动"同步作为垃圾减量推进。推进农村再生资源一站式上门回收或智能回收全覆盖，健全再生资源回收网络，推进可回收物应收尽收；对农村区域的再生资源回收站点，进一步明确管理要求，强化宣传发动、日常运营和检查考核，全面提升农村站点回收利用成效。

一、加强数据平台运用

　　临平区充分发挥数字经济先发优势，通过数字赋能和科技助力，为生活垃圾分类精细化管理提供信息化支撑。

（一）整合系统平台

　　建立全区生活垃圾分类监督管理一张网，全面整合前端分类评价、中端车载称重和 GPS 系统、末端视频监控和数字称重系统、可回收物监管计量系统，全面实现生活垃圾分类评价、称重计量、实时监控、数据统计一网通，以数据信息"聚、通、用"促数据资源高效赋能。

（二）强化数据运用

　　对分类评价系统，全面纳入督导员信息，结合每日巡检量，实现到督导员个人的量化考评；对车载称重系统，全面完成点位维护、数据核查，实现到小区的精准计量评价；对易腐垃圾末端处置和可回收物计量系统，全面完成系统和数据对接，各类数据实现线上统计。

（三）建立预警机制

　　通过系统平台，对督导员配置比例和巡检量、居住小区和每户垃圾分类质量、居住小区易腐垃圾人均分出量等指标，建立数据分析预警机制，实现辅助决策功能，为日常管理、执法跟进、垃圾收费等工作提供数据支撑；结合系统平台数据分析，推出垃圾分类时尚云图，对镇街的回收利用率、垃圾控量、年度任务等主要指标进度一张图展示、红黄绿预警，配套建立督办约谈机制，确保重点任务保时保质完成。

二、提升垃圾分类设施

按照美观、规范、经济、便民的标准，全面优化区内生活垃圾分类设施，着力提升环境品质，提高群众满意度。

（一）居住区域点位提升

对农村居住小区生活垃圾投放点、清运集置点、特殊垃圾临时堆放点、再生资源回收房等分类设施，各镇街逐一自行排查整改，每月形成提升清单，限期整改，大力提升区内生活垃圾分类设施的实用性和美观性。

（二）鼓励精品示范点位建设

鼓励各镇街打造垃圾分类精品单位，各镇街根据自身垃圾分类工作推进情况，打造有特色、有亮点、可参观、可借鉴的小区、建制村、企业、公共场所（学校、医院、宾馆、市场超市等）等垃圾分类精品示范点位。

（三）鼓励容器间建设

鼓励各小区（按照每 1 000 户 40 米^2）和单位推进垃圾容器间建设，全面落实接电通水、除臭消毒、纳管排污等要求，为生活垃圾收集容器提供规范的临时清洗和暂存点位。对确无集中暂存条件且露天放置垃圾容器的小区，全面梳理排查，落实每日至少 2 次清运，杜绝垃圾满溢、减少环境影响。

三、坚持多方协同治理

围绕推动农村居民习惯养成，不断加强督促指导和教育引导，提高生活垃圾分类科学化、精细化管理水平。

（一）落实精准督导

推进"定时定点"模式全覆盖，加大"溯源巡检"力度，进一步规范督导人员配置标准、工作流程和评价指标，全面实现到户的精准评价和管理跟进；将督导人员巡检量同步纳入系统平台精准评价，实施量化考评；对沿街单位，全覆盖推进日常检查督导和每周公示评比，将分类情况、垃圾处置收费和执法检查跟进挂钩，以科学管理推动习惯养成。

（二）强化学校教育

以生活垃圾分类工作"学校走在全区前列、学生走在社会前列、家长走在公众前列"为目标，持续将垃圾分类纳入各级各类学校教育内容，开展"小手拉大手"等知识普及活动，动员家庭积极参与。鼓励学校建立生活垃圾分类青少年志愿服务队，参与垃圾分类宣传推广；培育垃圾分类宣教基地、评选垃圾分类"小标兵"，浓厚校园垃圾分类氛围。

（三）坚持多方协同

深化推进党政机关、企事业单位强制分类工作，提升分类成效，发挥党政机关示范引领作用。各镇街党政主要负责人每半年专题调研和推进垃圾分类工作不少于1次；每年邀请辖区内的两代表一委员，专项监督和协商垃圾分类不少于1次。持续推动工会、团委、妇联等群团组织，积极引入社会公益组织，广泛参与垃圾分类宣传、督导、培训和评比等活动，推动形成党建引领、政府治理、社会调节和居民自治的良性互动。

四、营造垃圾分类氛围

临平区通过多种形式、多种媒介、多种举措，不断营造生活垃圾分类人人知晓、全民参与的社会氛围，助力公众文明素质和社会文明水平提升。

（一）开展示范创建

持续推进省级示范村建设，省级示范预备村30个以上。对前期已经创建的区级垃圾分类示范单位，建立摘牌机制，结合现场检查复核，对不符合示范要求的点位摘牌通报。

（二）组织互学互看

组织开展区级、镇街和村社三级互学互看和互查互帮活动，推动区内各层面生活垃圾分类管理人员取长补短、整体提升。各镇街以打造垃圾分类精品点位为重点，每季度组织1次现场会，开展1次跨镇街互学互看；组织垃圾分类负责人、物业负责人、督导员代表，开展1次跨社区考察学习。

（三）深化宣传发动

持续深化与中央以及省级主流报纸、电视、广播媒体合作，强化典型案例和主要成效宣传，扩大社会影响力；区内电视、广播媒体每日定时开展垃圾分类公益宣传，加大户外广告中垃圾分类公益广告投放比例，在文艺下乡演出中编排表演垃圾分类节目；各镇街、村社、企业加大微信公众号、朋友圈等新媒体宣传力度，形成浓厚的社区宣传氛围；广泛开展垃圾分类在广场、社区的宣传、演讲、摄影竞赛和环保金、积分兑换等各类活动，引导各类人群广泛参与。

钱塘区

加快推进农村生活垃圾分类处理

钱塘区设立于 2021 年，下辖 7 个街道。钱塘区按照科学布局、统筹规划、连片建设、区域共享的原则，健全农村生活垃圾收集转运体系，加大农村生活垃圾分类处理宣传，探索创新机制，提升农村生活垃圾分类处理的精准性和长效性。

一、完善收集转运体系

一是在垃圾收集方面，钱塘区户户配有收集容器和袋，村村设有垃圾分类收集点，并组织开展"桶边督导"，由党员先锋队、市民志愿队组成"桶边督导员"，协助居委会、物业公司开展垃圾分类桶边督导。二是在垃圾房建设方面，注重因地制宜、尊重群众意见。例如，在河庄街道建设村新建垃圾房的过程中，经过考察、讨论和征求各方意见后，统筹考虑交通方便直运车进出，又兼顾不影响周边农户生活，选择在村集体房旧址上进行设计改造，让老旧房子变新颜，现已改造好并投入使用。原先脏乱差的垃圾集置点，如今成为建设村一道亮丽的风景线。三是在分类转运方面，对接第三方专业公司，研究制定环卫保洁和垃圾分类一体化方案，引入第三方配套易腐垃圾、有害垃圾、其他垃圾转运车辆及建筑大件垃圾收集点、园林垃圾收集点，实现"一类垃圾一类车"。

二、加大宣传指导力度

一是广泛宣传指导。钱塘区向辖区居民发出"垃圾分类，从我做起"倡议书，广泛组织动员街道党员干部积极参与分类服务；结合创城宣传入户，街道、村（社区）、物业、志愿者大规模开展入户宣传和上门对接服务，发放宣传指导手册。二是拓宽宣传载体。钱塘区在公共场所及小区人员密集区域合理设置垃圾分类信息宣传设施，具体通过 LED 大屏循环播放垃圾分类动画视频，设置垃圾分类宣传栏、信息公示栏张贴垃圾分类海报、横幅等形式，多方角度、全方位进行宣传。三是开展各类活动。以"线上＋线下"相结合的形式开展"百天百人行动"等垃圾分类大型宣传活动、知识讲座。开展"垃圾分类上墙绘"活动，使辖区居民潜移默化地接受垃圾分类知识的熏陶。根据村民的投放情况积分，每月评选出"垃圾分类优秀家庭"，给予表彰和奖励，促进村民养成良好分类习惯。

三、创新垃圾分类管理模式

钱塘区统筹安排，融合多方资源，积极探索实施"四个一"垃圾分类工作法。"四个一"包括建立一支队伍，由社区大党委、业委会、物业、志愿者组成，实行分片包干；实行一种机制，实施"凝聚共识，多点联动"的宣传机制；开好一个会议，社区联合业委会、物业、党员、志愿者代表召开小区垃圾分类工作专题讨论会；制定一套制度，实施垃圾分类积分兑换奖励制度，用积分换取生活用品来提升村民垃圾分类投放的积极性。在"四个一"工作法基础上，新湾街道宏波村创新管理思路，积极探索运用垃圾分类"3＋X"模式，"3"即保洁员、村民小组组长和村委会，"X"即村里的房屋出租户（房东），使垃圾分类正确率显著提高至90％以上；应用"绿色账户"积分奖励兑换机制，提升村民垃圾分类积极性和参与度；建立监督管理机制，成立环境卫生检查专班，筑牢生活垃圾精细化管理长效机制，形成分工明确的管理体系和工作格局，推动区域垃圾分类取得新成效。义蓬街道春光村和义盛村在农村垃圾分类工作上一直走在前列，推出了垃圾中转站升级改造、设置垃圾分类红黑榜、入户宣传引导、组织垃圾分类培训、开设垃圾分类回收兑换点等举措。

下一步，钱塘区将认真落实省、市有关指示要求，健全保洁机制，在巩固现有成效的基础上真正实现全覆盖，做到清运全覆盖、保洁全覆盖、处置全覆盖、检查全覆盖。一是借力村规民约，推动资金众筹。在全民参与垃圾分类过程中，农村环境由表及里，推向纵深，形成整齐有序、视觉清新的村庄新气象。二是借力结对协同，凝聚推进合力。全面推动部门联村结对制度，帮助结对村开展垃圾分类工作，利用好有关政策，提供各种政策咨询和技术指导。三是借力四级联动，建立长效机制。出台系列规范性文件，建立保洁员（分拣员）评优制度、垃圾分类"红黑榜"、网格化管理、党员"优学优做积分法"考核办法等操作制度，为垃圾分类长效运行提供可靠制度保障。

富阳区

创新理念 破解农村垃圾分类难题

富阳区自推进农村生活垃圾分类工作以来，一直以垃圾"减量化、资源化、无害化"为目标，通过建立分类投放、分类收集、分类运输、分类处置的垃圾处理系统，形成以法治为基础、政府推动、全民参与、城乡统筹、因地制宜、社会共享的垃圾分类推进模式，提升农村生活垃圾分类治理成效。目前，富阳区已完成 24 个乡镇（街道）农村生活垃圾分类及减量化资源化处理项目建设，开展 276 个行政村项目运行，基本实现农村生活垃圾分类全覆盖的工作目标。

一、举措及成效

（一）顶层设计再优化，体系运行愈高效

一是成立区级领导小组。区委书记和区长担任生活垃圾分类领导小组组长，下设综合、宣传、督导、执法等四个工作组，其中综合协调工作组实行集中办公。二是配强工作队伍。64 名生活垃圾分类工作专职员按需分配到 24 个乡镇（街道）；并整合属地垃圾分类收集员、网格员等力量，壮大一线农村生活垃圾专管员队伍。三是明确各级职责。出台《关于杭州市富阳区完善垃圾分类责任制的工作意见》，进一步明确垃圾分类各责任主体的工作职责。出台《关于杭州市富阳区全面推行"点长制"的意见》，每个投放点实行"三级点长制"，夯实点位管理责任。

（二）资金保障再加强，物人配置愈合理

按照浙江省委、省政府"五水共治、治污先行"的决策部署，以及《浙江省农村垃圾减量化资源化试点项目实施指南》（浙村整建办〔2016〕13 号）等文件要求，富阳区在 2019 年基本完成全区农村生活垃圾分类及减量化资源化处理项目建设工作。24 个乡镇（街道）分成三批开展项目建设，共计划投入建设经费 1.313 亿元，完成建设易腐垃圾资源利用站 66 座，购置易腐垃圾处理设备 96 台，设计处置能力达 171 吨/日，采购各类分类垃圾桶近 40 万只，

重新分区划片建设垃圾分类投放点 11 505 个，招聘设备操作员及垃圾收集员 1 300 余人，购置小型运输车 1 264 辆，初步建立农村生活垃圾分类收运处置体系。同时，安排资金 3 600 万元，保障农村垃圾分类工作正常开展。截至目前，已开展项目运行的行政村累计处理易腐垃圾 5 万余吨，出肥 6 000 余吨，辖区内分类投放覆盖率达 100％，分类准确率达 90％。

（三）宣传引导再细化，营造氛围愈浓厚

全区以基层、阵地、主题活动、媒体四大系列宣传为依托，建立全方位、多层次、立体化的农村垃圾分类宣传格局，提高分类投放准确率。组建由 360 余名各行各业人员组成的垃圾分类宣讲团，深入农村进行垃圾分类宣讲，2021 年以来，已累计宣讲 1 000 余场，直接受众超过 5 万人次，宣教基地承接垃圾分类活动 710 场，共接待参观 2.1 万人次，辐射家庭超过 1.5 万户。党员、网格员、专管员、志愿者等群体主动参与推动垃圾分类宣传动员工作入户，发放《富阳区垃圾分类操作指南》25 万份。此外，富阳区整合媒介力量，广泛开展垃圾分类普及宣传。其中富阳电视台综合频道、文化频道每天播放垃圾分类公益广告 11 次，富阳电台（FM100.4）每天逢双整点播放垃圾分类公益广告 8 次，《富阳日报》每周五刊登垃圾分类公益广告，每周发布关于垃圾分类的专版内容。

（四）督查执法再加强，长效管理更健全

一是综合督查全线铺开。富阳区委、区政府将农村生活垃圾分类纳入乡镇（街道）年度综合考评，将重点工作纳入年度专项考核。由区人大、区政协组建垃圾分类专项工作组，对全区生活垃圾分类工作推进情况进行民主监督，督查小组负责对行政村办公场所进行常态化专项检查，形成通报，下发督办单，发布区级示范村"红黑榜"。二是各级考核因势利导。区级机关单位将生活垃圾分类工作纳入考核体系，乡镇（街道）因地制宜制订考核办法，建立了奖惩机制。行政村通过将生活垃圾分类工作纳入村规民约，设立"公开栏"，评选生活垃圾分类优秀家庭、优秀个人等方法，表彰先进、激励后进。三是社会监督逐步加强。富阳区不断加强社会监督体系建设，开展行风监督员志愿监督工作，检查结果纳入日常综合考评成绩。电视台"聚焦一线"栏目和《富阳日报》"时评专栏"针对阶段性突出问题进行反面曝光，促进整改。

（五）多种措施并行举，勇于创新得成效

一是建立智慧管理体系。富阳区积极探索垃圾分类监管体系建设，在对全

区各个资源化利用站点实施数据视频监测的基础上,多个乡镇推行"互联网＋垃圾分类"智慧分类信息系统创建。二是完善可回收模式。引入末端处置企业参与可回收垃圾前端收集不仅可以更好指导农户生活垃圾分类,还能逐步规范回收渠道、减少中间环节。2021 年,覆盖全区 19 个乡镇、5 个街道,建设生活垃圾回收网点 300 余个。三是优化收运体系。春江街道农村采用定时定点流动车垃圾收集模式,农户将垃圾定时分类投放至流动车投放点上,大大减少邻避效应,提高分类效率与质量。

二、存在问题

1. 就地处置问题显现。一是多数站点实际处置能力已饱和或趋于饱和。二是运行时间较长的资源化处理站普遍存在机器老化、容易坏,出料差,产生的残渣、污水易造成二次污染的现象。三是产生的渗滤液(污水)需要定期派专人抽取,耗费人力财力。

2. 管理人员考核不严。就专管员而言,部分人员由于意识不强、身兼数职、保障水平较低等原因,对于农户错分错投不及时开展指导,导致所在管理点位管理不严。就专职员而言,部分乡镇(街道)未对专职员进行专职专用,专职人员存在身兼数职,甚至未主要从事垃圾分类工作的情况。

三、对策建议

(一)责任再压实

发挥好区级生活垃圾分类领导小组的统筹协调作用,全面推进垃圾分类各项工作,列好责任清单和任务清单,进一步压实属地主体责任、行业监管职责、管理单位的直接责任,有效推进农村生活垃圾分类工作。

(二)重点再聚焦

一是狠抓源头减量。通过"大分流"规范生产方式,"细分类"生活习惯,在源头减少垃圾产生。二是狠抓设施建设。针对城乡不同特点和需求,加快投放点、回收站等设施建设,满足群众现实的生活需要,重点设施建设要把握时间节点,凝聚部门和乡镇合力,共同推动循环经济产业园、易腐垃圾资源化处置等重点项目加快建成,破解易腐垃圾就地处置存在的问题。

(三)机制再创新

一是加强党建引领。充分发挥好基层党组织战斗堡垒和党员带头示范作用，形成村（社区）党员干部的合力。建立联席会议和党员联系农户包干等制度，让垃圾分类从村治理的难点变成撬动村治理的有力支点。二是监督管控到位。综合运用智慧监管平台等技术手段和考核、通报、"红黑榜"等措施，把监管政策和分类标准落到实处。聘好用好专职员、专管员队伍，加强对农户投放行为的监督及引导。三是用好专业力量。进一步发挥市场的作用，把市场主体培优育实管好，既要选准节点、选优对象，也要做优服务、提供保障，还要落实管控规范执法，维护公平竞争的市场环境。

（四）发动再深入

一是推动广泛宣传。宣传要做到"点面结合"，根据农村特点，通过各类媒体形成舆论氛围，有针对性地精准宣传，让农户普遍知晓相关分类的知识、要求。宣传也要做到"正反结合"，通过"红黑榜"等形式，既宣传正面树立典型，也曝光问题激励后进。通过全方位、多层面、精准化的宣传动员，推动提升农户分类参与率、准确率。二是推动全民参与。着力破解如何将农户的分类意愿准确转换为投放行为的现实问题，从而在源头上提升分类实效，让广大群众从想要分，到能够分、分得好，养成源头分类的好习惯。

| 临 安 区 |

实施"两网融合" 推进垃圾源头分类

临安区完善农村再生资源回收网络,优化回收网点布局,推进"环卫保洁清运网"和"再生资源回收网"的有效衔接,融合发展,切实提高资源回收利用效率。目前,18个镇街270个行政村再生资源站点全部建成。

一、主要做法

"两网融合"是指融合"环卫保洁清运网"和"再生资源回收网",统筹规划生活垃圾投放、收集、清运、中转,在两网融合终端对生活垃圾进行有效处理,最大程度减少资源消耗,减少环境污染,从而大幅度提高城乡生活垃圾减量化、资源化和无害化管理水平。推进农村生活垃圾分类两网融合,应着重做到三个"统一"。

(一)统一标准

由镇街统筹辖区内行政村严格按照"一村一站""一车两桶""一员三职"方式开展垃圾分类。"一村一站",即每个村建设一个再生资源回收站,做到站点名称、面积、功能布局、上墙制度、设施设备等都统一标准;"一车两桶",即一辆收集车放置两类或者多类收集桶,实行生活垃圾的分类清运;"一员三职",即农村的保洁员,同时担任生活垃圾的清运员和再生资源的回收员,全面负责农村环卫保洁、垃圾清运和再生资源回收。

(二)统一运维

原则上镇街委托辖区内原有的负责农村垃圾分类运输的第三方物业公司,同步对行政村再生资源站点的可回收物进行统一回收,应收尽收。物业公司拥有再生资源回收资质,企业以保洁的二次分拣和站点回收两个抓手,实现区域内"两网"并"一网"。

(三)统一服务

根据各个镇村的实际情况,以镇街为单位研究再生资源回收运维方案,最终确定了"委托运营型"和"村民自治型"两种运维模式，在全区逐步推广。其中锦南街道以政府统筹主导、全权委托第三方物业公司模式完成"委托运营型"样板打造；太湖源镇以党建引领、全民参与为手段完成"村民自治型"样板打造。270 个行政村中，有 37 个实施委托运营，233 个实行村民自治。

"委托运营型"的镇街开通线上 App 预约、电话预约等功能，同时在线下采用站点定期开放交易等方式，对玻璃、金属、家电、纸类、塑料、纺织品六大类可回收物实行应收尽收，并提供现金结算、积分兑换日用品两种结算形式，打造村民家门口的回收站点。

"村民自治型"的镇街做强做实保洁队伍。一是基础设施到位，将原有的两分类清运车辆（易腐和其他垃圾）增设可回收物收集容器，实现一次上门清运就是一次上门回收。二是回收到位，通过有偿回收的经济杠杆，保洁员可将农户家回收或分拣出的可回收物投放至再生资源站点，镇街定期联系第三方进行实价收购，现金兑现，提高保洁员实施垃圾分类的积极性，保证环卫作业中可回收物的"应收尽收"。三是回馈到位，对于低价值的回收物由镇街兜底，对农户实行积分兑换生活用品。

二、存在问题

（一）行业管理滞后，站点回收没有达到良好效果

按照要求，每个行政村设有一个再生资源站。目前的行政村基本是在村规模调整时由原来 2～5 个村合并而成，村域面积比较广，造成一部分村民在回收站开放的时间也不愿意把可回收物送到站点。因为总价比较低，哪怕是提高可回收物的单价，也不能有效触动村民的积极性，村民会随意售卖给散兵游勇式的流动收购人员。由于缺乏农村地区回收行业的有效管理规范，废旧物资回收人员良莠不齐，经常提高价格克扣斤两，在一定程度上扰乱了社会秩序。

（二）回收利用不够，低价值物未能做到应收尽收

受利益驱动，回收行业的经营者多存在"利大抢着干，利少不愿干，无利都不干"的现象。纸张、金属等高价值的可回收物都能回收售卖，而玻璃瓶、旧衣服等附加值较低、利润空间较小的物品，整个行业都缺少分类回收、分拣处理功能。

（三）村级费用增加，回收站点持续运营有待考量

在持续推进环境整治和"三改一拆"工作过程中，农村人居环境越来越好，村级和农户的可利用闲置房也越来越少，很多行政村都是租用农户的房子

来建设村级生活垃圾再生资源回收站。站点的运营涉及租金、人工等方面开支，后续如果没有资金补助，持续运营情况有待考量。

三、对策建议

（一）加强部门联动，完善工作机制

关于农村生活垃圾的回收网络，建议由商务局牵头，协调农业农村局、供销社等相关部门建立农村或城乡一体的再生资源回收体系工作制度，制定工作方案，明确各部门的职责任务。同时成立再生资源回收行业协会，通过行业协会规范行业行为。

（二）严把主体准入关，提升从业人员素质

实施农村"两网融合"，首先要把严市场主体准入条件，镇街招标的第三方物业公司必须在保障特定区域保洁工作的同时，做好再生资源回收运输，并将此纳入招投标要求中。对物业公司的从业人员要求进行职业技能和业务培训，做到持证上岗。

（三）加大财政扶持力度，确保再生资源回收持续

农村再生资源回收建设具有较明显的社会公益性质，在各行政村完成基础设施建设的基础上，后续的运营管理每年还需要投入一部分资金。同时低价值的可回收物也只有通过政府兜底补助、回收公司让利等途径来解决。所以政府应出台一些扶持政策，按照规范、有序和可持续发展的原则，增加财政资金投入，推进农村保洁和再生资源"两网融合"，实现真正从源头减量，提升农村生活垃圾分类"三化四分"能力建设。

│ 桐　庐　县 │
推进农村生活垃圾标准化体系建设

桐庐县在实现农村环境连片整治的基础上，将农村生活垃圾分类处理和资源化综合利用作为农村垃圾治理的重点工作，紧紧抓住源头分类、就近处置、综合利用这三个环节，推进农村生产生活垃圾减量化、资源化，全县 11 万户共 32.3 万名村民全部参与垃圾分类，分类正确率达 85％以上。

一、主要举措

（一）源头分类，开展基层自治模式

桐庐县探索出"红黑榜"单、有偿回收、曝光约谈、捆绑考核等自治化模式，充分调动基层积极性，引导村民自觉分类。如旧县街道采用"鸡毛换糖"模式，每月的 10 日、20 日和 30 日上午 8—10 时，村民到兑换点用纸箱塑料瓶、电池等废品分门别类兑换牙膏、肥皂、酱油等生活用品。又如分水镇后岩村全体村民与村集体签订承诺书参与垃圾分类，并按照"村集体补助、社会支助、村民自筹"方式建立"美丽基金"，每年安排 10 万元资金奖励在垃圾分类、河道保洁、庭院整治等活动中表现突出的农户。

（二）终端管理，实行智能化运作

桐庐县实施"一年试点，两年铺开"的由点到面路径，开展农村生活垃圾分类工作，2012 年，先行完成横村镇阳山畈村等 5 个试点工程。采取"一村一建"或"多村合建"模式，共建设资源化站点 144 个，其中微生物模式 72 个（设备 88 台），太阳能模式 71 个，沼气池 1 个，基本实现全覆盖目标。目前，主推微生物发酵资源化处置和太阳能普通堆肥处置 2 种模式。其中微生物发酵资源化模式使用设备由桐庐县与中国科学院共同申请获得国家专利，自行研发、生产，具备出肥快、肥力好等特点，适用于人口密集度高、可堆肥垃圾量多、有机肥需求量大的农村地区。

农村生活垃圾分类工作之初，日常督查考核由相关工作人员到现场进行，耗费大量人力、物力和精力。桐庐县积极探索科学管理模式，率先建成农村垃

圾分类智能化管理平台。试点太阳能智能化模式，通过安装温度、电量的监测，实现微生物动力设备的有效监管；通过称重器的安装，对可堆肥垃圾进料进行定量称重，实现了各行政村源头分类绩效的有效评价。部分试点村安装污水处置一体化设备，使渗漏液得到有效处置，但由于一体化设备安装条件、费用等原因，大部分站点还是将渗漏液储存于窨井中，由第三方公司不定期抽取处理。

（三）资源利用，垃圾肥商业化运作

坚持市场化运作，由设备生产到有机肥研发，桐庐县形成了一条完整的生态产业链，初步形成了垃圾分类处置长效运行的内生动力。全面实行农村生产生活垃圾分类工作后，将大量可堆肥垃圾变为有机肥料。为进一步提升肥效，桐庐县成立可堆肥垃圾、畜禽粪便有机肥生产中心，实行"统一收集、统一运作"，同时注册了"世外桃源"牌农家土肥。这些变废为宝的农家土肥摆上了世纪联华超市、大润发超市及县内民宿、景点的货架。

二、存在困难

一是旅游垃圾增多影响分类正确率。自 2012 年垃圾分类工作开展以来，村民垃圾分类正确率可达 85% 以上，但因乡村旅游和民宿等产业不断兴起，参观学习、旅游人数持续增加，公共区域大垃圾桶及乡村景点道路两侧垃圾分类正确率有待提高。

二是"两分"向"四分"面临较大阻力。桐庐县在农村生活垃圾分类工作领域属先行地区，前期采用蓝、黄两桶，收集可堆肥垃圾和不可堆肥垃圾，但此分法与现行要求不符，全面更换面临资金压力和群众思想不统一的问题。

三是设备面临更新换代问题。桐庐县垃圾资源化设备使用年限较长，部分设备故障率较高，更新换代压力较大。

四是自我造血功能有待提升。垃圾分类末端资源化产业化体系虽已基本建成，但仅通过销售肥料作唯一途径，体系单一、方式单一，且公众对垃圾肥的认可尚需时日，有机肥销量一直不乐观，收益闭环反哺长效运维还需时日。

三、对策建议

桐庐县以"精准分类、精细管理"为中心，全面推进统一分类标准、统一管理标准、统一处置标准、统一治理体系、统一保障机制"五个统一"，城乡一体全面推进全县生活垃圾分类工作。重点做好以下几项工作：

（一）强化四分类宣传

在源头分类设施配置规范的基础上，各行政村将深化属地自治模式，加强四分类宣传。从农村实际出发，多载体、全方位持续开展"分类进厨房""分类进课堂""小手拉大手"等宣教活动，从妇女、学生等重点群体入手，使村民明白"为什么分类"，实现"要我分"向"我要分"转变。

（二）建设末端处置建设中心

易腐垃圾末端处置项目采用"县统筹、镇集中、村补充"的架构搭建易腐垃圾末端处置体系。此外，县、镇、村三级处置设施初次处置产生的初料，将统一集中至县易腐垃圾末端处置设施，混入生鲜垃圾和畜禽粪便后，进行高质化二次深加工，确保指标达标、肥力提升。再生资源项目建成后，提供可覆盖桐庐城乡全域 14 个乡镇街道的高、低附加值可回收物全品类回收服务，彻底从传统小、散、乱、差的"作坊式"废品收购站和分拣加工棚户整合升级成标准化、信息化、现代化的分拣中心。

（三）发挥示范村引领作用

桐庐县将结合省、市示范村创建要求，专项制定桐庐县省级、市级高标准示范村创建标准，结合《关于深入推进生活垃圾分类工作的通知》《桐庐县垃圾分类工作日常检查办法（试行）》等文件，细化各项时间节点，明确各项目标任务。此外，将外聘第三方督导人员，对新创建示范村多次组织专项检查，对创建中存在的问题进行专项通报。将在示范村开展现场学习，推广经验至全县，真正发挥示范村引领示范的作用。

┃淳 安 县┃
推进农村生活垃圾资源化站点规范化运维

　　农村生活垃圾资源化处理站点运维管理是农村生活垃圾分类处理的难点。淳安县多方筹措资金加大投入，因地制宜采用两种模式，规范站点运维，但是在站点运维中，也存在一些问题亟待解决。

一、建设与运维

　　截至 2021 年 3 月，淳安县共有省级垃圾分类项目村 28 个，垃圾资源化处理站 28 个，其中省级项目村资金建设资源化处理站 25 个，县自筹资金建设 3 个（淳安县枫树岭镇白马有机垃圾资源化处理站、淳安县中洲镇有机垃圾资源化处理站、淳安县王阜乡有机垃圾资源化处理站）。资源化处理站点总投入约 2 726 万元，其中设备投入约 1 223 万元，资金来源中省级补助资金 840 万元，县级、乡镇自筹资金 1 886 万元。资源处理站点覆盖 409 个行政村，覆盖率达 96.69％，另有 9 个行政村因地区偏远，主要采取就地通过阳光房对易腐垃圾进行处置的方式。

　　在有机垃圾资源化处理站运维管理方面，交由第三方运维公司运维的资源化处理站点有 13 个（占 46.43％），由镇、村自行运维的有 15 个（占 53.57％）；资源化处理站点运维人员共 57 人；年总运维费用约 609 万元，其中电费约 122 万元，水费约 7 万元，人员工资约 300 万元，其他各类支出约 180 万元。运维资金主要来源于县、乡镇两级，其中县财政每年补助运维经费总共 184.15 万元，主要用于人工工资及电费补助，其余经费由乡镇自筹。

　　2021 年，淳安县资源处处理站点总计处理易腐垃圾 2 555 吨，年出肥总计约 205 吨，出肥率约 8％。资源化处理站点产出物由各乡镇自己处置，主要处置方式有：通过积分兑换等方式将出肥直接返还农户；将有机肥用于乡镇园林绿化；支持村集体经济消薄增收，低价供应村级党建农业产业基地；售卖给农业企业。

二、存在问题

（一）财政支出压力大

淳安县县级财政、乡镇财政收入少，财政基础薄弱，县、乡镇两级在资源化处理站点建设及运维上已投入大量经费，随着垃圾分类工作的不断深入，工作要求不断提高，相关设施设备更新及日常运维经费也在不断上升，而村规民约约束力度有限，在对农户个人的相关强制行政处理措施不完善的前提下向农户收取垃圾分类处置费用，可能会出现农户为减少付费随意倾倒垃圾现象，给垃圾分类工作推进带来更大的难度。

（二）废水废气处置能力有限

农村生活垃圾资源化处理站点产生的废气主要是通过快速成肥机器自带的除臭设备进行处置，废水处置处理能力都有限。以汾口镇横沿资源化处理站点为例，因三格式化粪池处理能力不够，汾口镇政府结合农村污水处理方式探索废水处置设施，建设了动力终端，但资源化处理站处理后的废水浓度太高，经检测，终端处理的废水部分指标超标几千倍，且经多方咨询，都未给出合理的改造建议。后邀请专业环保公司针对该问题进行改造设计，初步经费预算需要40 余万元，因财政压力较大，现汾口暂时利用污水车抽取后运输至汾口污水处理厂进行处置，但每年装运费用压力也较大。渗滤液处置改造提升需要较大资金投入，集中改造县财政压力过大，无法承受。

（三）产出的有机肥无人售卖收购

淳安县有机肥生产厂生产的有机肥加运费售价 600 元/吨，折合 0.6 元/千克，资源化处理站点有机肥定价若过高，则无人收购。当前大部分乡镇产出的有机肥都由政府直接用于园林绿化或积分兑换超市返还农户。另有千岛湖镇将产出的有机肥 2.4 元/千克出售给本镇农业企业，汾口镇以 0.5 元/千克的优惠价格供给用于消薄增收的村集体的党建农业基地。根据成本核算，产出的有机肥经济效益低，售价最高的千岛湖镇都无法抵消其成本。

（四）机器设备处理能力有限

资源化处理站点前期采购的机器设备基本上以处理厨余垃圾为主，而农村农户养猪消耗了很多厨余垃圾，实际需要处置的都是腐烂的蔬菜、水果。资源化处理站点的机器处理部分易腐垃圾能力有限，对于体积较大的垃圾（如大块的烂南瓜、烂甘蔗等）无法进行破损处置，在进入机器前需要先进行破损处理，甘蔗更是需要砍到几厘米的长度才可以处置。

三、对策建议

1. 实行市场运作。 淳安县成立运维公司，各乡镇将中转站、资源化利用站、运输车辆等资产划转至农村垃圾处置运维公司，涉及人员、电费等运维经费由县财政纳入财政预算予以保障。新增易腐垃圾运输车采购、分类垃圾收集车辆、分类垃圾桶采购、中转站设备更新、资源化处理站设备更新、废水废气处理设施、太阳能堆肥房处理设施提升改造等项目类费用由该集团进行市场化运作。

2. 加强巡查考核。 依托淳安县五水共治指挥部督查组力量，结合生态环保每季度一检查机制，同步对各乡镇农村生活垃圾资源化利用处置工作进行考核、排名并通报，将资源化处理站点作为季度检查的重点。同时在乡镇日常巡查过程中，加强对资源化处理站点的督查，确保资源化处理站能正常运行。

3. 完善台账记录。 要加强对资源化处理站点的台账检查和管理，在运用智慧监管系统对用电量、进出料等记录的同时，完善手工台账，以便更好地监管资源化站点的运行。

建 德 市
全域实现垃圾分类处理资源化

建德市在开展农村生活垃圾分类工作中，强化责任落实，强化宣传引导，强化设施建设，基本形成垃圾分类收集、压缩转运和无害化处理体系，推进农村生活垃圾的资源化、无害化及减量化。

一、特色做法

（一）以"务实"为要，强化责任落实

一是压实工作责任。加大市级对乡镇（街道）、乡镇（街道）对村社的考核力度，层层压实工作责任。以农村基层党组织为堡垒，广泛发动党员干部、村民积极参与其中，并与美丽乡村建设、清洁乡村等工作紧密结合、统筹推进，夯实农村生活垃圾分类工作的群众基础。二是注重长效考评。设立"红黄黑"垃圾分类三色牌考评体系，全方位、系统化开展全市 229 个农村垃圾分类考核工作。目前共 94 个村达到红牌标准，占比 41％。截至 2020 年 6 月底前，黄牌村将全面完成晋档工作，剩余 39 个黑牌村完成销号，红牌村比例达到 85％以上。三是强化暗访检查。坚持暗访工作常态化，每日一检查、每周一暗访、每月一通报，全方位、广覆盖开展垃圾分类暗访工作。目前共开展各类暗访检查 79 次，发放问题交办单 30 份，均落实整改到位。

（二）以"创新"为首，强化宣传引导

围绕"人人知晓分类、家家准确分类、营造浓厚氛围"的总目标，开展多种形式的垃圾分类宣传活动，通过送培训下基层、走村入户交心、"手册进户来指导"等方式，提高群众参与率和分类准确率。例如，梅城镇利用网络平台，在集镇范围内开展智能垃圾分类模式；乾潭、莲花、更楼等乡镇（街道）开展"助力垃圾分类，人大代表在行动"活动，通过人大代表的实地督导、谏言献策，助推垃圾分类工作；寿昌镇桂花村采用红黑榜"家校社"互动做法，大塘边村建成一座农村生活垃圾分类教育馆，集知识、趣味、互动于一体，让参观者亲身体验生活垃圾从源头分类到末端处理的全过程。

（三）以"实干"为先，强化设施建设

一是村镇处置项目。目前全市 229 个行政村已建成垃圾中转站 21 个、资源化处理站 28 个，配置一批分类收集容器、镇村清运设备，完成垃圾分类收集、压缩转运和无害化处理体系建设，为全面实施垃圾分类处理创造了良好条件。二是易腐（厨余）垃圾临时处理项目。该项目处理工艺为厌氧发酵＋黑水虻降解，2019 年 9 月建成一期日处理 5 吨的生产线，目前处置能力达 25 吨/日，运行情况良好。三是市级末端处置项目。积极推进环境能源项目建设，力争项目早完工、早运行、早见效，努力实现生活垃圾零填埋；积极推进建德市易腐垃圾处置项目，力争在较短周期内建成易腐垃圾处置项目，进一步实现生活垃圾的资源化、无害化及减量化。

二、存在问题

1. 资金投入压力较大。 市财政已增加农村长效保洁工作人头经费的投入，但随着农村环卫保洁工作的常态化，生活垃圾分类工作要求的进一步提升，面对垃圾分类逐步实现全域覆盖，基础设施要求进一步完善等工作任务，乡镇仍存在较大的资金缺口。

2. 末端处理能力有限。 目前，各村资源化处理站主要处理厨余垃圾，由于厨余垃圾盐分、油脂含量较高，现在的设备设施处理时无法将其分离，菌种达不到处理要求。同时，部分设施设备功能落后，处理能力相对较差，产出物盐分含量较高。

三、对策建议

（一）推进分类体系建设

一是推进分类智慧平台建设。积极践行垃圾分类科技化、数字化理念，建立垃圾分类智慧数据平台，着力提升垃圾处理数字化全覆盖，实时收集分类投放数据。积极引进第三方服务企业，深入推进垃圾分类"两网融合"工作，着力提升生活垃圾循环利用全覆盖。二是加快点位硬件提升。推进农村垃圾房配置、垃圾中转站点更新建设等事宜，落实再生资源回收站点建设，推进再生资源回收网络体系建立，推动可回收物分类收集箱实现全覆盖。

（二）强化"三端"效能提升

前端收集层面，推行音乐车上门收集与定时定点分类投放相结合的收集模

式，制定分类收运路线图，合理高效开展上门收集工作。中端清运层面，积极构建"体系完整、布局合理、技术先进、环保高效"的农村生活垃圾分类收集运输体系，推进收运处理一体化，配足配齐全密闭、低噪声、外观佳、标识规范的分类收集运输车辆。末端处理层面，围绕环境能源项目点火目标，强化处置项目建设，确保尽早落地、尽早使用；围绕智慧化管理，通过"1平台＋28终端"，提高垃圾资源化处理站的使用率，提高集约化多元化规范化处理水平，科学测算相适应的服务区域、人口和垃圾量，保证站点覆盖范围最优化、设施设备效益最大化、设施运维管理规范化，以终端运维能力倒逼前端的分类工作，同时实现易腐与其他垃圾分类率达到100%。

（三）注重分类氛围营造

以农村垃圾分类宣传高潮为契机，持续开展全覆盖、分层次、多角度的宣传活动，培育先进典型，营造良好的舆论氛围，实现农村生活垃圾分类知晓率达到100%。利用各种平台加大静态宣传力度，通过张贴海报、悬挂标语、建立宣传角或用好科普馆、配置分类设施及分类垃圾桶标识等方式进行宣传。初步形成全覆盖的宣传网，加深群众对垃圾分类知识的理解。多种载体加大动态宣传力度，通过逐门入户宣传、分类知识培训宣讲、文艺节目巡演宣传、督查考核宣传、垃圾分类有奖问答活动、投放体验游戏活动等多种宣传形式，让垃圾分类融入群众生活。另外，充分发挥各级力量，整合村民代表、妇女代表、志愿者等人员服务垃圾分类，形成全社会参与的浓厚氛围。

宁 波 市

稳步推进农村生活垃圾资源化站点建设

宁波市按照《关于开展农村生活垃圾减量化资源化处理试点的通知》（浙村整建办〔2014〕17号）要求，从试点开始，因地制宜逐步推进，到提升改造、规模化、规范化发展"五步法"，实现农村生活垃圾资源化利用效益最大化。截至2021年底，全市农村共建垃圾资源化站（点）134个，其中省级站（点）81个，辐射838个村（占行政村总数的38.81%），日处理能力830吨（占日厨余垃圾量的36.4%）。其中，机械成肥设施设备134台，辐射621个村，日处理能力656吨；太阳能沤肥房161座，辐射253个村，日处理能力达161吨；厌氧产沼和生物处理10个村，日处理能力13吨。年节约运输成本8300万元，实现城乡生活垃圾分类覆盖率100%、资源化利用率100%、无害化处置率100%。

一、主要做法

（一）试点推进，处理能力逐年上升

2014年起，宁波市选择4个村开展农村生活垃圾资源化利用试点，并逐步推开。2021年，全市试点村达838个，厨余垃圾日处理能力由2014年的182吨，上升到2020年的830吨，年均增幅达50.8%。宁波市着眼城乡统筹，将垃圾处理暂未纳入城市一体化处理体系，将离中心城区相对较远的海岛、山区镇、村作为试点首选对象，以象山、宁海、奉化为主，其试点村数、设备处理能力占全市总量的60%以上。随着处理工艺的提升，鄞州、北仑等地在相对偏离中心城区的区域，出现整镇、区域联建等规模化处理站点。至2022年底，全市预计有962个村开展垃圾就近就地资源化利用，日处理能力将达到980吨。

（二）因地推进，处理模式多样化发展

宁波市指导各地选择符合农村实际和环保要求、成熟可靠且经济实用的垃

圾处理终端工艺，因地制宜采取"一村一建"或"多村合建"方式，建设资源化站点。人口密集、厨余垃圾产生量大、集体经济较好的村镇选择机械成肥模式，该模式高度集成化，操作便利，不受天气影响，出料速度快，一般当日出料，但前期投入和后期运维的成本相对较大。人口密度不大、厨余垃圾量相对稳定的村镇选择阳光堆肥模式，该模式经费投入少、简单易行，操作简单，运行维护费用低，成肥周期 40 天左右。人口少的行政村选择厌氧产沼模式，该模式埋入地下，易维护，无需后期投入，厨余垃圾经 15～80 天发酵变成有机肥和沼气。宁海县发挥当地加多美企业优势，配置 108 台成肥机器，处理辐射全县 363 个村。象山县不断总结、推广 2010 年承办全省阳光房堆肥处理现场会的经验，建有阳光房处理设施 243 座，受益 293 个村，2017 年，被列入全国首批农村生活垃圾分类处理资源化利用示范县。

（三）提升推进，处理工艺不断优化

鼓励各地探索利用新技术、新工艺处理农村生活垃圾，降低成本、提升效率。象山县对保留使用的阳光堆肥房全面提升，推进阳光堆肥房 3.0、4.0 版本改造，从设施通风、排水处理、温度控制、堆肥技术等多个角度对原有项目进行集中改建或重新绘图选址再建，提升阳光房的处理工艺与堆肥时间，堆肥时间从原有 6 个月缩短至 2 个月，极大提升了阳光房利用率。探索将机械成肥、阳光堆肥两者优势结合起来，形成"机械＋阳光房"技术，前段用机械将厨余垃圾破碎、脱水成五分之一的腐熟质，再进入阳光房发酵，缩短成肥期，有效提升阳光房项目的处置能力和成肥质量。机械成肥设备二代机在生化仓增加了蒸馏式排水装置和复合型除臭装置，在生化仓采用了微波加热方式，能耗降低 30%；三代机增加了设备智能化管理系统，实现对设备运营状态的远程监控和数字化上报，实现设备智能化。

（四）规模推进，集中集成效应增强

各地在新建资源化处理终端过程中，注重综合集成建设、规模化运营，将垃圾中转站、分拣中心、厨余垃圾处理站点等统一规划，集中选址，同时设计、施工、监管，节约资源、成本和建设周期，提高设施设备运行效益。鄞州区以中心区外边缘镇为突破点，主推一镇（片区）一终端的农村生活垃圾资源化利用发展思路，先后在东吴、瞻岐、咸祥等镇进行推广，委托专业公司进行建设、运作，其中咸祥镇采用"源头自动分选机＋制肥机械"模式，鄞州区建成厨余垃圾集聚化处理终端 3 个，覆盖 4 个镇 53 个行政村，每年可就地减量近万吨。象山县将 2012 年 14 个乡镇建成的 243 座阳光房，改造成一体化阳光房处理中心 9 座、区域联建中心 6 座。北仑区的白峰、郭巨片区，采取相邻镇

区建设厨余垃圾处理终端，对厨余垃圾进行就地处理。

（五）规范推进，管理制度逐步健全

2019 年，宁波市在国内率先出台《宁波市农村厨余垃圾就近就地处置管理办法（试行）》，明确厨余垃圾就近就地处置各主体职责，细化了管理措施，首次系统地对农村厨余垃圾处理终端（站点）的布局、选址及工艺要求、建设与竣工验收、运营维护和监督管理等方面做出规定，进一步提高了农村厨余垃圾就近就地处置的规范化、科学化水平。象山县出台《阳光房运行管理手册》《阳光房管理规程》。宁海县、象山县等地还探索推行资源化利用站点"站长制"、考核排名奖惩制、"部门＋镇乡＋站长＋第三方＋操作员"五位一体巡查机制等，做到有人管、有制度管、有钱管。

二、存在问题

1. 机械成肥设备投入及运行成本较高。以每日处理 1 吨垃圾为例，前期需设备费约 30 万元，厂房约 4 万元（50 米^2），年维护费约 0.6 万元，操作工费用 2.4 万元（0.5 人，4 000 元/月），用电 20 元（48 千瓦时，0.4 元/千瓦时）。

2. 设备更新滞后于技术发展。农村生活垃圾终端处理设备更新快，而设备的投入都是靠村镇，很多终端设备已发展到第三代、第四代，但第一代设备还在用，未能得到更新。

3. 产出物去向渠道狭窄。厨余垃圾产出物无国家统一标准，如果用作肥料还需进一步处理。未经成肥处理的产出物，还不被农民认可，一般用在土地改良和花木增肥上，出路较窄。

4. 终端技术不够成熟。农村厨余垃圾资源化处理终端设备缺乏国家标准和行业标准，技术工艺的成熟度、设备运行的稳定性缺少相关的检验标准，存在处理工艺不成熟、功能不全面、运行不稳定等问题。

5. 终端规划欠长远性。农村垃圾处理终端站点由一村一镇根据平时厨余垃圾量购置终端设备，节假日，尤其是 2020 年疫情防控期间表现十分明显，人员流动明显的镇村会出现"吃不饱"或"吃不了"现象，各镇、村之间垃圾处理无法实现流动。

三、对策建议

宁波市下一步主要围绕"六个一"，即做好一个规划、筹集一笔资金、升

级一批设施、建立一套制度、破解一道难题、宣传一批典型，全力推进农村生活垃圾治理工作。

1. 坚持规划统筹发展。按照城乡一体、多规合一的发展原则，编制县（市、区）农村生活垃圾收运与处理规划，推进从宣传引导到设施建设、装备配置、运维管理等城乡一体化的垃圾分类治理体系建设。重点推进农村生活垃圾资源化站点规划布点、再生资源回收利用体系建设，实现区域调控、城乡一盘棋考虑。

2. 建立多元投入机制。出台"以奖代补"资金补贴政策，按管理绩效实施奖补，用于支持垃圾源头减量、村庄保洁、站点运维管理等。建立村民自主投入机制，健全村民自主筹资筹劳机制。探索适宜合规的市场化运营模式，吸引民营企业、社会团体等社会力量，积极参与农村生活垃圾治理项目基础设施建设。

3. 实施设备技改提升。开展资源化站点排查整改，对垃圾量进量不足的站点整合使用，对老旧破损的设施进行维修技改提升，建设技术先进、运行经济的处理设施，扩大农村生活垃圾资源化站点覆盖能力，不断提高垃圾综合利用水平。

4. 建立长效运维制度。在全市范围内推行农村生活垃圾资源化处理站点"站长制"，落实具体责任人，采取相应的运维管理措施。农村生活垃圾资源化处理站点可根据实际建立县域统一运维或区域分散运维、第三方专业机构运维或镇、村自行管理等多形式、可持续的运维管理模式。

5. 破解产出物去向。实行严格的成肥利用记录备查制度，以成肥利用率倒查机器设备运行情况。制定肥料利用方案，肥料以奖励形式反馈给垃圾分类做得较好的农户，用于茶园、果园、花园、树林等经济作物。

6. 完善工作推进机制。召开农村生活垃圾分类工作现场推进会，在全市总结推广各地经验做法。建立市、县、乡、村四级督查工作体制，强化终端运行的日常督查，考核结果列入各级党政综合考核、美丽宁波考核、乡村振兴考核等，通过考核机制保障垃圾分类工作推进。

| 海 曙 区 |

夯实农村垃圾分类工作机制

海曙区高度重视农村生活垃圾分类工作，将农村生活垃圾分类工作纳入全区"三大攻坚战"之一，率先在全市启动了生活垃圾分类试点，截至 2021 年底，已开展垃圾分类的村共计 142 个，农村生活垃圾分类覆盖率达 85％。海曙区现有 1 个省级农村生活垃圾资源化处理站点，位于龙观乡，2015 年建成，覆盖山下村和李岙村 2 个村，覆盖人口数 1 150 人，总投入 90 万元，其中设备投入 28 万元，设计日处理 0.5 吨，平均日处理 0.2 吨，平均年处理 73 吨。目前，该站点由所在乡镇运维管理，运维费用为 7.3 万元/年。

一、主要举措

（一）筑实宣传培训阵地

区级层面，区级相关部门着眼于各个乡镇，切实落实各区域硬件设备布点，夯实垃圾分类宣传基础。镇级层面，各乡镇通过召开村书记、村主任专题动员会、制作宣传牌（标语、墙绘）、发放入户宣传册等方式，着力营造浓厚的垃圾分类氛围。村级层面，各村发动党员、村民代表、妇联执委联户，形成了"三员合力，联动宣传"的工作局面。积极组织区、镇相关负责人调研农村垃圾分类先进典型，赴垃圾分类先进镇、村参观学习。全区农村共制作宣传牌、标语、墙绘等 70 余处，发放入户宣传册 13.79 万份，开展各级各类业务培训 43 次，覆盖 22 个村、5 个社区，受训人数达 500 余人。

（二）健全各类工作机制

海曙区已出台了农村生活垃圾分类相关政策规定，对农村生活垃圾的分类、投放、收运、处置和制度建设等五大规范进行明确。区里成立以分管副区长为组长、有关职能部门人员为成员的工作领导小组，负责统筹全区的农村生活垃圾分类处理工作。各乡镇（街道）也成立了相应的领导小组，负责本地区内的农村生活垃圾分类处理工作。各村成立村书记牵头、村主任主抓、其他村干部共同配合的组织机构。区级相关部门将农村生活垃圾分类处理工作列入乡镇目标管理考核,出台海曙区农村生活垃圾分类处理与循环利用工作考核办法。各乡镇建立了相应的督查考核机制。同时,配套的垃圾分类奖励制度也一并建立。

(三)大力配置硬件设施

区财政安排专项资金对开展农村生活垃圾处理经验收合格的村给予补助,各乡镇(街道)安排了相应配套资金,财政投入的资金除常规的垃圾桶、垃圾袋等购买、宣传资料印刷发放外,更加注重环卫站、垃圾中转站建设,分类收集车、垃圾终端处理设备购置,在提高农村生活垃圾分类处理质量上下功夫。全区开展垃圾分类的142个村配置人力车、电动车和普通清运车共计394辆,入户垃圾桶3517组,公共垃圾桶512个,回收网点142个,中转站23个,有害垃圾回收点142个。可回收垃圾通过再生资源回收系统回收一批。厨余垃圾通过机器成肥转化一批,其余不具备条件的,在洞桥餐厨垃圾处理厂建成投产前,暂时按原处理渠道经压缩中转后进入洞桥垃圾焚烧厂焚烧处理。有害垃圾要求通过逐级汇拢后无害处理一批。其他垃圾,经压缩中转后装运到洞桥垃圾焚烧场进行无害焚烧处理。

二、存在问题

(一)群众基础薄弱

一是规划体系不够完善。目前海曙区城乡垃圾分类治理城乡统筹规划、回收及厨余垃圾终端处理布局、一体化推进体系还不完善。二是工作推进不平衡。乡镇之间、村与村之间的生活垃圾分类工作发展不平衡,有的地方推进缓慢。三是宣传氛围不够浓厚。在推进垃圾分类工作中,不少村民感到不适应、不方便,分类不规范,定时投放不遵守,部分农村存在生活垃圾分类正确率、分类率不高的问题,如龙观乡生活垃圾资源化处理站在垃圾进站之前经常需要二次分拣。四是回收利用体系不够健全。镇级分类收运处置的系统配套欠完善,影响村民分类积极性和源头分类的成效。

(二)常态工作资金缺口大

龙观乡生活垃圾资源化处理站自2015年开始运行,目前设备处理模式落后,跟不上技术要求。大多镇、村两级收运车辆不足、终端处置设备落后的情况依旧存在。如果健全全区乡镇收运中转体系,资金缺口较大,建议上级加大资金倾斜力度。

三、对策建议

海曙区已下发《海曙区农村生活垃圾分类处理与循环利用工作实施意见和考核细则》，计划到 2020 年农村生活垃圾分类行政村基本覆盖，2022 年全区覆盖规范化、精细化、常态化和长效化的农村生活垃圾分类收集运输处理体系，逐步实现农村生活垃圾减量化、资源化、无害化。

1. 加大宣传力度。通过全方位立体式反复宣传，实现生活垃圾分类宣传"进村入户到人""入耳入眼入心"。发挥党员的先锋模范作用，开展农村生活垃圾分类志愿者行动。加大精准分类培训力度，对直接从事垃圾分类工作的专业人员开展专题培训，依托乡村讲堂等平台，培养一支骨干队伍；对普通村民开展知识普及培训，采用通俗易懂、寓教于乐的形式普及垃圾分类处理知识。

2. 提高源头分类质量。对新启动垃圾分类的村，完善基础设施投入，将分类垃圾桶分发到每家每户，根据村庄特点选择定点投放收集、定时投放收集等方式，合理设置流动或固定可回收垃圾收集点、有害垃圾回收点。对已经开展分类工作的村，加强管理，不断提高分类质量和群众满意度，探索源头追溯和以桶换桶机制。

3. 规范垃圾转运工作。建立与生活垃圾分类相衔接的收运网络。对分类收集垃圾的人力车、电动车，进行必要的更新改造；对镇级运输收运车辆因地制宜进行选用添置。

4. 应用多种处理模式。加快建设区级终端处理设施。各镇乡（街道）根据实际情况，合理选择城市社区化处理、自建垃圾处理终端处理、机器成肥处理等模式。

5. 持续开展创建工作。年度垃圾分类试点村任务原则上向示范乡镇集中，垃圾分类示范乡镇（街道）创建以"六有"和"四分四定"为评价标准。垃圾分类办及时跟进创建工作的指导、服务，确保创建质量。继续将农村生活垃圾纳入镇乡（街道）目标管理考核，加大对农村生活垃圾分类的执法检查力度。

┃ 江 北 区 ┃

加强农村保洁　推动全域分类

　　江北区根据浙江省、宁波市农村生活垃圾分类处理有关文件精神和区委决策部署，坚持以"四个全面"战略为统领，围绕城乡一体化要求，按照"政府主导、市场运作、公众参与、社会监督"的工作思路，强化农村环境卫生保洁长效化管理，全面改善农村环境，提升农村人居环境品质。在全区行政村范围内基本建立7小时动态化保洁的市场化运作机制，达到"全域化覆盖、网格化管理、市场化运作、标准化作业"的"四化"要求。截至目前，共完成农村生活垃圾分类村创建37个，覆盖面达到96%。

一、着力做好农村垃圾分类

（一）注重顶层设计，有力推进农村生活垃圾分类处理

　　通过对辖区每个村庄人口结构、集体经济状况、村庄环境治理情况的细化摸底，制定《江北区农村生活垃圾分类处理工作实施方案》，探索建立简便易行、可持续的生活垃圾分类处理江北模式。印发《江北区农村垃圾分类技术指导手册》，从制度、技术等多方面规范推进农村生活垃圾分类工作，促进分类工作的长效运行。落实资金保障，安排专项资金，明确资金奖补的额度和方式，充分发挥财政资金的导向和带动作用，采用以奖代补的方式对开展农村生活垃圾分类的村给予奖励。同时，将农村生活垃圾分类工作纳入重点工程，健全工作责任制，明确每月召开一次专题会、每月至少向主要领导汇报一次项目进展、每月至少下村督查一次的"三个至少一次"工作要求，扎实抓好部署、推进与落实。

（二）注重科学布局，有序推进农村生活垃圾分类处理

　　建立健全规划、培育、处置、管理四大体系，全面推行分类投放定点、分类收集定时、分类运输定车、分类处理定位"四分四定"处理系统，按照"点上闪光、面上覆盖"的总要求，扎实稳妥推进垃圾分类。一是"前端分类"求准确。建立"2＋N"的分类收集体系，精品村按照可回收垃圾、餐厨垃圾、

有害垃圾、其他垃圾进行四分，同时，以景观化理念推进垃圾亭规划与建设，与美丽乡村风貌相协调；其余村按可烂与不可烂进行两分。二是"中端收运"求规范。按照"户收、村集、街道（镇）运、区处理"的四级清运模式，由保洁员负责日常保洁清扫工作，并将定点垃圾桶收集的垃圾运至村级垃圾收集点，由街道将垃圾运输至垃圾中转站，达到行政村的垃圾日产日清。三是"末端处理"求个性。考虑到辖区农村交通地理、人口规模等因素，因地制宜采取处理模式。甬江街道、庄桥街道、洪塘街道积极探索"城乡融合"和"第三方服务外包"等模式，积极对接第三方，采取服务外包机制。甬江街道已与区城管局达成意向，农村生活垃圾分类拟纳入城市管理处理体系。庄桥街道采取全程"市场服务一体化"模式，即由第三方建立收集、分拣、转运、新筹建终端处理、设施运维体系。慈城镇拟建设城乡统筹的厨余垃圾处理站，如在新建垃圾中转站配套厨余垃圾机械成肥处理站（或另选址），处理全域的厨余垃圾，同时引入第三方专业公司进行建设和后续运行维护，实现建设、运营一体化，实现农村生活垃圾资源化利用率80%、全域农村生活垃圾无害化处理率达100%。

（三）加强宣传突破，有效推进农村生活垃圾分类处理

通过垃圾分类纳入村规民约、年度考评与村民年底分红挂钩、"鸡毛兑糖"以量换物、村民"荣辱榜"等各具特色的措施，激励群众主动参与垃圾分类中来，使村民从思想上、行动上形成从"要我分"到"我要分"转变。通过"党员＋""妇女＋""媒体＋"等活动载体，开展形式多样、不同渠道、细分目标人群的生活垃圾分类宣传工作，做好分类意识再强化，扩大群众知晓率，提高参与度。同时，强化与美丽乡村振兴战略、"五水共治""四边三化"、生态江北、农村环境整治等工作有机结合，组织动员、教育引导，培养全社会共同做好垃圾分类、资源利用、环境保护的公共意识。

二、大力推动农村环卫保洁

（一）全域化覆盖

从保洁范围、保洁内容两方面推行农村7小时动态化保洁机制，做到农村环境保洁全覆盖、不留死角。保洁涵盖全区农村范围，除区级及以上主干道路、河道由区级部门保洁，其他道路、河道均纳入村级保洁。村级保洁重点包括各行政村村域内的房前屋后、绿化区域、环卫设施、田间等公共区域，保洁内容涉及环卫保洁、垃圾清运、绿化养护、设施维护、河道保洁、田间管理等工作，庭院清洁实行包干到户，达到"路面无垃圾、河面无漂浮物、田间无废弃物、庭院无乱堆放"的"四无"要求。

（二）网格化管理

建立农村保洁网格化信息管理系统，建成保洁网格和监督网格两张网，明确网格内的保洁主体和监督主体。将全区农村划分为若干主体区域和保洁区域，明确网格内保洁责任主体、保洁单位、保洁人员及相应的工作职责，实行定区域、定主体、定人员、定职责的"四定"保洁责任制。村级落实村干部、党员日常巡查机制，对保洁公司、保洁人员的保洁效果进行检查评分，及时反馈巡查中发现的环境问题；街道（镇）领导及联村干部定期对所辖村的环境情况进行督查，协调处置环境难题；落实区、街道（镇）、村三级河长、路长定期巡查机制，及时处置所发现的问题；建立社会监督平台，群众对发现的环境问题可随手拍、随时传。

（三）市场化运作

各街道（镇）结合实际，进一步探索适合当地的动态化保洁机制，对现有的保洁队伍及人员进行规范化管理，推行村庄保洁服务外包或承包制，可一村或多村委托保洁公司进行管理，实现市场化、公司化运作模式，在 2016 年底前基本实现市场化运作，切实提高了长效管理工作水平。合理配置保洁人数、垃圾收集点位及垃圾桶数量，配备收集、清运车辆、保洁小型机械等相关设施设备，确保环卫设施整洁、美观。完善对保洁公司及保洁人员的评价机制，逐步建立完善保洁质量考评制度，及时纠正保洁管理不到位行为，将整改后仍管理不到位的保洁公司纳入黑名单。

（四）标准化作业

制定符合实际的环卫作业标准、绿化养护标准、设施运维标准等管理要求，形成高标准的管理体系。做到道路及两侧无明显垃圾和杂物乱堆乱放；河塘、溪流、湖面等水面没有明显漂浮物，河道两侧无明显垃圾和杂物；农田及其周边无明显垃圾和废弃物；房屋周边无垃圾堆放；公厕、垃圾房等环卫设施干净整洁。落实至少 7 小时的动态保洁作业，每天上午 8 时前完成全面普扫，8 时后做到责任区域动态巡回保洁，推广农村垃圾减量化资源化处理，做到垃圾日产日清。

| 镇 海 区 |

扎实推进农村垃圾精准分类

镇海区现有 7 个农村生活垃圾资源化处理站点,分布于 2 镇 3 街道,共覆盖 18 个村,覆盖人口数 11.5 万人,总投入 1 183 万元,其中设备投入约 120 万元,设计日处理 17 吨,平均日处理 5.7 吨,2021 年处理 1 023 吨。

一、主要工作

(一)不断升级基础设施

全区开展垃圾分类的 37 个村配置人力车、电动车和普通清运车共计 365 辆,入户垃圾桶 10.7 万组,公共垃圾桶 9 211 个,回收网点 362 个,中转站 31 个,有害垃圾回收点 37 个。一是不断完善分类收集设施。改造升级分类投放点 108 个,全区农村共有能防风、防雨、防晒,并配有照明设施的分类投放点 512 个,占总数的 66.5%,且有超过半数的投放点安装了监控设备。常态化更新维护分类收运设施,提升改造村级归集点 2 个,新增清运车辆 76 辆,更新家用分类垃圾桶 7 170 套、公共分类垃圾桶 7 586 个。二是健全农村回收网络末梢。加强"两网融合",各村以积分兑换、健康超市、集市收集等方法增加低价值可回收物回收量。在农村安装了"搭把手"回收设施 34 台,覆盖 22 个行政村,加上原有的 327 个可回收物投放点,满足了 2 000 户以内有一个可回收物投放点的要求。三是加强资源化站点监管。镇海区原有农村生活垃圾分类资源化处理站点 7 个,按照《宁波市农村厨余垃圾就近就地处置管理办法(试行)》要求,每季度检查站点运行情况。根据城乡一体垃圾收运体系的推进,停用站点 2 个,扩容改造站点 1 个。

(二)抓好源头精准分类

一是强化"定点定时投放"制度。因部分村庄拆迁,农村区域投放点调整至 770 个,投放时间一般为早晚各 2 小时,在投放期间通边督导员均到岗,提醒村民正确分类投放。同时全区农村划分 327 个垃圾分类工作网格,实行"一张图"网格化管理。对一些不能正确分类的村民,加强上门指导。二是常态化实行月度考核机制。每月进行 4 轮以上全覆盖检查，检查包含投放点、归集点分类质量，农户自觉分类比率，投放点日常管理等方面。区委书记牵头创建督查微信群，每晚通报检查日报并实时点评。月度考核结果分"绿蓝黄红"四档进行通报并在区行政中心进行公示。三是充分做好保障工作。年度补助经费较往年翻倍，月度考核按照优秀、良好、合格三类分别补助 8 元/(户·月)、6 元/(户·月)、4 元/(户·月)，其他基础设施提升改造或更新维护均补助 50%。2021 年，下达补助资金超 1 800 万元，比 2020 年增加 110%。

（三）营造浓厚分类氛围

各镇（街道）开展各具特色的分类主题宣传活动，如"小板凳"课堂、"随手拍"监督、"变废为宝"工作室、"骆驼侠"助力垃圾分类等，展示垃圾分类新成就、新经验和新风尚。例如：九龙湖镇开展垃圾分类"流动课堂"，把知识"小板凳"搬进农户家中；澥浦镇发放"绿色存折"，村民用垃圾分类积分兑换生活用品、健康保健体验服务等；区镇两级干部走村入户"随手拍，必看必查垃圾桶"已成为镇海推动农村生活垃圾分类的特色亮点。

持续组织开展《浙江省生活垃圾管理条例》学习、培训和宣传。开展"党员干部包干到村，垃圾分类美化乡村"行动，每个村社落实 2～3 名党员干部，主动深入农户家庭、村内小商铺等生活垃圾分类第一线，按照"五步法"进行走访、宣传、检查、指导。共组织 351 场次培训会，参与人员达 53 780 人次，发放宣传手册 47 989 本，张贴宣传海报 622 幅，并采用网格群宣传、入户指导、LED 屏、横幅等多种形式，营造了良好的舆论氛围。

二、问题与对策

农村生活垃圾分类目前面临的核心问题仍是村民分类意识不强，导致非投放时间段垃圾随意丢弃、督导员需对村民家中未分类入桶的垃圾进行二次分拣等现象仍然存在。另外，村级奖惩约束机制不强，推进执法进农村、规范推进农村生活垃圾处理开展时间较晚，目前仅完成部分村的撤桶并点工作。下一步，主要从以下几个方面推进工作。

（一）完善制度

设计"定时定点投放"制度，针对农村垃圾投放点散且多的实际，科学优化投放点，从原 2 100 个减少至 770 个，平均一个投放点服务 144 户，并规定早晚各 2 小时的投放时间，部分村根据实际情况设置中午投放时间。实行"一张图"管理，全区农村划分 320 个垃圾分类工作网格，由村"两委"担任网格长，严格落实入户宣传、教育督导、日常监管等网格责任。丰富宣传引导途径和内容，运用通俗易懂、寓教于乐的方法，深度普及垃圾分类知识。

（二）落实保障

全面做好资金保障，确保有钱办事。配齐配足设施设备，家用入户桶实现全覆盖，并对清运车辆、分类垃圾桶等设施进行常态化清理维护更新。在全区半数以上投放点安装监控设备，通过数字化管理监督平台实现分类追踪溯源。统一城乡生活垃圾分类工作经费补助标准，根据考核检查结果，区财政每月对村（社）分别给予 8 元/户、6 元/户、4 元/户的补助，考核不合格取消当月补助。同时完善村（社）年度考核制度，综合宣传引导、队伍建设、体系完善、分类成效和社会满意度等模块，确定年度排名，平均给予每村（社）25 元/户的年度补助，另外，对考核前列的村（社）给予额外奖励。

（三）督促检查

创建镇海区生活垃圾分类攻坚微信群，区、镇党政主要负责人及分管负责人、相关职能部门主要负责人及分管负责人等为群员，每晚发布垃圾分类"一日一查"情况通报，在每天情况通报时段，区分管负责人必实时点评、镇（街）主要负责人即时表态。每周一轮做到 770 个农村生活垃圾投放点检查全覆盖，每月汇总当月检查情况以"四色榜单"进行多渠道公开通报，并纳入区对镇（街）月考核内容。通报反映的问题，镇（街）"一把手"亲自抓部署，村书记亲自抓落实，限时办结。

| 北 仑 区 |
高水平开展农村生活垃圾"三化"处理

近年来,北仑区积极践行"绿水青山就是金山银山"的发展理念,全域统筹推进,多措并举抓落实,注重长效保成效,由点及面,高水平推进农村生活垃圾减量化、资源化、无害化处理。目前,已经完成138个村创建,农村生活垃圾资源化利用率和无害化处理率均达100%,基本形成了"源头能分类,终端能处理"。

一、高站位推动工作开展

北仑区以组织建设、项目统筹、资金整合为路径推动农村生活垃圾分类工作顺利开展。

(一)强化组织领导

成立了以区长为组长,区农业农村局、区综合执法局、区住建局等30余家单位为成员的区生活垃圾分类处理与循环利用工作领导小组,下设综合协调、农业农村、回收利用等7个工作小组,统筹指导全区城乡生活垃圾分类处理工作,切实解决城中村、城乡结合部等交叉区域"没人管、理不清、管不好"的现状。

(二)强化制度建设

把农村生活垃圾分类作为农村环境综合整治的"牛鼻子"来抓,构建以《农村生活垃圾分类处理实施方案(2018—2020年)》为主体框架的农村生活垃圾分类处理体系,明确将农村生活垃圾处理村创建与美丽乡村、美丽宜居示范村、文明村等各类评先评优及建设项目安排挂钩,同步推进、同步考核。同时将农村生活垃圾分类成效作为农村基层党组织"两优一先"评比的前置条件,切实提升村干部的主体意识。

(三)强化资金保障

坚持政府主导、分级负担、多元筹措,搭建起"区、街道两级财政奖补,村（社）自筹"的资金保障体系，每年除安排 1.5 亿元左右用于城乡环境保洁，再落实 2 500 万元专项投入农村生活垃圾分类。

二、高水平实现有效处理

坚持从实际出发，扎实推进源头分类规范，不断完善投放收运体系，积极探索具有地域特点的农村生活垃圾处理新模式，切实提升全区农村生活垃圾分类工作实效。

（一）因村制宜，提升源头分类质量

北仑区在统一城乡标准的基础上，充分考虑农村习惯，推广生活垃圾"源头两分、整村四分"模式。针对农户，分为厨余垃圾、其他垃圾；针对整村，设置 1～2 个有害垃圾、可回收垃圾收集点。在收集环节上，充分考虑村庄规模、人员结构和推广难易性，以上门收集为主，同时，在群众基础较好或者城乡融合程度较高的村试点撤桶并点、定点投放。在多个项目示范村，引入农村生活垃圾分类智慧系统，通过"扫码"管理，以大数据分析全村分类情况，促进分类实效提升。

（二）绿色循环，实现可用资源回收利用

按照"就近、集约、安全、环保、经济"的要求，北仑区连片联建推进农村生活垃圾分类资源化站点规划建设，根据村庄规模、用地现状优选终端处置方案。例如，在村庄占地面积小、人口密度高的村，选择机器快速成肥模式，集中快速处置为有机质肥，经济高效；在有闲置可利用土地的村，选择黑水虻生物转化或者阳光堆肥房模式，降低处理能耗，提升使用效能。目前，已经建成 10 个资源化处理站点，基本实现易腐垃圾资源化利用站点区内全覆盖。同时，加快可回收体系搭建，将农村区域的回收网点纳入城乡建设规划，推进再生资源回收智能建设，全区已经落地运行智能回收箱 248 个，备案再生资源回收企业 173 家，打造起城乡一体的"人工＋智能、固定＋流动、定时＋预约"的回收服务网络体系，打通农村垃圾回收最后一公里，实现应收尽收。

（三）集中处置，解决其他垃圾处理问题

北仑区全面升级城乡垃圾集运系统，打通农村与城市生活垃圾收储用通道，优化垃圾运输路线，增派收运车辆。目前，农村生活垃圾除就地消减，基本实现分类输运、集中处置。依托年发电 1 亿千瓦时的光大环保能源项目，将其他无明显利用价值的垃圾进行统一焚烧发电，燃烧废渣用于制砖等资源化利

用，实现集中无害化处理。

三、高标准构建长效体系

农村生活垃圾分类工作任务艰巨，不可能一蹴而就，也不会一劳永逸。北仑区积极搭建长效管理体系，以考促管，分解压实责任，切实发挥村民的主体参与意识。

（一）考核督查抓落实

北仑区将农村生活垃圾分类处理作为重点项目列入区对街道乡村振兴目标责任制年度考核。为进一步提高农村生活垃圾分类创建质量，委托第三方考评团队对全区新创建村、省级项目村和已创建村开展考评，每季度形成考核情况通报下发至街道主要领导，同时将考评结果与年底奖补资金挂钩，进一步推动责任落实，提升垃圾分类实效。

（二）网络包片形成合力

按照就近、方便原则，在全区推广"网格化管理""党员干部责任区"等行之有效的经验做法，搭建"干部包片、党员包街、村民包院"的垃圾分类工作网络式管理机制，由党员、老年代表或妇女代表为联系人，负责区块内垃圾处理的分类指导、政策宣传和巡查监督，形成"党员走在前，干部带好头"的合力。针对外来人口多、组成人员复杂的村庄，推行暂住责任状模式，将外来居住人口一起纳入村规民约管理体系，同步管理、同步督促。同时，发挥农村监督"红黑榜"的作用，对分类明显、成果显著的农村实施年度示范评优，对积极参与农村生活垃圾分类的家庭进行评先。

（三）宣传发动造氛围

组织各街道、村开展"条例宣传月""十进"等活动，组建农村垃圾分类讲师团，累计宣讲340余次，受众2万余人次，营造农村生活垃圾分类"人人有责"的良好氛围。向农村积极推广示范街道、社区的有益经验，通过建立绿色账户，实行积分兑换等方式，提高村民分类主动性和准确性；号召广大党员干部进村入户，参与入户指导、桶边督导等志愿服务，争当垃圾分类示范员、宣传员、督导员。目前，累积发放各类宣传册10万余册、悬挂横幅600多条，生活垃圾分类真正在农村入脑入心，开创了"人人会分、愿意分"的良好局面。

鄞 州 区

实施农村生活垃圾就地分类处理

近年来，鄞州区以"建制村覆盖率百分百和群众满意率百分百"为目标，勤宣传、巧谋划、强终端、促回收，全面推进农村生态环境、人居环境、发展环境和治理环境的改善。

一、工作推进情况

鄞州区共有 9 个镇 183 个建制村，有农户 150 724 户，生活垃圾日产量约238.9 吨，其中厨余垃圾日产量约 126.6 吨。全区共有农村生活垃圾转运站（镇级和村级）90 个，生活垃圾分类清运车辆（人力和电动）545 辆，分类垃圾桶 20 余万个（其中，农户垃圾桶 18 万个、公共垃圾桶 2 万余个）。近年来，全区共建设完成生活垃圾资源化站点 12 个，项目村 35 个，覆盖村 55 个，其中机械成肥模式站点 6 个，厌氧发酵模式站点 6 个，合计投入建设及运维资金7 100 万元。主要工作举措如下：

（一）有序部署，系统抓好源头分类工作

鄞州区围绕生活垃圾总量"零增长"目标，制定农村垃圾分类收集处理建制村全覆盖方案，计划比省定目标提前两年实现全覆盖。指导各镇、村依托农村文化礼堂、说事长廊等各村社原有宣传载体，打造分类阵地，发放自制各类宣传资料 20 余万份。积极利用"一村一品"会演、群众文化艺术节等舞台，使垃圾分类小品、快板在各村广泛传播。与卫生城镇、"洁美村庄""最美庭院"等活动相结合，使村民养成主动分类的好习惯。目前，鄞州区全部建制村建立了生活垃圾分类工作专人负责制，并开展了生活垃圾分类宣传工作，成立了生活垃圾分类宣传志愿者及义务督导员队伍，志愿者与督导员总人数达到 2 126 人。

（二）因地制宜，积极推进厨余垃圾处理终端建设

鄞州区在全面引导村民做好源头分类的基础上，加强分类运输引导，避免

出现"先分后混"现象，同时重点做好厨余垃圾处理终端设施建设，实现厨余垃圾就地消纳不出镇、不出村。针对各镇、村经济特点和区位优势，探索采用全镇统建、各村自建、多村联建相结合的方式，全面推动厨余垃圾处理终端建设，提升覆盖率。如在环境基础较好、经济实力较强的东吴镇采用大型机械化终端处理模式，耗资 350 万元建造镇级垃圾处理中心，全镇每年统筹安排专项资金 70 万元，采用服务外包的模式，由指定企业对所辖 12 个建制村厨余垃圾进行处理；咸祥镇和瞻岐镇的 34 个建制村因靠海，贝壳类厨余垃圾较多，故采用源头自动分选机＋制肥机械＋阳光堆肥"三效结合"模式；姜山镇因地域广，所辖建制村数量及人口数量多，由各村自行建设小型处理终端，采用厌氧发酵生沼模式，再生能源循环利用。目前，全区有 3 个镇、55 个建制村实现厨余垃圾就地消纳不出镇、不出村，就地减量达到 20％。

（三）变废为宝，绘好可再生资源绿色发展图

积极推动可回收资源分解中心在农村的设网布点工作，进一步延长了收集链、运用链。在农村建立固定可回收垃圾收集点，探索建立流动回收车收集制度，定点定时前往各村巡回收集七大类可再生资源，有效解决了农村房前屋后乱堆放问题。目前，姜山镇陆家堰村已设置"搭把手"回收设施并正常运作，实现了农村固定回收装置零的突破。全区有 70 余万人次通过"搭把手"智慧收运体系兑换积分超过 59 万余元。分拣中心投入运营以来，共组织接待幼儿园、中小学、社区居民、各级政府机关单位教育互动、参观体验，成为"垃圾分类＋资源回收"两网融合的形象和成果展示窗口。

二、存在问题

（一）源头分类不精细影响终端处理效率

因宣传教育、监督检查不够深入到位，部分村民垃圾分类积极性不高，分类知识匮乏，分类习惯没有养成。以目前正在运行的咸祥镇生活垃圾资源化处理站为例，在源头分类精准、厨余垃圾无杂质掺杂的前提下，可实现 10 吨/小时的最大处理效率。但从实际运行情况看，由于各村源头分类精准度普遍较低，厨余垃圾运到处理站后尚需人工及分类机进行二次分拣才能进入终端机器处理，导致运行效率仅能达到设计的十分之一。

（二）终端技术不成熟影响处理效果

目前，垃圾资源化处理终端设备缺乏国家标准和行业标准，技术工艺的成熟度、设备运行的稳定性缺少相关的检验标准，不同程度存在处理工艺不成

熟、功能不全面、运行不稳定、后续污水难处理等问题。比如东吴镇、瞻岐镇、咸祥镇和云龙镇上李家村采用机器快速成肥模式，能耗大，维护成本高。姜山镇陆家堰村和甬江村采用厌氧产沼模式，前端分类要求高且沼气无法合理利用，存在二次污染隐患。咸祥镇采用机器快速成肥和太阳能辅助堆肥相结合的模式，并加入源头人工二次分拣环节，成效不错，但前期建设投入资金巨大，且需要聘请专业管理公司负责日常运营。总体而言，各项处理模式均存在一定的不足。

三、对策建议

打好打赢农村生活垃圾分类处理攻坚战、持久战，必须咬定目标、久久为功，坚持政府推动、全民参与。鄞州区下一步着重抓好三方面工作。

（一）坚持规划引领

编制鄞州区生活垃圾处理规划，明确生活垃圾分类处理体系，确定处理设施总体布局，为城乡生活垃圾分类一体化运行指明方向。结合实际，积极探索垃圾处理"1+X+N"模式，即1个区级处理中心，X个片区镇级处理站，N个村级处理点。通过改造现有收集站（点）配置垃圾分类收集容器，落实厨余垃圾处理中心建设，完善咸祥、东吴、瞻岐等镇终端的运营体系，尽快启动五乡、邱隘、云龙等镇的就地减量终端设施建设。

（二）完善保障机制

落实专项资金，将农村生活垃圾分类（农村环境整治）经费列入财政预算，通过"以奖代补"形式予以补助，保障农村保洁员队伍、基础设施设备建设及维护，并探索建立农村环境卫生补偿机制，明确垃圾产生者的处理责任，建立惩戒制度，减少支出压力。

（三）完善工作机制

探索建立生活垃圾分类城乡一体化管理机制，完善"部门督导、镇街管理、村组落实"的三级管理网络，健全"镇村联动、全民参与、全面覆盖"的工作机制。制定了鄞州区农村环境卫生考核办法，把农村生活垃圾分类投放、收集和处理工作纳入环境卫生整治考核。委托第三方测评公司，对全区183个建制村每季度开展一次测评，加大督查力度，建立日常巡查督导机制，发挥舆论监督作用，继续推进就地减量。

| 奉 化 区 |

创新解决农村垃圾分类处理难题

为扎实推进农村生活垃圾分类处理工作，奉化区建造了 5 个农村生活垃圾资源化处理站点，覆盖村 70 个，覆盖人口 550 950 人，总投入 834 万元，其中设备投入 361 万元，设计日处理 14 吨，平均日处理 12.4 吨，平均年处理 4 200 吨。目前，1 个站点由第三方运维管理，4 个站点由镇、行政村自行运维管理。目前站点运维顺利，但运维中还存在一些困难和问题。

一、存在问题

（一）思想认识不够到位

部分干部群众对农村生活垃圾分类处理工作认识不足。在资源化站点管理运维方面，由第三方管理运维的农村生活垃圾资源化处理站点相对较规范，但是部分由行政村自行管理运维的资源化站点存在精神懈怠，管理人员专业素养不够，遇到机器故障时不会处理，更无法及时处理。在垃圾源头分类方面，部分源头分类不好的村，在资源化处理站还要进行二次分类，费时费力。而且村民的原有生活习惯难以在短时间内完全转变，有些村民不会分类或不愿意分类。

（二）终端技术有待提升

目前，垃圾资源化处理终端设备缺乏国家标准和行业标准，存在处理工艺不成熟、功能不全面、运行不稳定、成肥效果不佳等问题，尤其是设备故障问题比较显著。农村厨余垃圾存在季节性现象，芋艿、笋上市时的大量芋艿叶、芋艿茎、烂芋艿头、笋叶、笋根等很难被粉碎，常常引起机器故障。大堰镇箭岭村和柏坑村的资源化处理站设备损坏后进行了维修，但仍然故障频发。

（三）综合利用回收滞后

一方面，终端处理产出的肥料推广利用尚有难度，其肥力和物质含量如何，重金属等是否超标，均无可靠数据支撑，更无法做到标准化。奉化区终端处理产出的肥料都是免费用于苗木种植，还未实现变现。另一方面，垃圾生化处理产生的高浓度滤液未接入市政污水管网，一旦在处理过程中发生渗漏等危险，会造成土地污染与水体污染的二次污染。如若接入市政污水管网，必然会造成化学需氧量指标超标，现在，处理设备渗滤液问题陷入两难的境况。

（四）运维资金压力较大

目前，奉化区农村生活垃圾分类工作资金以财政投入为主，资源化站点的管理运维费用由镇街和各行政村自筹。奉化区农村大多没有开展垃圾收费或收取保洁费，再加上全区的绝大多数村集体经济收入有限，因此，农村生活垃圾分类处理在资金方面压力较大。据测算，奉化区各资源化站点运维费用为145.9万元/年，其中，电费32.6万元/年，水费4.9万元/年，20名工作人员费用为65.6万元/年。以裘村镇镇级垃圾资源化处理站点为例，设计日处理7吨，平均日处理3~4吨，平均年处理1 000吨，年总费用约为69.8万元，其中电费6万元、水费0.8万元、人工成本18万元，污水运维委托第三方费用为40万元，其他费用5万元。

二、政策建议

（一）加强宣传引导

一是要改变一些领导干部的观念，让他们清楚认识到农村生活垃圾分类不是应付上级考核，而是从源头上堵住污染环境的渠道，改善人类生存的环境质量，是一项长期的战略任务。二是要继续向群众普及垃圾分类相关知识，提高群众对垃圾分类的意识，从"要我分"转为"我要分"。三是要充分发挥社会力量，共同营造浓厚的农村生活垃圾分类工作氛围。四是要将宣传培训具体到个人，对相关人员进行宣传教育的同时更要做好专业化培训。

（二）加强资金保障

要构建多元化的资金筹措机制，加强对农村生活垃圾分类处理的资金保障。一是争取上级的农村垃圾治理财政专项资金支持。二是推进农村垃圾分类处理的市场化运作，通过制定政策支持相关产业发展，接入企业以及社会力量加入垃圾分类工作上来。可从税收、用地、人才等多个方面支持垃圾处理相关产业的发展，包括对垃圾生化机处理设备、垃圾分解生物药剂、新型环保垃圾桶、农村环卫保洁工具设施建设等多个领域进行全方位支持。三是积极探索建立农村生活垃圾处理收费制度，按照"谁污染谁治理"的原则，将垃圾处理按量收费，通过经济手段鼓励群众减少生活垃圾的产生。

（三）加强技术支持

针对设备故障多、成肥效果不稳定问题，一方面，要培训技术骨干，实现垃圾处理终端更高效、稳定，产出的肥料性能稳定可推广利用；另一方面，积极探索智能化运维管理系统，实时在线监管终端站点运行情况，定期研究解决存在的问题，确保设置长久正常运行。

余 姚 市

争当农村生活垃圾分类"示范生"

余姚市根据浙江省、宁波市农村生活垃圾分类工作部署，全力以赴抓落实，强化认识，注重全员发动，发挥基层组织作用，加大分类指导力度，全力构建各方合作、群策群力的工作格局，努力提交农村生活垃圾分类处理工作的"高分答卷"。

一、工作推进情况

余姚市聚焦源头分类、中端运输、末端处置等关键环节，完善治理体系，全面提高垃圾综合治理水平。

（一）抓源头分类

抓源头分类，推动垃圾由粗放型分类向精准型分类转变。余姚市在初步建成农村生活垃圾分类设施体系的基础上，完善垃圾桶、宣传引导牌的设置，累计建成农村生活垃圾分类示范投放点 1 600 余个、一般投放点 18 000 余个，同步推进桶边标识标牌覆盖工作，累计设立桶边标识标牌 4 482 处。同时，为提高群众垃圾分类准确率，在自然村以及示范投放点配置桶边督导员，广泛开展垃圾分类宣传和桶边督导工作，共有桶边督导员 1 251 名。试点开展"定时定点投放收运模式"和"桶边督导"，截至目前，低塘街道黄清堰村、梁弄镇汪巷村、牟山镇牟山村等实行桶边督导，群众参与率和源头分类精准率明显提高，成效显著。

（二）抓中端运输

抓中端运输，推动垃圾由混装混运逐步向分车装运转变。余姚市扎实推进垃圾分类运输工作，推动农村生活垃圾由混装混运逐步向专车、定时收运转变。有害垃圾，固定每月 21 日定时送往小曹娥进行集中存放处理；厨余垃圾，在有条件自行处理的乡镇、街道进行分车装运，或委托市餐厨垃圾处理中心上门收运，其他乡镇、街道则与其他垃圾打包运往小曹娥焚烧发电厂统一处理。

（三）抓末端处置

抓末端处置，推动垃圾处置由焚烧发电单一模式向以焚烧发电为主、阳光堆肥、机器成肥、昆虫转换利用共存的模式转变。余姚市推动加快乡镇、街道同市餐厨垃圾处理中心的对接，畅通厨余垃圾处理渠道，同时在有条件的乡镇、街道开展厨余垃圾就地减量处理。在大隐镇、鹿亭乡开展餐厨垃圾机器堆肥处理的基础上，小曹娥镇阳光堆肥房、泗门镇阳光堆肥房、牟山镇餐厨垃圾处理中心（利用昆虫对厨余垃圾进行生物转化和资源化利用）已全面运作。目前，全市已累计建设资源化站点 10 个，其中有 7 个为省级农村生活垃圾资源化处理站点。

二、存在问题

1. 收运体系尚未完全健全。 当前，虽均建有分类收运队伍，但服务范围、服务广度还未达到自然村全覆盖，少数村垃圾混收混运问题仍未彻底解决；同时，低价值可回收物渠道有待畅通、回收网络有待完善，例如酒瓶等一些价值较低的可回收物，由于回收利润空间不大甚至亏本，市场经营者都不愿收。

2. 群众分类意识未完全到位。 乡镇、村干部是美丽乡村建设和基层管理的主要力量，农民的环境意识和环保素质直接影响农村环境保护能否有序进行。但目前部分村镇关于垃圾分类理念宣传的方法、手段及内容等比较枯燥和单一，群众对垃圾分类理念了解不深，参与垃圾分类积极性不高，分类意识尚未成熟。

3. 资金投入保障有所不足。 真正实现垃圾分类，资金保障必不可少。目前，余姚市财政投入不能满足村庄实际需求，增加了分类设施提升的困难。

三、对策建议

为扎实推进农村生活垃圾分类工作，余姚市根据《宁波市生活垃圾分类管理条例》和余姚市生活垃圾分类实施方案等要求，将推进以下几项工作。

1. 加强宣传教育。 加大农村生活垃圾分类工作的宣传力度，通过报纸、电视、网络等载体，引导群众参与其中，树立群众在垃圾分类中的主人翁意识。开展市、镇、村三级联动宣传，组织开展农村生活垃圾分类管理员、督导员培训。充分发挥工青妇等社会团体作用，通过开展志愿者活动、妇女之家等形式传播垃圾分类知识。

2. 提升分类设施和标识。加大资金投入，增加分类设施。对照余姚市生活垃圾分类目录和分类标志，开展生活垃圾分类收集容器、桶边标识标牌以及宣传物品的纠正纠错工作，及时纠正错误的宣传标识。

3. 完善检查督导机制。积极推行"定时定点投放模式"，提升源头分类质量。继续实施垃圾分类交叉检查机制，开展月度检查和季度检查相结合的检查机制，定期检查乡镇、街道源头分类是否准确以及垃圾运输是否分车等工作，对分类不准确、混装混运现象较为严重的乡镇、街道进行通报。开展垃圾分类示范户评选，探索建立监督惩戒和帮助改正机制，进一步提升农户知晓率、参与率和准确率。

4. 建立量化考核机制。对进入市垃圾焚烧发电厂、有害垃圾收集中心、市餐厨垃圾处理中心（包括乡镇、街道就地减量处理）和回收利用的垃圾进行每月统计，四类垃圾处理利用率要进行月度排名，同时建立起垃圾处理台账，对明显落后的乡镇、街道进行通报。

｜慈 溪 市｜
推动农村生活垃圾分类新突破

通过重塑三项机制、抓实三大环节、补齐三处短板的"三三"组合拳，慈溪市大力推进农村生活垃圾分类工作革新突破。全市 271 个行政村率先实现生活垃圾分类全覆盖，创新试点"四网融合"环卫集约智慧治理新模式，是宁波市唯一配齐"四分类"垃圾处置渠道的县（市、区）。

一、重塑三项机制，牵住效能提升"牛鼻子"

（一）重塑管理机制

慈溪市明确"管行业必须管垃圾分类""属地责任管理"两大原则，建立"市级主导、行业管理、属地推动"三级监管体制，由原先综合执法部门"单打独斗"有效转变为全市"群策群力"立体化监管。市级层面抓面上考核，对行业单位、行政村、居住小区进行定期排名通报；15 个行业主管部门按职能分工开展垃圾分类进农村活动，形成部门联动、齐抓共管格局；18 个属地镇（街道）重点围绕行政村开展源头分类质量提升，同步推动村内商超、农贸市场等场所分类工作全覆盖。

（二）重塑奖优机制

在行政村 15 元/人的统一补助基础上，差异化调整专项补助政策，根据实地暗查和考评结果，对实行撤桶并点、落实桶边督导，且厨余垃圾分类精准度 70％以上的行政村，按 160 元/（户·年）增补到镇（街道）；对配备标准化垃圾房、洗手台等便民设施，且厨余垃圾分类精准度 80％以上的行政村，增加 100元/户补助；对配置上门集运专门车辆，且厨余垃圾分类精准度 80％以上的行政村，按 15 元/人予以一次性补助，充分调动基层工作积极性。

（三）重塑执法机制

慈溪市针对居家群众垃圾分类意识薄弱、违法行为反复、执法取证难等问题，建立村（社区）干部、督导员与属地综合执法中队联动检查机制，并借助垃圾房监控、天网等设备，溯源违法行为人"一查到底"；针对农贸市场、村内商超等场所违法行为易发现象，将生活垃圾分类检查融入综合执法日常巡查，并建立执法长效机制，执法频率由一周两次提高到一天两次。目前，月均出动执法人员900余人次、教育劝导300余次、立案处罚近40起。

二、抓实三大环节，细耕闭环管理"责任田"

（一）抓实基建配套环节

慈溪市在行政村实现"一栏、二图、三点、四桶、五导"标配全覆盖，其中"一栏"指垃圾分类信息公示栏；"二图"指垃圾分类收集投放点位图、基础知识宣传图；"三点"指各类垃圾收集投放点、定点收运归集点、垃圾桶清洗点；"四桶"指绿、蓝、红、黑四色垃圾分类收集投放容器；"五导"指垃圾分类标准先导、入户指导、桶边督导、激励引导、考核督导。为克服投放点与垃圾房"邻避效应"等困难，弹性设置固定投放点和流动投放点。同时，因地制宜对分类投放配套设施进行升级，91.7%的城镇和非城镇居住小区建成固定垃圾房，120个小区建成景观式垃圾房，86%行政村配置集运车辆。

（二）抓实中间集运环节

在建成"户集、村收、镇运"城乡融合集运体系基础上，根据垃圾量和源头分类情况，细化完善集运管理体系。其中，其他垃圾、厨余垃圾在"以桶换桶"全域覆盖基础上，大力发展垃圾压缩、集装箱密闭运输的中转模式；对厨余垃圾，根据属地人口合理设定集运指标，确保垃圾集运规模及有机质含量，设立专门转运场地和路线；对有害垃圾，每月21日定期开展"收集日"活动并落实定向转运；其他垃圾则统一收运至县级中转站点压缩收运；玻璃、废织物等量大、附加值低的可回收物实行定向集运，2021年投放低附加值可回收物智能回收柜2 200台。目前慈溪市共有垃圾中转站39个、压缩设备69台，配备垃圾运输车辆148辆，对其他垃圾、厨余垃圾进行密闭化运输，平均日中转其他垃圾2 000吨、厨余垃圾230吨，清运率达到100%，实现日产日清。

（三）抓实数字创新环节

创新组建慈溪市城市数字化管理系统，紧扣"一屏观城事，一网管治理"的总体定位，在对垃圾分类投放配套设施进行优化升级基础上，开发"环卫数字化监管平台"，增设"垃圾分类数字化监管"子板块，积极探索信息化建设、大数据实战应用新路子，实现摄像头站岗、无人机巡逻、大数据破案"一条龙监管"，助力垃圾分类工作提档升级。目前慈溪市26个村创新实行"信息化管理、精细化分类"的农村智能垃圾分类新模式,提升了农村源头分类智能化水平。同时率先在长河等乡镇试点"环卫保洁＋以桶换桶＋垃圾分类＋资源回收"于一体的"四网融合"环卫集约智慧治理新模式,减少保洁、垃圾清运和回收中重复建设项目近 40%,实现试点地区环卫年度经费投入同比减少 20%,生活垃圾日产量同比降低 12%。

三、补齐三处短板,确保分类成效"可持续"

(一)补齐收费短板

针对农村住户分散、分类质量提升难度大的问题,慈溪市在行政村全面推广"上门集运"模式,推广区域内每家每户分发分类垃圾桶并落实源头分类,安排专用车辆定时上门收集,不定时组织集运人员、村干部、党员群众现场督导纠正。按照"谁产生、谁付费"原则,在 4 个镇先行试点垃圾有偿服务收费制度,通过"党员包干收、房东联动管、分类好返利"等举措,提高村民规范分类投放意识。目前,慈溪市垃圾有偿服务收费制度已经推广辐射至 8 个镇(街道)、61 个村,取得了较好的社会效益和经济价值。

(二)补齐回收短板

出台宁波市首个低附加值可回收物补助政策,以高附加值可回收物回收分拣运营利润以及部分财政补助,成功引进社会资本建成 1 个县级大型综合性分拣中心、3 个镇级再生资源中转站,配齐餐厨(厨余)垃圾、有害垃圾、可回收垃圾、其他垃圾"四分类"垃圾终端处置体系。通过社会资本建成的再生资源智能管理平台,成功收编 3 310 名"破烂王"(即零散市场回收人员),实现人车统一规范管理、可回收物回收增量。自投入使用以来,4 个平台回收订单数约 19 万笔,总回收交易量 3.3 万余吨,实现交易金额 6 199.4 万元。

(三)补齐终端短板

紧扣碳达峰、碳中和"双碳"大目标为垃圾分类减量赋予的时代价值,积极谋划布局区域性大型垃圾中转站,加快推进慈溪市建筑垃圾资源化处置中心项目、东部固废资源利用项目建设,全面提升资源综合利用水平。目前,慈溪是宁波市唯一配齐"四分类"垃圾处置渠道的县(市),建立了完备的市生活垃圾焚烧发电、餐厨垃圾处理、厨余垃圾处理、可回收物回收等终端处置体系。如位于慈东工业区的慈溪市生活垃圾焚烧发电厂自 2009 年投产以来至 2020 年底,共处理生活垃圾 698 万吨,发电 17.4 亿余千瓦时,上网电量 11.97 亿千瓦时,向慈溪滨海经济开发区和龙山工业区企业集中供热 402 余万吨,为慈溪市生态环境建设作出了较大的贡献。

宁 海 县

三个方法、三大机制提升农村
生活垃圾分类处理水平

自 2014 年起，宁海县通过破解三大建设难题、探索三大运行方法、创新三大维护机制，提升农村生活垃圾分类"建、运、维"水平，实现农村生活垃圾分类处理行政村全覆盖，着力建设"生态美、生产美、生活美"的美丽家园。目前，全县 363 个行政村全部开展农村生活垃圾分类工作，在 8 个乡镇（街道）建造了 21 个农村生活垃圾资源化处理站点，覆盖 41 个村 42 719 人，总投入 1 453 万元，其中 3 个站点由第三方运维管理，18 个站点由行政村自行运维管理。

一、破解三大难题，提升农村生活垃圾分类建设水平

（一）全民式参与，破解"谁来建"

针对农村生活垃圾分类涉及面广、人多而推广难问题，宁海县通过组建专业讲师团，"一村一讲"动态化巡回宣讲，按照"一村一员"方式，择选本村干部、党员志愿者接受培训，担任村级垃圾分类指导员，走村入街现场指导、逐户落实，常态化带动全民参与、共推共建。目前，已开展垃圾分类工作巡讲 800 余场。

（二）标本性兼治，破解"建什么"

为缓解垃圾填埋场库容饱和、生活垃圾骤增围城困境，宁海县在垃圾填埋场"扩容延寿"的基础上，全面配置分类垃圾桶、清运车等设施，区域性布点安装餐厨垃圾生化机，锁定源头管理、紧抓过程控制、落实末端处理，实现农村垃圾的减量化、资源化。目前，全县农村建成餐厨垃圾再利用中心 104 个，配备设备 126 台。

（三）社会化引入，破解"怎么建"

针对农村生活垃圾分类工作人员、资金等要素制约，宁海县结合美丽乡村

建设，鼓励引入PPP等投融资方式，促进垃圾分类专业科学、常态长效。如西店镇引入公司，按照2000人口标准，区域化设立保洁与垃圾回收处理站，外包式专业回收、分拣和管理垃圾，试点反响良好。如大佳何镇实行政府购买服务形式，委托公司，全镇域开展垃圾"智分类"和村庄环卫保洁一体化运营。

二、探索三大方法，提升农村生活垃圾分类运行水平

（一）分类处置法，化整为零

针对当前生活垃圾类别不一而处理方式相对单一的现状，结合地域情况，采取分类处置方式，对废纸等可回收垃圾，通过县再生资源回收公司区域设点，建立互联网平台，定期上门收购；对废旧电池等有害垃圾，建立"回收日"制度，每月21号由村庄定时集中回收，再送环卫部门统一处理；对建筑垃圾以及占农村垃圾近六成的餐厨垃圾，因村制宜，资源化利用。根据第三方机构对30个省级试点村抽查统计，生活垃圾综合减量率达58％，转运量下降达49％，环卫成本下降近六成。

（二）资源利用法，化废为宝

为有效治理建筑垃圾乱堆乱放、餐厨垃圾乱倾乱倒等环境顽疾，采取"建筑垃圾铺路、易腐垃圾施肥、其他生活垃圾创意设计"等资源化利用方式，民宿集聚村通过易腐垃圾生化机将垃圾变成有机肥，并建立有机农业生产基地，打造"餐厨垃圾—有机肥—有机农业基地—配送中心—农户"的绿色产业循环链条。

（三）智能管理法，化点成网

针对农村垃圾分类动态信息跟踪难的情况，在下畈、梅山等试点村设置智分类数据管理云平台，推行信息化管理，实现对区域性垃圾分类数据信息的收集、存储、统计、汇总，打通了垃圾分类"户—村—乡镇—县主管单位"和"垃圾产生—垃圾分类—分类收集—分类处理"的全渠道，推动垃圾分类进入2.0智能时代。同时，出台了全国首个农村生活垃圾智分类操作管理规范地方标准，规定了农村生活垃圾分类的术语和定义、基本要求、生活垃圾智分类、垃圾分类收集容器、垃圾分类操作、垃圾分类处理、评价等方面内容。

三、创新三大机制，提升农村生活垃圾分类维护水平

（一）创立"共建基金"，让资金保障更长效

为实现生活垃圾分类运行资金长效保障，在各乡镇（街道）推行"绿色家

园共建基金"制度，列入乡镇财务核算中心专项列支，接受审计监督。该基金采取农户缴纳（每年 12 元/人）、县镇两级财政补助（每年 100 元/人）、社会捐赠等方式筹措，用于生活垃圾分类设施维护、人员经费保障及对优秀保洁员（分拣员）、先进户的奖励。同时，针对设施设备，县级财政一次性补助每村15 万元。

（二）创设"一份对账清单"，让考核倒逼更有效

通过试水农村垃圾分类对账清单制度，即设立"队伍建设""制度建设""硬件设施"等五个板块，每个板块下设"实施内容"和"操作环节"具体细分 23 项内容，对各村垃圾分类工作实行对账考评，倒逼联村干部开展针对性的查漏补缺。同时，定期开展下村检查，通过随机走访农户家庭、召开保洁员会议等措施，督促提高对账效果。

（三）创建"一张管理网络"，让责任落实更实效

综合考虑人口、面积等因素，将试点村庄分成若干个网格，每个网格安排"保洁＋督查"两支民间队伍，借助"村民互督"自我管理，实现村庄日常卫生保洁督查的"零成本"。将管理督查结果作为乡镇（街道）对村庄考核依据，考评优秀的村庄予以全额发放镇级"以奖代补"保洁经费，考核良好和及格的村庄分别按 80％和 60％予以发放，而对于考核不合格的村庄，则不发放任何补助和奖励。同时明确考评优秀的村庄，将给予优先安排村建项目。

象 山 县

强化机制创新 确保分类高质量

自 2017 年 6 月被列入全国首批 100 个农村生活垃圾分类和资源化利用示范县创建单位以来，农村生活垃圾分类处理工作成为象山县委、县政府重点工作。象山县以"减量化、资源化、无害化"为目标，突出围绕长效机制建设，因地制宜、创新模式、优化管理，逐步走出了一条具有象山特色的低成本、可复制、可持续的发展之路。全县实施农村生活垃圾分类村 490 个，覆盖率达100%，资源化利用率 100%、无害化处理率 100%。

一、统筹"一盘棋"，构建网格化管理体系

（一）健全六级联动机制

象山县委、县政府主要领导重点谋划、亲自参与，组建县委书记担任组长的生活垃圾"三化"处理工作领导小组，定期组织专题调研会、督查会、推进会落实工作任务。县农业农村、综合执法、住建、环保、妇联等部门各司其职、统筹落实。乡镇（街道）主要领导、村书记、责任党员、组长、户主多级联动，实行县级领导联镇、局级干部联村、联村干部联片、村党员干部联户制度，真正形成了"级级发动、层层传达"的"县、乡镇（街道）、村、片、组、户"六级联动的网格化管理体系。

（二）强化政策规划统筹

注重加强对农村生活垃圾分类工作的顶层设计，坚持以规划和政策提高工作开展的精准性和科学性。一是加快规划编制。编制完成《象山县就地与集中相结合的农村生活垃圾收运与处理规划》，从收集方式、设施规划、收运系统、工程设计等多方面确定垃圾分类推进方向。二是完善政策措施。制定出台《象山县打造"最清洁县"三年行动计划》《象山县生活垃圾分类工作实施方案（2018—2020）》《关于开展农村生活垃圾分类处理工作"百日攻坚"行动实施方案》等 10 多项系列政策，以美丽创建、清洁打造营造良好社会氛围，全面推动农村人居环境提升。

（三）落实工作要素保障

一是落实资金保障。县、镇两级财政累计安排 1.8 亿元专项用于农村生活垃圾分类工作，同时行政村通过集体经济贴补、募款等形式保障垃圾分类工作有序开展。二是配齐设施设备。采购户分类垃圾桶 9.3 万个、大型垃圾桶 1.2 万个、分类运输车 656 辆，490 个村庄全面完成农户两格式分类垃圾桶、村庄四分类大型垃圾桶、收运垃圾车的采购与分发，确保分类设施到村到户到人。三是加强队伍建设。配强保洁员，配备垃圾分类保洁员 984 人并实行动态考评，按照"有保有压、有进有出"原则，确保有人办事、能办好事。同时对服务范围实行网格化管理，实现村庄、道路、水面、山塘等全覆盖。

二、厘清"一条线"，构建全程化处置体系

（一）把好源头产出关，实现"全民化"参与实效

创新宣传载体，组建垃圾分类讲师团、督导员和志愿者三支队伍，创作象山走书、唱新闻等各类文娱节目 20 个，累计开展各类宣传培训活动 300 多批次。创新管理模式，各乡镇（街道）和行政村通过制定乡规民约和村规民约、卫生评比制度、保洁员管理办法等各项规章制度以及义务监督员管理、"村民说事"、评德等方式，不断提高村民垃圾分类的参与率和准确率。涂茨镇旭拱岙村将垃圾分类列入村庄评德体系，通过诚信指数直接关系村民个人信用贷款等。

（二）把好分类收运关，落实"全天候"保洁要求

打造四类垃圾收运体系，针对厨余垃圾，采取上门收集或定时定点投放的方式，由专业人员收运至处理站点进行堆肥或生化处理，并已完成处置终端布点规划及项目施工；针对可回收物，一般在村分拣站分类后转运至镇级垃圾堆放点，依托第三方公司加快构建"全品类、全区域、一体化"的全链条农村再生资源回收体系，努力实现"变废为宝"；针对其他垃圾，落实上门收集、"以桶换桶"等方式，做到"日产日清"；针对有害垃圾，实施每月 21 日"有害垃圾回收日"制度，实现预约收集、集中贮存、专业运输、安全处置。以垃圾分类为突破点，系统带动建筑垃圾处理、农药包装物回收、过期药品回收等，实现村庄卫生长效保洁全覆盖。

（三）把好回收处理关，达成"全降解"减量目标

以规划为引领，根据乡镇（街道）地理分布和产业特性，推行多样化终端处置模式，实现处理终端全覆盖。招才引智与院校开展合作，对原有分散的

228 处太阳能阳光房提标改造，采用镇域统建模式新建一站式生态处理中心 14 座，利用"机械脱水粉碎＋静态通风堆肥"工艺，堆肥周期从原有的 6 个月缩至 40 天。适度性推广机械快速成肥处理模式，已建立机械成肥处理终端 7 个，其中高塘岛乡乡域统建，墙头镇盛王张村等 4 村、贤庠镇章家墩等 7 村多村联建，解决了单村单建费用高、土地指标不足等难题。

三、编织"一张网"，构建常态化督查体系

（一）建立追溯反馈机制

试点推行"实户编码制"，创新使用可降解垃圾袋装填厨余垃圾，并在每户的可降解垃圾袋上写上"袋码"，每一"袋码"对应家庭所属片区、户号，方便保洁员在投放时根据编码确定具体家庭，做到源头可控。保洁员将垃圾分类中出现的问题进行登记汇总，各片区责任团队通过"编码"源头倒查，及时将问题反馈至各户主。对垃圾分类和投放正确率不高的家庭，由片长和监督员进行入户指导，提出整改意见，并做好为期一个月的跟踪整改落实。根据常规检查情况，动态掌握每户家庭分类、投放的准确率，为年底评选生活垃圾分类合格户、示范户、示范片区提供参考依据。

（二）建立常态巡查机制

县委、县政府督查室牵头定期对农村生活垃圾分类进行专项督查，实行"一月一调度、每季一督查一通报、年终一考评"制度。召集两代表一委员、热心市民组建义务督查员队伍，对垃圾分类、投放情况进行不定期抽查。同时委托第三方机构对全县 490 个行政村农村生活垃圾分类处理情况进行巡查，按照每月抽查不少于 25％行政村的原则，针对设施配备、宣传发动、分类质量、群众参与等多方面内容进行全方位实地检查。检查情况汇总后形成后台数据库，并联网手机终端平台实时跟踪整改落实情况。

（三）建立考核激励机制

严格责任落实，形成县、乡镇（街道）、村层层考核的责任机制。县级层面，将乡镇（街道）垃圾分类工作纳入县目标管理考核，建立媒体曝光制度，进行督查通报，并将通报结果与年度考核相结合，与县财政对乡镇的补助比例挂钩，推进工作落实。乡镇（街道）层面，对行政村每月进行检查考核，建立保洁员月评比制度，绩效结果与垃圾分类减量资金补助、联村干部及村干部、保洁员奖金发放双挂钩。村级层面，完善垃圾分类网格化管理制度，村班子成员划分责任片区、每位党员联系若干农户；修订完善村规民约，将农村承担"门前三包"、缴纳卫生费等内容纳入其中，挂钩"笑脸墙""红黑榜"等激励制度。

温 州 市
多举措推进农村生活垃圾分类

农村生活垃圾治理是群众普遍关心的民生实事。温州市高度重视农村生活垃圾分类处理工作，在 11 个县（市、区）全面推行，得到广大村民的积极支持和参与，各地都取得了较好成效，农村人居环境持续明显改善。2016 年 12 月，中央电视台《焦点访谈》栏目报道了乐清市淡溪镇梅溪村推行垃圾分类处理的经验做法。2019 年，温州市开展的"最脏村""最美村"评选做法作为清洁乡村的亮点举措报送农业农村部。

一、基本情况

2014 年以来，温州市在"户集、村收、镇运、县处理"农村生活垃圾集中收集有效处理的基础上，开展了以"减量化、资源化、无害化"为目标的农村生活垃圾分类处理工作。建立健全了省级农村生活垃圾资源化处理站点运营制度，组建了农村环卫保洁队伍与运维管理队伍，在日常运营上做到站点清洁和稳定，同时做好垃圾站点产出物处理保障，温州市各垃圾资源化处理站点大部分已接入城镇和农村的生活污水管网，小部分站点建立了单独的产出液后处理机制，产出物（有机肥）通过各村的垃圾分类积分兑换分配给农民用作农作施肥。

目前，全市共有垃圾分类处理快速成肥机器 165 台，太阳能沤肥房 83 座，磁性热解机器和简易沤肥池等其他资源化处理设施 199 台，农户分类垃圾桶 1 071 447 个，公共分类垃圾桶 152 357 个，分类清运车 4 389 辆，保洁人员 9 858 人，垃圾分类监督员 4 174 人。省级农村生活垃圾资源化处理站（点）共计 101 个；省级农村生活垃圾资源化处理站点省级补助资金共计 5 896.31 万元，其中设备投入资金 3 430.93 万元；站点配备第三方运营管理共计 34 个，运维总费用 1 567.52 万元/年；站点工作人员数量共计 217 人，工作人员费用 731 万元/年。

二、主要经验和做法

(一)开展宣教,做好源头分类

强化宣传力度,通过电视、报纸、网络、广播等媒体广泛宣传农村生活垃圾分类。将农村生活垃圾分类列入村规民约,积极发动村里党员团员、妇女、中小学生、企事业单位员工等群体开展农村生活垃圾分类宣教行动。教育部门推动"垃圾分类进校园"工作,着力培养少年儿童的垃圾分类意识;团委发动共青团员和志愿者,积极组织垃圾分类宣讲和指导活动;妇联鼓励广大妇女积极投身垃圾分类实践,积极承担分类培训和业务指导。通过举办"垃圾分类千场讲坛",把垃圾分类的"书面语"变成"大白话"送到田间地头,让村民了解垃圾分类的标准与要求,认识垃圾分类的意义,看到垃圾分类的好处,从而积极参与农村生活垃圾的源头分类。

(二)奖惩并举,引导正确投放

通过建立垃圾分类积分账户,采取积分换礼品的方式,调动村民的积极性,提高村民的参与度。如乐清市淡溪镇梅溪村将垃圾分类纳入村规民约,拿出 20 万元作为奖励基金,对全年认真履行分类投放的农户给予每户 500 元的奖励,同时对检查不合格的农户采取警告措施,目前该村 95% 以上住户做到了垃圾正确分类投放。

(三)搭建体系,完善收集运输网格

构建"回收网络化、服务便利化、分拣工厂化、利用高效化、监管信息化"的全链条回收利用体系,积极鼓励国有(供销)企业、社会资本参与农村生活垃圾再生资源回收利用,培育再生资源回收龙头骨干企业,加快形成政府推动、企业运作、市场调节、社会参与的回收利用工作格局。按照"便捷、便民、规范、高效"的原则,因地制宜规划建设农村生活垃圾回收网点,建立覆盖主要村庄的垃圾分类资源回收网络。采用"搭把手"流动回收模式,设置流动资源回收房,定时定点在各村停留,协助资源回收。同步建设有害垃圾收集网点,对有害垃圾进行单独收集专门处理。提高农村生活垃圾转运设施及环卫机具水平,推广使用压缩式、封闭式分类收运车辆。运输上实行分格分箱,没有分格分箱的要分车分批,杜绝前分后混、混装混运的现象,确保收运环节规范有序。

(四)科学规划,集约化提升末端处理

根据当地实际情况采取"多村联建"方式建设处理终端,将末端处理能力

与处理需求相匹配。同步做好规范化运维，建立多元化投入机制，使各环节处理设施平时有人管，坏了有钱修。文成县西坑镇农村垃圾资源化处理中心采取"1＋4"模式，1台快速成肥机器加4座太阳能沤肥房，将全镇11个村分类后可腐烂生活垃圾运送到中心处理，平时量少时就用机器处理制肥，过年过节量多或盛夏时节可辅助使用太阳能沤肥房。永嘉县沙头镇廊二村投入快速成肥机器和基础设施，除公司自身产生的农田有机垃圾，还负责处理当地的廊一村、廊二村、廊三村的可腐烂生活垃圾，做到资源共享。

（五）市场运行，提高分类处理有效率

推行垃圾减量化和资源化，在垃圾处理上充分发挥行业协会的作用，并充分调动企业的力量，让市场机制在垃圾分类处理中得到充分运用。如平阳县去年下半年经公开招投标确定由一家公司对25个省级垃圾分类试点村进行市场化服务，合同采用"3＋2"模式，3年运行合格可以续签2年，合同总价1 610.5万元。永嘉县鹤盛镇鹤盛村2020年引入第三方公司，针对机器快效成肥处理终端安装自动称重机和监控系统试点，做到分类减量可量化管理，实时更新数据并上传后台管理中心，真正实现农村垃圾分类的"网格化管理、精细化考核"，每个终端智能称重机和监控系统一次性投入5万元，运维经费8万元/年。

三、存在问题

（一）处理能力有待加强

1. 设施建设不充分，终端处理能力不足。 由于选址困难、土地指标难以落实、城乡设施布局缺乏统筹考虑、资金难筹措等原因，导致各地设施建设不充分。以乐清市为例，村社规模调整前，该市实施垃圾分类处理的村有328个，除建成区内113个村由综合执法部门负责分类后厨余垃圾运到温州处理，其余215个村仅配置快速成肥机器6台，厨余垃圾总日处理能力13.5吨，终端处理设施严重不足。

2. 硬件设施存在老化损坏现象，影响处理能力。 如苍南县部分终端站点和分类桶存在老化损坏、丢失等现象，特别是2016年以前建成的终端设备故障报修率较高，但受县、乡两级财力所限，无法及时进行更新或修理，影响处理能力。

3. 处理技术尚需提升。 尽管目前温州市农村生活垃圾分类处理终端设施采取快速成肥机器、微机械太阳能沤肥房、简易太阳能沤肥房、简易沤肥池等多种方式，但从实际应用效果看，快速成肥机器处理效果最好。

（二）长效管理机制不够完善

1. 城乡治理边界不清晰。目前，温州市城镇、农村生活垃圾分类处理分别由市综合行政执法局、市农业农村局负责。随着城镇化的不断推进，城乡区域边界不清，生活垃圾处置方式和相关垃圾去向不明确，造成部门任务不清晰，各自为战，无法形成合力。尤其是村社规模调整后，个别地方还未明确村庄垃圾分类工作职能归属。

2. 资金筹措不充足。由于生活垃圾分类处理涉及诸多环节，过程相对复杂，分类处理的基础设施建设费用、设备日常维护费用、人工保洁费用等均需要大量资金支出。据县里反馈，1 个垃圾分类处理村设施建设需一次性投入 80 万元，其中 1 台快速成肥机器约 35 万元，机器设备房 200 米² 约 30 万元，村民分类垃圾桶、公共分类垃圾桶、分类运输车和宣传奖励约需 15 万元。日常运维经费每个村每年需 8 万~9 万元。如泰顺县大安乡，共 7 个村，户籍人口 9 800 人，常住人口 3 500 人，全乡 20 位保洁员年工资从分类前的 40 万元增加到分类后的 80 万元，增加终端管理 3 人年支出 15 万元，电费、分类垃圾桶、机器维护费和宣传费约 10 万元，共需增加 65 万元。但目前温州市农村生活垃圾分类处理村建设和日常运维保障资金绝大部分由政府筹措投入，缺乏其他筹措途径，财政支出压力较大。

（三）资金及技术力量薄弱

垃圾分类工作前期需配套建设垃圾处理终端设备、购置分类垃圾运输车辆，后期需聘请专人开展末端垃圾二次分拣以及垃圾处理终端的日常运行维护等。根据泰顺县大安乡实施的垃圾分类试点情况对相关费用进行估算，所有乡镇全面开展垃圾分类运输、分类处理等工作每年所需经费约 1 200 万元（包含前期终端建设费用），资金压力较大。

从终端运行情况看，如乐清市采取机器制肥处理为主的方式，个别终端投入使用较早，在能耗比、建设成本、运维成本、成肥质量等方面均落后于新一代设备。同时终端设备厂商众多，没有行业指导，容易出现售后无保障、售价虚高等情况。农村生活垃圾分类处理在规划、建设、运行维护等各个方面均具有一定的专业性要求，而农村生活垃圾处理岗位缺乏专业技术人员，也缺少农村生活垃圾分类处理的系统化培训。

四、政策建议

（一）强化城乡统筹

建立城乡垃圾治理同步协同推进机制，城乡统一规划、统一布点、统一管理、统一宣传，尤其是县域内的垃圾治理要统筹规划，明确到每个村具体按照哪种模式处理，有利于解决终端处理设施落地难问题和提高使用率。对于有城镇大型厨余垃圾处理设施规划建设的区域，按照可处理的数量和可辐射的半径，周边农村分类出来的可腐烂垃圾统一纳入处理，统一规范运维。市本级已成立市生活垃圾分类工作领导小组，建议发挥市分类办和垃圾分类管理中心的统一协调作用，加强对农村生活垃圾分类处理的指导。

（二）强化部门联动

农村生活垃圾分类处理工作量大面广，在实际工作推进中，相关部门和单位要各司其职、各负其责，共同抓好垃圾分类处理工作。如自然资源和规划部门要出台意见，明确将农村生活垃圾分类处理终端设施用地纳入建设用地计划指标或设施农用地政策予以审批备案管理。财政部门要设立农村生活垃圾分类处理专项资金，以点带面，示范推进，解决建设和运维经费问题。妇联要鼓励广大妇女积极投身垃圾分类实践，主动承担分类培训和业务指导，因为源头分类的主力军在于妇女，农村生活垃圾中的可腐烂垃圾主要是厨余垃圾，而妇女是厨余垃圾的直接整理和投放者。教育部门要推动"垃圾分类进校园"等工作，着力培养少年儿童的垃圾分类意识，通过"小手拉大手"提升家长分类意识。农民合作经济组织联合会、供销社要充分发挥组织体系优势和再生资源回收功能，在农村布局可回收垃圾资源回收网络。

（三）强化要素保障

资金短缺严重制约农村生活垃圾分类处理工作的推行进度和实施效果。建议省里每年将建设农村垃圾分类处理试点项目村的以奖代补资金作为优胜县（市、区）的奖补，设立市本级农村生活垃圾分类处理专项资金，用于农村生活垃圾分类处理示范村、示范乡镇创建的以奖代补。各县（市、区）政府也要设立农村生活垃圾分类处理专项资金，解决设施建设和日常运维经费难问题。同时，通过修订完善村规民约，推行村民缴纳分类保洁费，以村民真金白银的投入激发其自觉参与的积极性，避免政府一包到底、自娱自乐。

| 鹿 城 区 |

健全农村生活垃圾分类处理体系

鹿城区共有建制村 80 个，其中纯农村 52 个、城郊村 6 个、城中村 22 个。52 个纯农村的垃圾分类工作由区农业农村局牵头实施，28 个城郊村和城中村的垃圾分类工作由区综合行政执法局牵头实施。2020 年，鹿城区完成农村生活垃圾分类村 18 个，覆盖面达 85%，创建高标准农村生活垃圾分类示范村 1 个。截至 2020 年底，共完成农村生活垃圾分类村 69 个，覆盖面达 86.25%，共创建高标准农村生活垃圾分类示范村 2 个。

一、主要做法

（一）建立政策体系

建立健全垃圾分类规范体系，制定出台农村生活垃圾减量化资源化处理工作的有关文件，发放农村生活垃圾分类宣传指导手册，规范推进农村生活垃圾分类工作。建立考核管理制度，将农村生活垃圾分类处理工作纳入区委、区政府对各街镇的年度目标责任制考核及乡村振兴战略工作考核内容。

（二）构建长效机制

建立健全农村生活垃圾处理长效机制，进一步完善"户集、村收、镇运、区处理"的农村垃圾收集处理机制，实行垃圾分类精细化管理，实行"四分四定"①，着力推进垃圾源头分类处理。积极探索智能化前端分类模式，创新采取"互联网＋"的方式实施"智慧垃圾分类"，建立"一户一卡"制度，采取二维码赋分、积分兑换等措施，以物质奖励和精神鼓励激励村民参与垃圾分类。广泛推行门前"三包"，将卫生保洁、垃圾分类等纳入村规民约，规范村民的卫生行为，做到"户集村收、日产日清"，提高农村环卫保洁水平。

（三）加大监管力度

加强对创建垃圾分类村的监管督查，开展定期和不定期的检查暗访行动。

---

① 即分类投放、分类收集、分类运输、分类处理，定点投放、定点收集、定点运输、定点处理。

严格按照验收管理办法开展分类村验收工作，对验收合格的村一次性给予 5 万元的资金补助，对垃圾分类村后续运维费用予以适当支持。

（四）加强宣传发动

开展垃圾分类宣传教育活动，积极利用广播、电子屏幕、微信等平台多方位、多角度宣传农村生活垃圾分类处理工作，开展农村垃圾分类宣传进社区、进校园等活动。强化基层党员的宣传带动作用，建立"党员联系户"制度，引领群众积极参与垃圾分类，提高垃圾分类意识。

二、存在问题

1. 垃圾分类意识短板。因传统思想和生活习惯根深蒂固，垃圾分类的意识尚不能跟上垃圾分类制度推广和分类设施投放要求，农村生活垃圾分类的效果大打折扣。可回收垃圾在农村，经村民自检，垃圾运输员、分拣员在各环节实现回收，回收利用率几乎能达 100％。农村部分厨余垃圾会被农村自养畜禽消耗，剩余部分厨余垃圾与其他垃圾源头分类不清的现象比较普遍。

2. 分类运输短板。部分厨余垃圾和其他垃圾源头分类不清，进一步影响到分类运输环节，必然会带来分类运输工作人力物力的成倍投入。现阶段因村民源头分类的准确性低，一些资金捉襟见肘的行政村仍然采用混装混运，这反过来又制约着源头分类的准确性。而实行分类运输的行政村也会遇到无"厨余垃圾""有害垃圾"可运的尴尬情况。

3. 可回收物资的回收渠道短板。村民自检、垃圾运输员和分拣员回收的物资，往往通过小商小贩等个体回收渠道实现物资回收，其间存在的回收价格偏低和缺斤少两问题，影响了垃圾回收的积极性。

三、对策建议

1. 建立强制垃圾分类制度。建立关于农村生活垃圾分类回收的法律制度，明确垃圾分类责任主体、监督单位，并赋予监督单位一定的处罚权，强制实现垃圾分类。

2. 合理配备分类垃圾桶。建立分类垃圾桶弹性配置制度，可根据农村各类垃圾投放的实际情况，合理配置垃圾桶。如有害垃圾量少，日产日清的紧迫性不强，可独立综合设置另行清运；厨余垃圾和可回收垃圾经村民自行"消耗"后，进入投放环节的比例明显少于其他垃圾，可调整垃圾桶配置比例。

3. 完善垃圾分类运输。按照垃圾分类收集的要求，合理配置不同种类垃圾的专业运输车辆，强制实行垃圾分类清运，分类中转。

4. 试点推广收取垃圾处理费用。在试点农村区域收取垃圾处理费，同时厨余垃圾、有害垃圾、可回收垃圾可按价按量抵消垃圾处理费用，以更好实现鼓励分类和准确分类的目标。

5. 培育二手回收市场，完善物资回收渠道。发展壮大二手回收市场、二手交易市场等，使部分废旧物品的价值能得到进一步发挥。同时完善废旧物资回收渠道，破除农村废旧物资回收被小商小贩垄断的现象，从而提高村民参与废旧物品回收的积极性。

龙湾区

城乡一体　多重保障　筑牢源头分类

龙湾区逐步构建以组织机构为核心，宣传引导为依托，试点建设为突破，体系完善为导向的整体格局，全面推进农村生活垃圾分类工作，促进生活垃圾减量化、资源化、无害化。目前，累计对全区 62 个村居引入分类设施，农村垃圾分类覆盖率达到 100％，生活垃圾资源化利用率、无害化处理率 100％。

一、进展情况

（一）以组织机构为核心，多重保障筑牢源头根基

1. 强化制度保障。发布《龙湾区生活垃圾分类工作实施方案》，成立以区政府分管领导为组长的垃圾分类工作领导小组，涵盖全区 32 个主要单位，领导小组下设办公室，每年根据目标制定龙湾区生活垃圾分类目标任务分解表，定期召开农村生活垃圾分类工作推进会。

2. 强化物资保障。开展分类宣传，投放分类设施，引导分类投放。发放垃圾分类指导手册，安装楼道宣传牌、粘贴式宣传布，更新破旧标识。建立垃圾分类督（劝）导员队伍，夯实垃圾分类基层队伍基础，目前在职 39 人。通过实施网格化管理，定期开展责任网格小区、农村、重点区域的垃圾分类巡查与劝导，全面推进辖区分类工作。

3. 强化督查保障。制定《龙湾区生活垃圾分类管理考核办法》，将垃圾分类工作纳入"精细化管理"考核。每月对全区 6 个街道（含住宅小区、机关企事业单位、公共机构、社团组织、商铺）、62 个村开展督查，共发出 2 000 余份督查整改单。将排名情况每月在"龙湾发布"进行公布，对排名连续后两位的单位分管领导进行约谈。

（二）以宣传引导为依托，多渠道普及分类知识

1. 夯实宣传主体。充分发挥区分类办、街道分类办、小区管理人员（村干部）、督劝导员四级联动机制优势，定期开展责任网格小区、农村等重点区域的分类宣传与劝导。不定期组织社区干部和物业管理、保洁人员开展分类业

务培训，保障分类知识及时更新，提高宣传质量。实现层级无缝衔接，确保全区 119 个小区、62 个村居分类"不落一个"。

2. 党建引领垃圾分类"八进"活动。 把垃圾分类纳入基层党建工作内容，强化基层党组织引领作用和党员干部带头作用，推动形成"6＋2"的工作格局，通过整合辖区内 6 个街道和党员志愿者、义工队伍力量，联合职能部门开展垃圾分类进机关、进学校、进社区、进家庭、进企业、进商场、进宾馆（酒店）、进窗口等"八进"活动。2019 年以来，已开展分类巡回宣传活动近百场，通过知识普及，促进社会各界自觉配合。疫情期间，面向学校直播了开学前的一堂"垃圾分类直播课"，复工复产前设置废弃口罩收集桶并投放指导。

3. 借助新闻媒体开展宣传。 在全区主要道路交叉口 LED 屏显和公共区域宣传屏投放宣传短片；签订年 100 万人次微信广告投放量合同，进行定点定位推送；利用公共区域大型广告的 20％公益篇幅，将新审批及部分已审批大型户外广告用作垃圾分类宣传；借助广播媒体、新闻媒体、公众号发布垃圾分类优秀项目成果、分类投放宣传信息。

4. 构建"百千万"志愿服务体系。 建立健全以百名宣讲员、千名劝导员和万名志愿者为框架的生活垃圾分类志愿服务体系。打造"1＋8"志愿服务品牌，即建成一个垃圾分类志愿服务总队和八个垃圾分类志愿服务区分队。根据"就地、就近、就便"原则，让志愿服务承担垃圾分类宣传推广、投放引导、社会公益三大活动项目的任务。

（三）以试点建设为突破，特色推进积累优秀经验

1. 尝试智能有偿投放方式。 践行科技创新理念，建成垃圾分类智能试点小区，探索运行垃圾分类投放获取积分、兑换礼品的有偿投放方式，发放分类垃圾袋 20 774 卷，居民垃圾分类投放参与率达 95％。投放厨余垃圾 393 504 次；其他垃圾 306 914 次；回收可回收物 14 477.66 千克，有害垃圾 207.92 千克，共产生有效积分 150 672.3 分，实现源头减量 20％以上。

2. 实行商圈定时定点清运。 定点收运区域实现沿街其他垃圾、可回收物、有害垃圾均由保洁单位一天三个时段上门分类收集，餐饮单位易腐垃圾由企业自压直运。撤销沿线所有垃圾桶，只设立少数供行人使用的果壳箱，市容环境得到了极大改善，垃圾分类理念渐入人心，获得了绝大多数市民群众的支持和参与。

3. 试点垃圾不出村和撤桶并点、定时定点村。 为解决城乡不平衡问题，补上农村短板，把垃圾变成资源灌溉农田花草，多余的积分奖励村民。海滨镇鱼池村、永中镇双岙村试点撤桶并点、定时定点村，把脏乱点变成景点，全面提升农村环境。遴选永兴镇下兴村试点无桶村，全村不设一桶，定时预

约上门收集。

（四）以体系完善为导向，区域推进破局终端难题

1. 建立易腐垃圾处置体系。一方面，以餐厨垃圾为突破口，建立完善的收运体系。另一方面，开展居民厨余垃圾直运。在实行分类投放的基础上，打造分类收集的厨余垃圾专线，落实收运。

2. 完善可回收试点网络。由经信部门主导，优化废弃物回收网点布局，鼓励在公共机构、社区、企业等场所设置专门的分类回收设施。培育龙头企业，建立再生资源回收利用信息化平台，提供回收种类、交易价格、回收方式等信息。为健全高标准小区回收体系，探索农村分类回收特色，通过引入市场化运营，在 4 个高标准小区及 1 个乡村振兴带垃圾分类村引入智能四分类可回收箱体，实现刷卡投放、获取积分、兑换礼品的投放方式，并落实末端专业回收，形成封闭回收链。

3. 实现区域终端分类处置"四统一"。对全区 20 个垃圾中转站，投入 41 辆垃圾清运车转运生活垃圾。建设朱垟、状元、下埠三处有害垃圾临时收集点。按照"四分类"原则，对定时定点商业街、高标准小区、智能分类小区和中心区机关企事业单位投入 3 辆自卸式垃圾车，实行分类处置"四统一"，即有害垃圾统一经中转站由综合材料处置中心无害化处理，可回收垃圾统一由再生资源回收网点资源化回收利用，易腐垃圾统一自压直运处置，其他垃圾统一压缩焚烧发电。

二、存在问题

（一）物业、居民积极性难以调动

垃圾分类成为居民生活的"必修课"是一个潜移默化的长期过程，而非行政手段可以短期强制干预改变。另外，物业在日常服务及引导中起到至关重要的作用，但是垃圾分类至今未作为物业单位的考核标准并纳入诚信体系，缺乏有效的奖惩机制，难以提高物业参与垃圾分类的主动性。甚至部分高档小区仍将高层单独设桶作为服务内容，与"撤桶并点"大趋势背道而驰。

（二）小区可推广模式有待探索

虽然智能试点小区取得了较大成效，但主要依赖于政府投入，全面铺开难以为继。一旦失去政府资金支持，失去了利益驱动的居民将难以保持以往的热度和积极性。同时，现有的高标准示范小区都以建成八年内的新小区为主，代表性不强，这些小区的共同点是基础设施配套较好，经济实力和组织能力都比

较强，属相对优质社区，试点相对容易。但老旧小区（自治小区）仍占有相当大的比例，推进生活垃圾分类面临巨大困难和阻力。

（三）分类体系仍未完善

一方面，实行分类投放后，分类运输与分类处置一体化程度不高。分类运输路线数量不足，"四分类"分别回收、处置的一体化体系仍不健全。另一方面，生活垃圾分类终端处置建设滞后，处置设施相对落后，处置能力难以满足日益增长的生活垃圾生成量，"分后又合"的情况难以消除。

（四）垃圾源头减量收效甚微

垃圾源头减量是实现垃圾量"零增长"的重要途径。因尚无相关的法律法规可循，垃圾收费采取定额收费制度，明显存在垃圾扔多、扔少都一样的不合理因素，无法从经济利益方面调动居民参与垃圾分类、进行垃圾减量的积极性。此外，大量一次性用品的使用、就餐浪费、商品过度包装、快递包装等现象大大增加了源头垃圾生成量，而"限塑令""光盘行动"等文明号召成效不明显。

三、对策建议

（一）强化支撑点，推进区域各主体分类全覆盖

一是重点突出"示范片区"项目。指导属地街道开展区域沿街商铺及企业分类覆盖，采取提供必要分类设施覆盖，开展分类宣传，将繁华商业街分类与定时定点收运相结合等手段，提高片区分类质量。二是推进试点创新。在小区、村居、政府机关、公共区域等各分类主体区域继续开展可复制模式探索，充分调动基层及各区域业主力量，形成一套切实可行、符合区域实际的分类体系。三是引入社区党建、政府部门、志愿团队等多股力量。合力推进，逐步将无物业等老旧小区纳入分类体系。

（二）补齐薄弱点，持续开展各种分类宣传活动

一是以"四分类"为基础，尽快规划选址，重点建设先进的易腐垃圾末端处理流水线与有害垃圾末端处置设施。二是联合街道、社区，结合实际开展各种形式的宣传培训，充分发挥督（劝）员队伍和社区物业的纽带作用，针对性解决居民参与率和投放准确率不高、混投思维固化问题。

（三）狠抓难攻点，坚持制度完善与执法必严

一是完善分类法律法规与收费制度。借助浙江省垃圾分类新标准发布契

机，谋划出台符合实际的垃圾分类管理办法，形成强制标准，倒逼前端分类。同时，探索现有阶段的实用性垃圾收费制度，根据不同分类主体采取差别性定量收费。二是加大对居民住宅小区垃圾分类的日常监管力度，做好配套执法。根据省级垃圾分类管理办法，对拒绝分类、分类效果较差的重点区域，如小区、企业、餐饮单位等，开展针对性执法，将垃圾分类纳入法制框架。

（四）紧扣关键点，有序构筑分类收运体系

继续提高分类收集覆盖面，基本实现城区分类全覆盖，保持资源化利用率、无害化处置率"双百"标准，实现垃圾年产生量零增长。一是实现分类投放＋运输＋处置。完善全区不同区域分类收运网络，直运区域全部分类直运至末端处置，转运区域撤并小型中转站，改造大型中转站，避免二次污染。二是实现政府监管，企业运营。按照"政府主导、市场参与、企业运作、全民互动"的原则，引入市场化运作，移交现有设备、人员，降低政府管理成本，发挥环境、经济双重效益。

瓯 海 区
合理确定农村垃圾分类处理模式

瓯海区按照因地制宜、科学布局，源头分类、循环利用的原则，推进农村生活垃圾分类投放、分类收集、分类运输、分类处理工作。目前，已完成全区56个村农村生活垃圾分类减量化、资源化工作，建成5处易腐垃圾处置终端，设置1200个垃圾分类收集站（点），配备近万个公共分类垃圾桶，配备户用组合式分类垃圾桶3万组，建立了"门前三包"、村规民约和专业保洁相结合的运行维护长效管理机制，走出了一条"农民可接受、财力可承受、面上可推广、长期可持续"的农村垃圾治理的新路子。

一、主要做法

1. 因地制宜地确定处理模式。根据每个村的实际情况，采取机械化处理、垃圾简易处理等不同处理模式。例如，丽岙街道21个村地理位置较集中，人员也较集中，是花卉和种植基地，适合采用联村建设机械化处理模式；泽雅镇属西部山区，村庄相对较小，可堆肥的垃圾量很少，适合采用简易发酵池处理模式。

2. 落实资金保障。瓯海区加大对农村生活垃圾治理的投入力度，区政府2020年安排专项资金300万元，避免因资金保障不到位影响工程建设和质量。

3. 营造良好氛围。垃圾分类的关键在于源头分类，而源头分类的关键在于村民观念的转变，各村通过宣传栏、分类宣传资料、广播等各种方式，加强宣传，广泛宣传垃圾减量化资源化的效益，积极营造良好的社会氛围。

二、存在问题

农村垃圾治理是一项系统工程，工作繁重，任务艰巨，尽管瓯海区取得了一定成效，但还有一些不完善的方面：一是瓯海区农村环境卫生的硬件和软件都相对滞后，加上村民环境卫生意识较为淡薄，使农村生活垃圾分类与减量处理工作推进困难；二是政府投入不足，资金是制约农村生活垃圾分类与减量工作的瓶颈，大部分前期建设启动资金筹集较容易，但后期维修养护资金不足，导致项目名存实亡；三是大多数村的用地非常紧缺，加上多村合建项目所在村的村民有抵触情绪，项目落地难，影响了部分工程建设进度。

三、对策建议

1. 强化资金保障。政府加大投入，探索向社会购买服务，实施"政府主导、公司运作、群众参与"的农村环卫市场化运作模式，改变原来突击式、运动式开展农村垃圾处置的方法，通过政府监管，推动农村保洁工作规范化、制度化、常态化。

2. 加强队伍建设。完善以行政村为单位的生活垃圾处理日常管理机构建设，健全村党员干部包片、包户责任制，积极发动村民做好门前屋后垃圾的清理，配合开展垃圾分类与减量，缴纳应承担的村庄日常保洁经费等。定期组织开展村保洁员培训，不断提高农村保洁队伍的业务水平。

3. 加强宣传指导。大力开展宣传教育，采取多种形式宣传垃圾处理要求、卫生文明习惯、村民参与义务等，激发村民建设美丽乡村的主动性。动员村民美化庭院，清洁房前屋后，维护公共环境。发挥农村妇女的家庭骨干作用，开展村庄、农户等评星活动，带动全家参与农村垃圾治理。建立健全监督机制，组织老党员、老干部等开展义务监督，建立网络、电话等监督渠道，对反映的问题及时反馈并整改。要定期发布简报，及时推出典型、推广经验，充分调动社会各界参与的积极性和创造性，促进农村生活垃圾分类处理工作顺利开展。

| 洞 头 区 |
优化生活垃圾分类收集体系

洞头区共有 6 个街道乡镇，辖 65 个行政村。截至 2020 年底，建设省级农村生活垃圾资源化处理站 5 个，分别位于北岙街道小三盘、大门镇大溪居、东屏街道后寮、元觉街道活水潭、霓屿街道上社等地，覆盖周边 53 个村居；区级生活垃圾资源化处理站 2 个，位于北岙街道海霞、鹿西乡山坪，覆盖周边 12 个村居。全区 65 个村居已完成生活垃圾资源化处理全覆盖。

一、主要做法

（一）出台文件，加强检查

制定出台《洞头区农村生活垃圾分类减量化资源化处理工作方案》《洞头区农村生活垃圾加量化资源化提升村创建实施标准》《洞头区农村生活垃圾分类考核细则》和《洞头区农村生活垃圾分类指导手册》等一系列文件和标准，明确指导思想、工作目标、规范要求、实施步骤和保障措施。制定月度生活垃圾分类工作检查考核要点，督促各街道和职能单位有序推进，完善垃圾分类工作规程、物资管理、收运规范等制度，严格落实"日巡查、周覆盖、月通报"，有效推进农村生活垃圾分类工作。各村制定相应的垃圾分类考核办法，将垃圾分类纳入村规民约。

（二）完善设施，合理布局

洞头区根据各乡镇（街道）地理位置、人口规模和集聚程度等条件以及生活垃圾产生量，确定了 7 个生活垃圾资源化处理站，采用快速成肥机械化模式，设计日处理量在 1.5～2.0 吨，均配备管理人员 2 人，运行费用约 20 万元/年。同时按照"户集、村收、镇运"的原则，科学安排农户分类垃圾桶、定点垃圾桶和宣传广告牌。农村垃圾处理设施设备参差不齐，洞头区统一采购安装了同种处理工艺的处理终端设备，使相关设备的使用、维护成本降低。

（三）加大宣传，营造氛围

洞头区开展了网络、电视、宣传栏等多渠道的垃圾分类宣传，着力营造全民关心、全民支持、全民参与的浓厚氛围，以切实提高垃圾源头减量化水平。成立农村垃圾分类专职督导员队伍，做到居民桶前现场示范教，进宅入户图片学。对村负责人进行指导，统一思想，明确工作要求，对保洁公司员工分批开展生活垃圾分类知识培训。

（四）示范带动，构建机制

注重发挥模范的示范带动作用，通过创建省、市级高标准分类示范村为样板，示范先行，以点带面。在省、市高标准示范村实行智能分类回收，探索垃圾分类"扫码制"，开展垃圾分类扫码管理。推行兑换回收管理制度，设立"垃圾兑换超市"。建立"党员联系户"制度、"园丁责任包干"制度和"红黑榜"制度等，推进农村生活垃圾分类处理工作。

二、存在问题

1. 责任落实不到位。 农村垃圾分类责任未层层传递到相关街道、部门、社区、物业管理企业等，机关单位的带头示范作用发挥不明显，垃圾桶设置分类投放不规范现象仍然存在，酒店、宾馆、民宿禁止一次性用品工作尚未真正启动。

2. 宣传教育氛围不够。 目前宣传工作大部分由市容环卫部门推动，力量不足，层次不够，形式单一，影响面小，社区、村居的积极性没有被激发出来。

3. 前端分类质量不高。 混投现象比较突出，垃圾错投、错分现象普遍存在，且混收混运情况比较突出，很大程度上影响了群众积极性，群众对垃圾分类获得感不高。

三、对策建议

（一）城乡一体，全面推进

按照"垃圾分类城乡一体"的方向，逐步实现农村垃圾分类与城镇"四分类"标准相衔接；按照城乡同步推进的思路，建立工作专班和联席会议制度，定期召开工作例会，组织开展学习推进会、现场观摩会，结合乡村振兴两轮现场观摩活动，在镇街开展比学活动，边比边学边推。

（二）明确职责，基层协同

明确乡镇（街道）和部门的职责，垃圾分类办作为牵头单位，负责统筹协调推进全区垃圾分类工作，指导督查各镇街和部门开展工作。各镇街是主体责任单位，承担属地垃圾分类管理工作，要建立乡镇、村居、小区物业、环卫保洁公司等协同推进的工作机制，做好垃圾投放、收集、运输环节的管理落实工作，统一分类外运到温州。

（三）把握重点，强化落实

一是建立生活垃圾分类收集体系。联动保洁公司、小区物业增配车辆，采取车对桶、标识对标识建立分类运输方式，城乡基本实现分类收集全覆盖。二是推进厨余垃圾专线收运。在餐厨垃圾线路上再延伸，延伸到小朴、九厅、星光码头、东岙等渔家乐集中区域，对北岙、东屏街道实施覆盖。大门镇要建立餐厨垃圾收运专线，对酒店、食堂、农家乐进行集中专线收运。三是限制一次性消费用品。2020 年 1 月 1 日起，党政机关、学校、医院等公共机构率先限制一次性消费用品，倡导使用可循环用品。宾馆、酒店、民宿、餐饮单位等不主动提供一次性消费用品，全面禁用一次性消费用品，提倡绿色出行游。

（四）宣传发动，营造氛围

一是加强文化引领。利用传统手段和新媒体，通过垃圾分类"八进"活动，普及分类知识。二是强化党建引领。充分发挥各级党组织作用，利用党员志愿者活动，宣传垃圾分类。三是深化监督引领。建立市民监督平台，发挥人大代表、政协委员和民主党派人士等社会各界监督力量，积极开展"红黑榜"、积分奖励、二维码可溯源等机制，进一步提高分类参与度和投放准确性。

乐清市

多举措加快农村生活垃圾分类处理市场化

乐清市加强农村生活垃圾分类处理，出台《关于推进农村生活垃圾分类减量化资源化处理工作的通知》《乐清市农村生活垃圾分类收集点建设补助标准》《乐清市农村生活垃圾分类处理设施运行维护管理和资金补助办法》等政策文件，助力农村生活垃圾分类处理。

一、主要做法

（一）强力推动，治理工作体系化

为抓好农村生活垃圾分类处理工作，乐清市确立了"一把手"负总责、分管领导具体抓落实的工作机制。各乡镇（街道）有明确的业务科室负责人和联络员，同时建立镇、村干部责任制，明确村书记为农村生活垃圾分类处理工作第一责任人，确保农村生活垃圾有效集中收集处理、分类减量处理设施建设及后续日常运行工作的有序推进。通过市政府政策支持、乡镇主动引导，以垃圾分类处理带动村容村貌整治，夯实新时代美丽乡村建设基础。

（二）不断完善，运行举措规范化

乐清市围绕生活垃圾处理减量化、资源化、无害化、生态化的整体目标，进一步完善农村生活垃圾分类处理长效管理体系，聚焦垃圾分类工作中的关键问题，做好技术、政策、投入、措施、监管"五到位"。通过生产环节"控"、流通环节"限"、消费环节"管"、投放环节"准"，多举措系统推进，有效保障垃圾分类处理规范推进。

（三）营造氛围，宣传动员普及化

坚持把宣传发动作为重要载体和有力武器，动员群众关注、支持垃圾分类处理工作。通过召开垃圾分类科普活动、游园会、主题日活动，利用宣传栏、文化墙、街角小品等多种形式，全方位多角度宣传农村生活垃圾治理的政策、模式和技术。及时总结推广一批成功经验和先进典型，营造舆论声势。结合

"515学习""一线工作日"等工作法，不定期组织镇、村干部、学校、志愿者和农户，开展清洁乡村行动，发放各类垃圾分类处理宣传手册。在全市上下形成了农村生活垃圾治理人人有责、人人参与、人人监督的浓厚氛围。

（四）强化保障，运行维护常态化

完善以行政村为单位的垃圾分类处理日常管理机构，建立村党员干部包片、包户责任制。落实"门前三包"、村规民约和专业保洁相结合的运行维护长效管理机制，做到建管结合、标本兼治。充分发挥村干部、农村老党员等人员的积极作用，引导农民加强自我管理，细分农户卫生责任区，真正做到"污水乱排有人问、垃圾乱放有人理、沟渠淤塞有人清、畜禽乱跑有人管"。按照"户分类、村收集、镇转运、市处理"模式，努力实现生活垃圾有效处理，确保农村环境长治久洁。

二、存在问题

（一）技术力量薄弱

开展农村生活垃圾分类减量处理，最终目的是通过分类收集、减量处理、资源利用，减少垃圾焚烧填埋量，降低处理成本，提升农村生态环境质量。从终端运行情况看，乐清市主要采取机器制肥的处理方式，由于个别终端投入使用较早，在能耗比、建设成本、运维成本、成肥质量等方面均落后于新一代设备。同时终端设备厂商众多，没有行业指导，容易出现售后无保障、售价虚高等情况。农村生活垃圾分类处理在规划、建设、运行维护等各个方面均有一定的专业性要求，而农村生活垃圾处理岗位缺乏专业技术人员，也缺少农村生活垃圾分类处理的系统化培训。

（二）思想认识滞后

做好农村生活垃圾分类减量处理，最重要的是群策群力。部分村民垃圾分类意识淡薄、积极性不高，觉得分类和不分类无关紧要。这类问题在偏远山区人口较少的农村较为普遍，使农村生活垃圾分类效果大打折扣，也给农村生活垃圾分拣和终端处理工作带来了很大的困难。

（三）运维机制有缺陷

农村保洁队伍承担了垃圾源头分类、收集、运输、就地处理等关键性环节的工作，但是从业人员平均年龄高、素质偏低。没有稳定的工作队伍，专业岗位大多为兼职，严重制约了农村生活垃圾分类处理运维工作的效果。同时，农村生活垃圾分类由于可操作性低，市场化程度不高，仍由政府采用大包大揽的工作方式进行管理工作，无法整体采用市场化运作，影响运维机制的完善。

（四）资金保障有压力

乐清市虽已出台建设资金及项目管理办法，但由于资金缺口较大，目前尚未形成合理、可持续的投入分担机制、运维管理机制。分类设施运行后，日常运行、维护维修、升级改造等环节的资金需求不断攀升，资金压力不断增加。设施维护资金的缺少，在一定程度上影响了乡镇推广垃圾分类处理工作的主动性和保障运维的积极性。

三、对策建议

（一）加快垃圾分类处理的市场化发展

合理引入市场机制既可以调动企业积极性，也有利于形成政府、企业与村民的良性合作，促进农村生活垃圾分类管理的发展。在生活垃圾基础设施建设逐渐市场化的过程中，政府应发挥主导作用，加快行业规范要求的制定，加大对机构运营及垃圾处理基础设施的监管力度，扶持垃圾处理企业产业化发展，促进垃圾收集处理市场化机制成熟化。

（二）完善资金投入机制

建立"政府补助、部门扶助、农民自助、社会赞助"的多渠道投入机制。将农村垃圾分类与减量处理等基础设施建设，以及后期运行管理和工作队伍正常运行经费纳入预算管理，切实加大财政资金投入。鼓励社会资本通过 PPP模式参与可回收物与废品回收利用、有害垃圾回收与危险废物收运、餐厨垃圾回收与资源化处理利用等业务环节，加快生活垃圾处理市场化、产业化进程，以实现政府和社会资本的共赢。积极探索第三方专业运维。在局部试点将垃圾收集、运输、处理、运营等业务整体打包，通过公开招投标方式确定第三方专业机构整体运作。

（三）加强宣传管理，提高村民自治能力

村民处理生活垃圾的方式和方法，反映了村民的文明素养。推行有效的生活垃圾分类不仅有利于提高村民的素质，也有利于提升农村生态文明程度。因此，要以生活垃圾分类为主题，以村民为主体，利用宣传标语和图文并茂的宣传手册、墙报、现场说明会等多种群众喜闻乐见的形式，让村民详细了解垃圾

分类处理的意义,明确具体的分类标准、主要做法和自己承担的责任与义务。一方面加大宣传深度,提高村民知晓率和操作能力。要将宣传重心转移到分类方法和操作指导上,并根据不同知晓程度,决定宣传的方式、频率和持续时间。另一方面重点加强农村女性、保洁员和回收员"三支队伍"培训,从源头、分拣、回收三个环节保障生活垃圾分类的效果,并通过现场或入户指导等层层递进式的培训,让村民养成垃圾分类的习惯。

瑞安市
试点先行 促进农村生活垃圾分类

近年来，瑞安市把抓好农村生活垃圾分类处理作为实施乡村振兴和农村人居环境整治的一场硬仗来打，探索形成了"分类投放、分类收集、分类运输、分类处理"的运行机制，走出了农村生活垃圾分类处理的新路子。

一、主要做法

（一）以试点破解经验不足

政府高度重视农村生活垃圾分类工作，在整个社会营造出浓厚的农村生活垃圾分类的氛围。2018 年之前的分类处理试点任务建设，因为经验不足，存在站点建设不合理问题。2018 年之后，工作开展常态化，乡镇、街道农村生活垃圾分类试点先行积极性明显得到提高。

（二）长效运维机制保障

瑞安市大部分农村生活垃圾资源化站点由第三方服务公司承担运维工作，塘下镇东岙村由村集体承担运维工作，不论哪种方式，建立长效运维体制机制势在必行。瑞安市在推进农村生活垃圾分类示范村建设的同时，出台了《关于建设农村生活垃圾分类示范村的实施细则》，明确将长效运维列入评价表，确保长效机制的落实。

（三）联系群众多方参与

联系社会中的群众团体，如妇联、青年志愿者、老年文艺团队等，开展生活垃圾分类知识培训讲座、志愿宣传、文艺演出等；依托世界环境日及县镇街大型宣传会、丰收节、展销会等契机，通过派发小礼物、垃圾分类知识竞答、垃圾分类小游戏等形式，对村民进行大面积大力度宣传；聘请相关协会专业人士分批对各村常住人员进行生活垃圾分类知识专项培训。

二、存在问题

（一）舆论宣传力度不大

瑞安市面向农村进行多层次全覆盖的垃圾分类宣传，但是力度仍须加强，应将宣传工作深入村民身边，而不是仅停留在表面，努力形成以垃圾分类为荣、以混投乱扔为耻的社会氛围。

（二）资金保障不足

2018 年兴建的高楼和湖岭站点，投标运维经费每年高达 50 多万元，2019 年兴建的马屿篁社站点，运维经费更是高达每年上百万，目前这些大额的运维经费均是财政负担。而垃圾分类作为一项惠利子孙后代的工作，需要长效地运行下去，必须探索长效的管理体系，拓宽经费来源，引进社会资本，实现由"政府主导"到"社会主导"的转变。

三、对策建议

（一）加大宣传力度

建议增加专项用于垃圾分类的宣传经费，将宣传工作延伸到村民身边。前期以奖励为主，宣传垃圾分类的典型优秀案例；中期奖惩并行，双管齐下，对先进事例进行宣传的同时，对拒不合作的反面案例进行曝光；后期侧重曝光反面案例，特别是政府部门、事业单位、大型国企等单位的反面案例，时刻做到警钟长鸣。

（二）保障运维资金，做好开源节流

就开源而言，拓宽资金来源，引进社会资本，加强与大专院校及研究所的合作，发挥其技术优势，加快研发和应用符合农村终端处理产业要求的新技术、新工艺、新设备，提升农村再生资源回收利用的现代化水平，推广机器成肥和有机肥应用，提高资源利用率，增加站点产出物或有机肥的附加值。就节流而言，鼓励成立多个村集体为主体的垃圾分类合作社，由合作社承担站点的运维，降低成本。

| 永 嘉 县 |

统筹实现农村垃圾分类一体化管理

永嘉县启动农村生活垃圾分类处理工作，出台《永嘉县农村生活垃圾减量化资源化利用工作实施方案》（永委办传〔2016〕20号）和《永嘉县农村生活垃圾分类处理工作运维补助办法》（永财农〔2018〕481号），因地制宜在全县各个乡镇（街道）建设速效成肥机械化处理设施。截至2020年底，全县共建有14个资源化减量化机器处理中心、10座阳光沤肥房，累计开展农村生活垃圾分类处理村386个。

一、主要做法

（一）强化源头分类宣传指导

一是开展宣传活动。永嘉县成立垃圾分类宣讲团和监督团，在全县各垃圾分类村开展形式多样的宣传指导活动，通过现场实物模拟分类，指导村民开展源头分类，增强村民的垃圾分类意识。2016年以来，全县包括各乡镇（街道）组织宣讲培训活动累计达800余场，培训人数10余万人次。二是制作分发宣传品。永嘉县制作了垃圾分类指导手册，分发给各乡镇（街道）分管领导、业务负责人和村干部，对他们做好业务指导；制作垃圾分类海报、宣传折页、纸巾、削皮刀、围裙等宣传品，分发给村民，鼓励村民做好垃圾分类。三是播放垃圾分类宣传动漫片。制作完成垃圾分类宣传动漫片以来，永嘉县在高速口LED屏幕上、农村文化礼堂里不断循环播放，提高村民对垃圾分类的知晓度和参与度。

（二）探索开展智能回收试点

一是开展收集端运行智能化试点。在做好源头村和大元下村智能垃圾分类回收体系运维基础上，及时总结成功经验，实现第三方公司专业化运维管理。新一代回收机可在机上直接称重折算成积分，并针对游客等散户制定了二维码扫描注册小额积分兑换机制，有效提升群众参与度。二是开展处理终端运行智能化监控试点。在鹤盛镇鹤盛村和南城街道黄屿村终端安装监控和自动称重机器，通过网络可以在办公室电脑上在线监控设备运行情况和可腐烂垃圾收集量以及有机肥的出肥量。

（三）多种模式做好终端运维

永嘉县探索开展多种运维模式，力争各垃圾分类村终端正常运行，省级机械化速效成肥处理终端已全面实现正常运行，鹤盛镇鹤盛村、南城街道黄屿村委托第三方运维公司，实施互联网＋数据化运维试点；金溪镇六龙村实行城乡保洁垃圾处理一体化，委托第三方公司负责运维；沙头镇廊下村委托楠溪新农业公司进行运维，实现生态循环利用；其他 16 处终端由乡镇（街道）或村民委员会负责运维。

（四）强化基层工作督查考核

一是将农村生活垃圾分类处理纳入乡镇（街道）乡村振兴工作年度绩效考核。二是将垃圾分类处理工作列入乡村振兴示范带督查中，实行一月一督查、一月一通报制度，由乡村振兴办或考绩办分别进行督办。三是对各资源化减量化处理终端的运行情况进行监控管理，主要针对各终端运行记录、出肥记录等方面，通过影像记录的方式对各乡镇农村生活垃圾分类处理情况进行管理，出肥量与运行经费相挂钩。

（五）健全垃圾分类管理制度

一是不断完善《永嘉县农村生活垃圾分类处理工作实施方案》和《永嘉县农村生活垃圾分类处理运维工作补助办法》，如每处机械化处理终端每年补助5 万元运行经费，运行不正常的不补助，产生的有机肥料按每吨补助 500 元的标准进行奖励等，以保障垃圾分类体系长效正常运行。二是建立信息报送制度并列入考核，要求各乡镇（街道）及时发送相关工作信息动态，通过各乡镇的互看互学，营造"你争我赶"的工作氛围。三是将垃圾分类处理纳入村规民约，建立党员干部联系农户促分类制度，实行网格化负责制、党员干部监督巡查制度、垃圾分类评比公示制度，对垃圾分拣员和农户分类进行评比公示。

二、存在问题

（一）农户源头分类难以持续

垃圾分类的关键在于农户源头分类，由于目前农户环保意识淡薄，垃圾分类观念尚未真正形成，很多农户甚至将分发的分类垃圾桶藏起来用作储物箱。在没有强制分类法律和强制措施下，单靠宣传指导、积分奖励等方式，垃圾分类工作很难得到持续性开展。

（二）垃圾分类处理体系运行成本高

从农户垃圾桶、分类运输车、分拣员的配备，到处理终端建设及建成后的日常运维、设备检修，均需要投入大量经费，而目前产生的有机肥效益不明显。尤其是机械化处理终端在使用过程中经常出现故障，既有操作人员使用不当的原因，也有设备本身的质量问题，设备维修费用高。

（三）垃圾分类机制不健全

垃圾分类工作是一项系统性工程，需要相关单位的合力才能做好。目前的垃圾分类工作城乡划分而治，县综合行政执法局承担城镇的生活垃圾分类处理工作，农业农村局牵头承担农村的生活垃圾分类处理工作，城镇和农村的要求不一，队伍不一，资源难以达到共享，而且目前农村的垃圾分类工作力量薄弱，县级部门没有专职科室，乡镇（街道）都是一个分管领导加一个兼职人员，缺少长期专职负责垃圾分类工作的队伍。

三、对策建议

（一）继续推进"互联网＋"试点工作

健全"分类投放、分类收集、分类运输、分类处理"体系，持续做好各资源化减量化处理终端的运行。重点是做好源头村、大元下村、黄岗村、江枫村、渔田村等8个村的可回收垃圾智能化管理试点和鹤盛、黄屿村的终端第三方运行监控管理试点。

（二）继续开展垃圾分类宣传培训

垃圾分类的关键在于农户源头分类，下一步继续在各垃圾分类村做好入户宣传，动员、指导农户开展垃圾分类，并在各村文化礼堂和人口集聚的活动中心循环播放《永嘉县农村生活垃圾分类宣传片》，以此提高农户垃圾分类意识和分类积极性，力争源头分类正常开展。

（三）对城乡保洁和垃圾分类实行一体化管理

在城乡保洁、垃圾分类和处理的运行体系上实现一班人马管到底，一把扫帚扫到底，对全县各乡镇（街道）的垃圾处理设施进行统筹安排和建设，对已建设的处理设施可以实现城乡资源共享，既能整合各线人员力量，形成工作合力，减少经费投入，还能促进运行体系管理，提高处理成效。

文 成 县

重制度规范垃圾分类处理

文成县大力推进农村生活垃圾分类减量化、资源化、无害化处理，通过宣传引导、督促检查和考核评估，充分发挥垃圾分类的引领示范效应，进一步向纵深推动和有序开展，全力打赢这场"党委领导、政府推动、社会参与、全民发动、因地制宜"的农村生活垃圾治理攻坚战。

一、主要做法

（一）强化责任落实

文成县出台了农村生活垃圾分类减量化资源化处理工作实施方案，组建了农村生活垃圾分类处理工作领导小组，由县委副书记任组长，建立县、乡、村三级联动管理机制，明确各级各主体责任。将农村生活垃圾分类减量化资源化处理建设工作纳入乡镇年度考核及相关评选内容，坚持定期督查与不定期抽查相结合的检查督导方式。同时，以"最脏村""最美村"评选为主抓手，实行评比排名制，及时通报进展情况，并对成绩突出、成效明显者予以表彰，对重视不够、措施不力、进展缓慢的进行通报批评或约谈问责，切实发挥考核的指挥棒作用，确保工作落到实处、抓出成效。

（二）加大要素保障

坚持"政府引导、村（村民）主体、财政补助与村自筹相结合"的资金投入原则，各乡镇负责组织本辖区行政村开展生活垃圾分类减量工作，完善垃圾分类基础设施建设。县级按照每村 5 万元给予补助，由乡镇统筹使用，主要用于垃圾分类终端建设、分类垃圾桶购置、分类垃圾运输车配置、宣传栏设置、公益广告投放等。鼓励乡镇创建垃圾分类处理示范村，已经列入并创建成功的给予适当的资金奖励。条件成熟的乡镇，需联建太阳能堆肥房或机械制肥设备的，将给予"一事一议"政策，确定补助资金。对农村生活垃圾分类减量化工作运行正常、成效显著的行政村的分拣员，增加工资或补助。

（三）健全工作体系

结合实际明确单位职责，县委农办负责制定农村生活垃圾分类减量化的相关政策措施，加强综合协调和督导；住建和综合执法部门要提供业务指导和技术支撑；财政部门负责统筹落实经费保障；自然资源部门做好处理站点建设用地保障；妇联要充分发挥妇女的家庭骨干作用，鼓励广大妇女投身垃圾分类实践；宣传、文明办、发改、环保、教育、卫生、团委等相关部门要各司其职，各负其责，密切配合，主动服务，形成共同抓好垃圾分类工作的良好氛围。乡镇和村作为工作主体和实施主体，做好统筹协调、群众发动、现场监督、落地实施及长效管理等工作。

二、存在问题

（一）农村居民思想认识不到位

农村居民的环保意识和垃圾分类意识相对薄弱。对于垃圾分类问题，多数人不了解如何分类，而且不关注或很少关注环境保护的相关信息。农村生活垃圾之所以随意倾倒，一方面，受传统生活习惯的影响，农村居民养成了生活垃圾房前屋后随意倾倒的处理方式；另一方面，农村居民对垃圾造成环境危害的认识不足，缺乏环境保护的主动意识，给垃圾治理带来了难度。

（二）保洁人员队伍不稳定

全县 17 个乡镇 229 个行政村配备了 508 人的保洁员队伍，专门负责农村垃圾收集处置、维护村庄及河道公共环境的日常保洁等工作。据调查，508 人的保洁员队伍中，年富力强的不多，因此只能简单地进行垃圾清扫，不能真正发挥保洁员指导、监督、宣传教育的作用。部分保洁员自我要求偏低，缺少工作的横向比较，工作缺乏深度、不够全面，致使垃圾清运、处置和垃圾箱外的垃圾清除不及时，垃圾的分类、堆放不规范。

（三）垃圾循环利用率不高

农村垃圾以厨房生活垃圾为主，占垃圾总量的 56%，如动植物食品的去除物、剩饭菜、洗漱残渣和油污垢等；其次是渣土，占垃圾总量的 24%，包括建筑混凝土渣、燃料的灰粉等。随着农村生活水平的不断提高，化纤产品特别是塑料垃圾所占的比例以及处理成本也不断增加。农村生活垃圾产生量大、成分复杂，当前收集和运输水平已无法满足需求。农村垃圾一般选择集中清运，主要采取单纯填埋、临时堆放、焚烧、随意倾倒三种处理方式，垃圾的循环利用率较低，且造成对环境的二次污染。

三、对策建议

（一）完善法律法规体系，加强制度保障

推动农村垃圾处理有序进行，应从立法上完善，力争使垃圾处理的各个环节"有法可依，有法必依，执法必严，违法必究"。因此需要严格立法，建立治理农村垃圾污染的相关法律法规，在监管和惩罚力度等方面进一步完善相应措施，填补农村垃圾处理监管法律上的空白，各乡镇也可以根据本地实际情况制定相应的管理办法，推动农村垃圾处理工作走上法制化、规范化轨道。

（二）加大宣传力度，强化环保意识

全方位、多层次开展农村环境卫生、健康知识宣传及生态环境保护教育，提高农民群众对卫生保洁重要性的认识，引导农民群众改变随处扔垃圾的习惯，逐渐养成文明健康的生产生活方式。同时，发挥新闻媒介的作用，通过各大媒体、宣传单、宣传画，以及文艺演出等丰富多彩的形式宣讲垃圾分类的相关知识、环保意义，营造一种人人宣传、个个参与的管理氛围，减少生活垃圾污染的发生和扩散。组建宣传队伍，进村入户，深入细致地宣传垃圾污染的危害性，让群众积极、主动地参与到环境卫生整治及卫生监督管理中，变被动为主动，形成群策群治的良好局面。

（三）创新多元化投入机制，增添基础设施

资金投入是能否真正建立农村垃圾处理长效机制的关键所在。以政府投入为主，积极吸纳社会资金，逐步推动和实现农村垃圾处理投资主体多元化的良好治理机制，才是从根本上处理农村垃圾的重要保障。

1. 政府财政投入提供资金保障。县、乡镇财政每年在预算中拨出专项经费，用于农村垃圾集中处理。县财政根据各乡镇具体情况制定投入标准，每年进行农村垃圾处理的专项投资，各乡镇财政按自己的实际情况再给予补贴。在资金拨付上，实行以奖代补的方式，对农村垃圾定点存放、按时清运、经检查验收达标的，资金按季度发放到乡和村。政府部门应加大对农村生活垃圾处理方面的资金投入，设置垃圾箱、垃圾围等生活垃圾处理设施，添置收集和运输垃圾的各种车辆和工具，建立专门的农村生活垃圾清运部门，使农村生活垃圾实现定点倾倒、集中处理、专人负责。对于地处偏远、无经济能力实现垃圾规范处理的农村，政府应根据实际情况给予专项资金扶持，建立片区垃圾集中投放点。

2. 村里积极筹资，逐步实现村民自治。各村要通过"一事一议"制度，建立农村垃圾收费项目，筹集垃圾围建设、垃圾桶购买、清扫工具购买和保洁人员工资待遇等专项资金，有条件的村可以从村集体收入中解决卫生保洁费用。

3. 加强宣传，广泛吸纳社会资金。引导并鼓励各类社会资金参与农村生活垃圾处理设施的建设和运营，逐步实现投资主体多元化、运营主体企业化、运行管理市场化。同时，加强宣传力度，鼓励有能力的机关企事业单位、社会团体和社会各界人士，采取结对帮扶、社会捐助等形式，帮助经济实力相对较弱的村配建垃圾收集设施。

（四）加强人员配备，规范运行流程

要加强人员配备，确保分工合理、分工明确，同时，加强对有关工作人员的培训和管理，规范操作程序，增强技术能力，提高工作效率。规范运行体系、规范工作流程、合理确定分工。农户负责定点投放，做好自家的环境卫生，并按照垃圾袋装的要求，将垃圾投放在指定垃圾容器内；村组负责定时清收，将本村的垃圾及时收集和清运到乡镇垃圾综合利用站，进行集中处理。

| 平 阳 县 |

加大政府投入　多途径助推垃圾分类

随着农村经济社会迅速发展，农民日常生活和生产中产生的垃圾日益增多。由于农民乱倒垃圾的习惯，加之农村缺乏像城市那样的垃圾处理系统和机制，导致农村生活垃圾乱堆乱放日积月累，对农村的生活、生态环境产生了十分恶劣的影响。垃圾分类收集是综合利用垃圾资源、减少垃圾处理费用和减少对环境的污染，以及实施可持续发展战略的重要措施。平阳县高度重视农村生活垃圾分类与减量化工作，取得了一定成效。

一、工作推进情况

平阳县在试点分类的基础上，扎实探索农村生活垃圾处理模式，全面铺开垃圾分类减量处理工作，目前全县已完成农村生活垃圾分类行政村 331 个，覆盖率达 91.95%，其中省级试点村 25 个、省级项目村 3 个。

（一）着重精品打造，抓好典型引导农村生活垃圾分类

平阳县对上林垟村进行典型宣传，多次召开市、县现场会，组织观摩学习，积极推广经验，垃圾分类工作取得一定成效。上林垟村全部生活垃圾都采用"回收垃圾兑换、易腐垃圾发酵还田、其他垃圾焚烧发电"的处理模式，垃圾分类处理工作成效显著，村庄面貌焕然一新。

1. 坚持"宣传发动"是做好垃圾分类处理的前提。打造干部、妇女、党员、学生等垃圾分类宣传队伍，参与垃圾分类宣传与督查，通过"党员我先行""妇女半边天""小手牵大手"等活动，营造垃圾分类的良好氛围，让村民养成良好的生活习惯。利用文化礼堂、村晚会、金山农耕园、农民趣味运动会等平台，用文艺或游戏的方式普及垃圾分类知识。实行垃圾分类网格化管理，村党支部结合党员"两学一做"和"不忘初心，牢记使命"主题教育活动，联系垃圾分类工作实际，把党员推向垃圾分类工作一线。全村划分为 16 个网格，党员干部担任网格化管理的网格负责人，并成立党员志愿队，突击完成村庄保洁重点、难点任务，参加垃圾分类工作巡查，让党旗在垃圾分类工作一线飘扬。

2. 坚持"资源兑换"是做好垃圾分类处理的动力。联合农村供销社，设置垃圾回收兑换站，回收垃圾兑换积分，兑换点采用"一高一低"的办法吸引村民：用略高于市场价格收购可回收垃圾，用略低于市场零售价格的日用品兑换给村民，让村民从中得到利益，提高村民可回收垃圾兑换的积极性，减少垃圾量和垃圾污染面。垃圾正确投放兑奖品，村干部定期入户督查垃圾分类情况，并根据农户投放垃圾的正确率兑换糖盐酱醋等物品奖励。垃圾分类贡献值兑奖金，每年年终，在村晚会演出活动上，评选出 3 名对垃圾分类做出突出贡献的村民，上台进行表彰，颁发奖状，并给予每人 500 元的经济奖励。

3. 坚持"督促检查"是做好垃圾分类处理的保障。不定期对每户垃圾分类情况进行检查，对合格的进行奖励，对不合格的进行劝导。刚开始进行源头分类时，由村"两委"组织人员对每家每户进行检查，打开每户的两个垃圾桶，如果有按照要求进行分类的，每户奖励一瓶酱油，未达到要求的予以劝导，这一举措在全村范围内口口相传，形成了很好的效果。

（二）着力模式创新，探索破解农村生活垃圾分类难题

1. 源头分类创新。平阳县为提高村民源头分类质量，采用"一张网格，两套机制，三支队伍，四个制度，五个活动"措施。一张网格是党员分工包干到户的农村生活垃圾分类处理工作管理网格；两套机制是完善的督查机制和鲜明的奖惩机制；三支队伍是团结的村"两委"班子队伍、积极的垃圾分类宣传队伍、认真的垃圾分类巡查队伍；四个制度是全民参与的村规民约、可操作的垃圾分类制度、严格的垃圾分类考核制度和兑换积分制度；五个活动是搞好宣传培训活动、党员义务活动、文化礼堂活动、民风民俗活动和"小手拉大手"活动。

2. 服务模式创新。平阳县制订垃圾分类处理省级试点村第三方建设管理运维生活垃圾资源化处理及保洁服务政府购买服务项目试点方案，计划五年投入 1 610 万元，由第三方服务公司承包试点村垃圾分类和农村保洁工作，对昆阳、水头和万全镇 25 个省级试点村采用政府购买服务的方式，由具备一定资质和经验的中标公司运维生活垃圾资源化处理及保洁服务，现已完成垃圾分类终端建设，各类设备设施也投放安装到位。第三方服务运行以来，共回收厨余垃圾 1 400 余吨，产生有机肥 280 余吨。

3. 回收技术创新。试点并推广可回收垃圾智能回收设备。在全县具备条件的行政村试点并推广使用可回收垃圾智能回收设备。全县对部分村可回收垃圾分类回收实行智能化和大数据管理试点，已推广至 40 个村。同时，配合可回收垃圾积分兑换产品机制，每村落实相应的补助资金用于推进可回收有积分兑换工作，积极做好"废品换积分"工作，积分达到一定数量后可以兑换相关

的产品。通过构建再生资源回收体系，完善相关的政策、措施，实现再生资源、废品回收体系进一步完善，村民更加愿意将垃圾进行分类投放。

（三）做好肥料利用，解决农村生活垃圾分类去向

多方位积极探索厨余垃圾成肥运用，实现成肥垃圾最终得到利用，达到资源化利用目的。各处理终端产生肥料后，经有资质的检测机构检验合格后，按照各地需求，实现肥料最大化运用。一是结合美丽乡村建设，将肥料用于相关美丽乡村的村庄绿化工程，既解决了肥料去向，又能使村庄环境绿化得到有效维护。比如青街畲族乡是市级美丽乡村标杆乡镇之一，村庄环境优美，全乡2个生活垃圾分类处理终端产生的有机肥全部用于乡村绿化维护。二是结合农业产业发展，将肥料用于农村专业合作社和种植大户，发展水果种植等产业。三是结合可回收垃圾兑换站点，将肥料用于兑换村民可回收垃圾的兑换积分，少部分用于零散农户家庭试用。

二、存在问题

1. 土地保障问题大。 在实际工作推进中，由于农村基本上没有建设用地，生活垃圾分类和减量化、资源化处理终端涉及耕地或基本农田占用问题难以解决。目前农村土地基本上为农保地，少数村仅存的一点建设用地或杂地，基本都靠农房边上，不适合建设垃圾处理终端。

2. 资金支持力度小。 平阳县生活垃圾分类与减量化、资源化试点工作实施细则虽已出，但没有专项资金保障，省、市也没有专项资金保障，而建设垃圾发酵房、购买垃圾分类桶、设立垃圾兑换点，以及后续日常运维均需要较大规模的资金保障。

3. 项目管理难。 试点村村干部业务不专，垃圾分类宣讲员、垃圾分类保洁员、垃圾兑换回收员均需进行培训，垃圾分类兑换试点规范运行和管理难度较大。村民意识不强，各村村民对垃圾分类与减量化资源化工作的认识不够，意识不强，试点工作的推进存在阻力。

4. 技术信息不足。 对生活垃圾分类处理设备设施供应商、运维管理公司等相关业务公司技术情况了解不清，掌握不准，在选择上存在盲目性。

三、对策建议

（一）构建制度体系，完善垃圾分类工作机制

1. 确保农村垃圾分类减量处理工作"有法可依"。 一是省级层面应出台农

村生活垃圾强制分类的法规条文，对垃圾分类过程中的优秀个人或团体予以名誉和金钱的公开化奖励，对不执行垃圾分类的个人或者团体实施举报惩罚；二是加大对各村委会的垃圾分类减量处理工作的业绩考核，由当地乡镇政府定期进行检查，做到奖惩分明，对不同层次作出明确界定。

2. 建立健全针对村民的卫生评比制度。 为了有效实施相关政策法规，提高村民对于垃圾分类回收的积极性，建立相应的卫生评比制度十分必要。在农村设卫生监管员，定期进行家庭垃圾分类工作的检查，对不遵守卫生制度的村民给予提示和劝解。由村民委员会牵头组织，定期对各住户进行计分评比，进行合理的奖惩处理。

3. 建立完善的垃圾分类收运体系。 现行"村收集、乡镇转运、县集中处理"的农村生活垃圾收集体系较完善，实施农村生活垃圾分类后，农村生活垃圾分为四类，把分类后的农村生活垃圾真正做到分类处理，不能出现农民把生活垃圾分类后村里还没有分类收集就混收混运到终端混合处理的情况。

（二）加大政府投入，确保运维经费安排到位

生活垃圾分类处理需要一个完整合理的流程，只在某一环节要求分类只是无用的表面文章。给居民设置分类垃圾桶、环卫工人分类回收垃圾、环卫所相关人员分类运输垃圾、垃圾处理厂工作人员分类处理垃圾，这是一个完整的流程，任何一个环节都不能懈怠。源头分类收集和终端运行处置，需要大量的运转经费，政府必须加大运维保障的力度，将前期的工作重心由建设逐步转移到运维上来。

（三）加强宣传教育，提高村民对垃圾分类的知晓率和积极性

切实加大垃圾分类的宣传力度，逐步实现垃圾分类习惯化。村委会应定期对村民进行农村生活垃圾分类知识教育，开展生活垃圾分类知识讲座，张贴海报，提高村民的生活垃圾分类意识，使村民养成良好的分类习惯；教育部门要积极开展"小手拉大手"工作，先在小学生中开展垃圾分类减量工作，从而促进家庭垃圾分类减量工作；妇联要积极开展"美丽庭院"工作，把农村庭院美丽整洁工作做好、做到位，以点扩面，促进农村生活垃圾分类减量工作。

| 泰 顺 县 |

以"五大法"加快推进农村生活垃圾分类

泰顺县积极推进农村生活垃圾分类，通过系统谋划、创新机制、示范带动，推进农村垃圾分类投放、分类收集、分类运输、分类处理循环体系建设，逐步探索出大安乡花坪头村、三魁镇张宅村、凤垟乡三门垟村等一批可看、可学、可复制、可推广的农村垃圾分类工作经验。

一、基本情况

泰顺县农村生活垃圾采取"两分法"方式进行，即农户按照可腐烂垃圾和不可腐烂垃圾进行源头分类。政府购置 40 400 对分类垃圾桶，为每户配备 1 套连体式分类垃圾桶，垃圾桶印有"可腐烂"和"不可腐烂"的字样，农户只需以是否可腐烂为标准，将生活垃圾分为"可腐烂"和"不可腐烂"两种即可。按照"分类投放、分类收集、分类运输、分类处理"原则，农户将"可腐烂"和"不可腐烂"垃圾定点投放到公共垃圾桶，由保洁员进行二次分类收集，"可腐烂"垃圾就近送至垃圾处理终端处理，"不可腐烂垃圾"运输到县城垃圾场处理。截至目前，全县实行农村生活垃圾分类村达到 272 个，农村生活垃圾分类建制村覆盖面达到 100%；建成有机垃圾处理终端 32 个，机械快速成肥处理中心 3 个；设立废品收购分站 18 个，村级便民回收点 296 个，每年回收垃圾约 1.5 万吨；完成省级农村生活垃圾分类试点项目村 32 个。

泰顺县注重广泛宣传，先后举办各级农村垃圾分类动员会议、培训班 150 多次；组织壹家人公益联合会、妇联、共青团集中开展村生活垃圾分类入户宣传专项活动，入户宣传 11 万人次，发放宣传资料 10.8 万册，广泛调动群众参与的积极性，实现农村生活垃圾分类人人知晓、全民参与的浓厚氛围。组织开展示范点交流观摩活动，举办了农村生活垃圾分类工作现场会，组织全县 19 个乡镇 272 个村实地学习大安乡花坪头村的垃圾分类先进做法，同时通过新闻媒体宣传，推广示范点的经验做法和特点，达到示范引领的作用。

二、创新垃圾分类机制

近年来，泰顺县积极创新农村生活垃圾分类处理工作机制，在县级层面实行"两保两挂"，即保激励、保服务、挂钩美丽乡村项目、挂钩 A 级景区村庄；乡镇层面实行"两定两创"，即定指标、定机制、创特色、创品牌；村级层面实行"两带头两考评"，即党员干部、妇联组织和妇女干部要带头，对农户、党员干部和邻里长进行考评。在农村生活垃圾分类处理实践中，探索形成"五大"特色经验。

（一）村规民约法

建立村民自律制度，将生活垃圾分类纳入村规民约，签订垃圾分类收集承诺书，在宣传栏、主干道两侧、垃圾投放点等醒目位置张贴分类标语和指示标志，给农户发放印制有宣传标语的小扇子、抽纸盒等日常用品，提高群众的知晓率和参与度。开展"绿色家庭""生态家庭""美丽家庭"星级评定，激发村民进行生活垃圾分类的积极性。

（二）网格管理法

实施垃圾分类网格化管理制度，将党员干部纳入行政村网格，包干联系农户，负责监督指导垃圾分类和投放，促进源头分类。如大安乡花坪头村结合"党建＋"做法，将村里所有农户分成 24 个小组，由全村 24 名党员任组长实施网格管理，负责监督指导垃圾的分类和投放，检查房前屋后卫生。该村农户参与率达 100％，垃圾分类准确率达 98％。

（三）考核奖励法

制定垃圾分类奖励制度，将垃圾分类与最干净、最脏村评选，小城镇环境综合整治，美丽乡村创建等各线工作相结合。县考绩办、县乡村振兴办将农村生活垃圾分类工作纳入对各乡镇工作考核的重要内容，实施每月通报制度和预扣考核分制度。垃圾分类工作也列入对各村的考绩内容，村里每年也开展"垃圾分类示范户"评选活动，乡镇对工作突出的村和村民进行奖励。如大安乡创新将垃圾分类考核与农村医保挂钩，通过网格长每周至少一次巡查，村干部不定期抽查，根据年度考核结果，对垃圾分类合格的家庭成员给予农村医保费用 10％～100％的奖励。

（四）源头追溯法

实施垃圾袋分类编号，对号分发给每户村民，村干部定期开展检查，一旦发现投放错误，根据垃圾袋编号找到源头，进而上门提醒并指导村民做好垃圾分类。

（五）积分兑换法

创新垃圾分类积分兑换法，鼓励村民将塑料瓶、旧衣服，打包后贴上二维码标签，再投入可回收物箱体获得相应积分，积分累计到一定程度可兑换各种物品。如包垟乡、凤垟乡、三魁镇、筱村镇等乡镇推进农村生活垃圾分类工作，购置智能垃圾分类设备及智能垃圾分类积分设备各 1 套，垃圾分类环保屋9 个，对村民进行积分卡注册，建立垃圾分类智能积分奖励机制，开展垃圾分类督导员培训并实施督导培训机制。

┃苍 南 县┃
创新农村生活垃圾分类处理机制

　　苍南县推进农村生活垃圾分类，坚持循序渐进、稳步推进原则，实现全员参与、人人动手的生活垃圾分类工作目标，规范农村生活垃圾分类投放收集贮存工作，探索建立农村生活垃圾分类处理长效机制和管理体系，提升农村精细化管理水平和文明指数。经过 5 年多的发展，全县实施农村生活垃圾分类处理村共 305 个，覆盖率达 86.1%，其中省级试点村 26 个，占比 8.5%。全县共建机械化快速成肥终端 47 处，其中省级终端站（点）26 个；太阳能终端 25 处，进一步提升了农村生活垃圾回收处理工作水平。

一、主要做法

　　全县农村生活垃圾分类资源化处理站点运维管理整体状况良好，机械设备运行较正常，周边环境干净整洁，制度上墙齐全，运维台账记录较为完整，试点村的生活垃圾分类硬件设施基本齐全。主要从以下五个方面开展农村生活垃圾分类处理工作。

（一）抓机制建设

　　组织领导、制度制定是农村垃圾分类工作的基本保障。为进一步落实垃圾分类工作，县里成立农村生活垃圾治理工作领导小组，坚持党政"一把手"亲自抓，分管领导具体抓，做到了工作有机构、有人员、有经费，确保工作高效有序开展。

（二）抓源头分类

　　垃圾分类工作最重要的是抓源头工作，这对下一步工作会有事半功倍的效果。苍南县采取乡（镇）统一培训、村自发组织发放宣传材料以及海报、横幅、宣传车等方式加大宣传力度，扩大农村生活垃圾分类处理工作覆盖面，同时依托每月 15 日的主题党日做到全县党员全覆盖。在提升宣传氛围的同时，严格遵循"五个一"制度（一套设备、一支队伍、一本读物、一堂课、一个体系）的落实，并将垃圾分类、清洁卫生等纳入村规民约进行约束。

（三）抓硬件设施

全县 305 个已分类处理村基本配备户用二分桶和村用四分桶，特别是 26 个省级试点村确保户户有分类桶、村村有清运车。终端站点方面，全县 72 处终端（其中省级 26 处）做到所有分类处理村全覆盖，保证村厨余垃圾能够及时处理。终端站点管理方面，县里每月抽样调查一批终端站点运维情况，从运行情况、台账记录、周边环境、人员管理等方面进行督查。

（四）抓督查考核

为使农村生活垃圾分类工作能够正常化开展，苍南县通过第三方调查机构、科室人员暗访等手段对各乡（镇）农村生活垃圾分类工作进行督查，并联合财政局出台《关于印发苍南县农村生活垃圾分类处理工作考核及资金补助方案的通知》（苍农〔2019〕162 号），对农村生活垃圾分类运维工作进行常态化考核。通过垃圾革命工作对各乡（镇）农村垃圾分类处理工作进行考核评定。

（五）抓工作创新

在要求各乡（镇）常规性开展工作同时，鼓励各乡（镇）结合自身特点制定特色工作方法。桥墩镇各村实行了环境卫生"红黑板"制度，每月评出先进户 5 户、促进户（后进户）5 户，在村里显著位置张榜公布，并给予先进户一定物质奖励，形成村民你追我赶的分类氛围。赤溪镇各村设立了垃圾兑换超市，200 个一次性纸杯兑换一块香皂、大的纸质饮料瓶兑换一卷垃圾袋等都上墙公示，激发村民收集垃圾的积极性。部分乡（镇）在运维工作中出新招，通过购买服务的方式对镇域内终端设施和农村生活垃圾分类工作进行外包管理。

二、存在问题

（一）硬件设施存在老化和损坏现象

苍南县部分终端站点和分类桶存在老化、损坏、丢失等现象，特别是建成的终端设备故障报修率较高。但是受县、乡两级财力所限，对这批老化、损坏、丢失的硬件设施有心无力，无法及时进行修理、更新。

（二）农民垃圾分类意识不强

受传统生活和垃圾处理方式的影响，农民卫生意识淡薄，分类意识不强，虽然政府长期进行分类宣传引导，并在村庄、路旁和农户门口都配备了足够的分类垃圾桶，但是还有很多村民未对垃圾进行分类，仍将厨余垃圾和其他垃圾进行统一打包处理。

（三）智能化管理水平不足

目前，苍南县垃圾分类智能化管理水平基本处在零阶段，全县的垃圾分类还是以保洁员挨家挨户回收、统一运送到终端集中处理的方式为主，对每个农户的分类情况无法详细掌握，无法对农户开展有针对性的管理工作。

（四）城乡一体化管理未能统一

农村生活垃圾分类归农业农村局管理，而乡镇（街道）农村生活垃圾分类工作有的归镇城管大队、镇环保所、镇农办等不同部门，导致县下发任务文件时，乡镇（街道）各部门存在相互扯皮推诿的现象，工作不能得到统一，不利于工作开展。

三、对策建议

农村生活垃圾分类治理工作是一项系统工程，需要政府、社会组织、公民个体共同参与，坚持综合、多元、依法治理，才能实现农村垃圾分类治理的常态化。

（一）完善分类工作责任制，健全监督考核机制

健全乡镇（街道）、片区、行政村、责任区四级工作责任机制，明确各级农村生活垃圾分类治理责任主体，层层落实责任，实行农村生活垃圾分类治理工作金字塔型管理。加强乡镇对片区、片区对行政村农村生活垃圾分类工作的督促指导，让工作层层落实，实现农村生活垃圾工作基层抓、抓基层。根据《关于印发苍南县农村生活垃圾分类处理工作考核及资金补助方案的通知》文件精神，进一步细化考核细则，落实人员配置，对各乡镇运维情况进行日常暗访、月度考核、季度普查和年度考核，让全县农村垃圾分类运维工作正常化、常态化。

（二）完善宣传教育体系，让垃圾分类深入人心

农村生活垃圾分类宣传在形式、地点、时间上都要有所计划和突破。在形式上，开展专题讲座、农村生活垃圾分类集中宣传月等活动。在地点上，既要在乡镇人流聚集地进行宣传，也要兼顾偏远山区。在时间点上，要常态化与集中宣传相结合，设立集中宣传月，在固定时间段于全县范围内集中宣传。有条

件的村可设立"红黑板"进行曝光，发挥正确导向作用。充分发挥党员网格化管理等平台，将农户垃圾分类与党员星级评定等挂钩，激发党员的监督、管理和引领作用，为推进农村垃圾分类处理营造浓厚的社会氛围。

（三）集中力量择优布置，打造典型示范点

进行特色打造，打造几处可看、可比、可借鉴的示范点。比如在一些经济条件允许的美丽村庄引进智能终端系统，进行垃圾分类自动化管理，同时做好宣传，实现无人化分类。在一些党员先锋模范作用比较明显的党建示范村，实行党员包干服务工作，让党员成为垃圾分类的执行者之一，让垃圾分类工作染上"党建红"。

（四）健全资金保障体系，实现可持续推进

在完善考核机制的基础上，也要确保资金的保障，日常运维资金下拨与日常考核工作要相辅相成，提高各乡镇的工作积极性。同时，各乡镇也要设立相应的运维资金，确保农村生活垃圾分类工作有坚实的后备保障，让损坏的硬件设施得到及时维护，丢失的硬件得到更新。

湖 州 市

加强资源化处理站点建设与运维

近年来，湖州市按照减量化、资源化、无害化的工作要求，扎实推进农村生活垃圾分类处理源头减量、回收利用、能力提升、制度建设、文明风尚等五大专项行动，巩固农村生活垃圾总量"零增长"、生活垃圾"零填埋"成果。2021年，实现农村生活垃圾分类处理行政村和村级智慧化管理平台建设全覆盖，巩固提升231个分类处理基础薄弱村，新增省级高标准生活垃圾分类示范村16个、市级农村生活垃圾分类处理标杆村320个；全市农村生活垃圾回收利用率达60%以上，资源化利用率达100%，无害化处理率达100%；市、区县两级基本建成智慧化管理平台。积极探索建立以源头分类减量为重点的农村生活垃圾分类处理体系，全力推动全市农村生活垃圾分类处理。

一、开展情况

农村生活垃圾分类处理工作开展初期，湖州市确定了城市处理中心覆盖一批、小城镇整治去掉一批、村级建站完成一批"三个一批"的总体思路。各区县也综合考虑地理位置、村庄地形、农户数量、生活习惯、垃圾构成等因素，编制了县域农村生活垃圾分类处理规划。

农户源头垃圾投放按照"可烂的"易腐垃圾和"不可烂的"其他垃圾进行分类，"不可烂的"其他垃圾在垃圾房（中转站）再细分。"四分四定"的农村生活垃圾分类处理模式在农村迅速推开。目前，"其他垃圾"由市本级和三县垃圾焚烧厂集中焚烧处置，"有害垃圾"由市环保局指定具有处理资质的单位定期集中收集处置，"可回收物"由农户自行售卖或村级"积分兑换超市"等回收网点统一收购，"易腐垃圾"主要由市、县易腐垃圾处置中心或农村生活垃圾资源化处理站点处理。

易腐垃圾处理主要有集中处理和分散处理两种模式，目前全市易腐垃圾处理模式基本以提炼油脂、产沼发电为主，分散处理模式主要有太阳能沤肥、机械快速成肥和沼气池三种工艺。

目前，享受省级财政补助政策的农村生活垃圾资源化处理站点共有 117 个（吴兴区 5 个、南浔区 33 个、德清县 9 个、长兴县 6 个、安吉县 62 个、南太湖新区 2 个），其中县级处理中心 1 个、镇级资源化处理站点 9 个、村级（联村）资源化处理站点 107 个，总处理能力约 450 吨/天。据不完全统计，2019 年，全市农村生活垃圾日产生量为 1 400 余吨，其中易腐垃圾 215 吨（吴兴区 28 吨、南浔区 22 吨、德清县 55 吨、长兴县 60 吨、安吉县 45 吨、南太湖新区 5 吨）。

二、主要做法

（一）源头分类再强化

1. 强化全民教育，培养良好分类习惯。充分发挥党员的带头示范作用，推动党员干部自觉成为垃圾分类的宣传员、示范员、指导员和监督员。持续发挥部门及群团组织的优势，推动垃圾分类成为农村居民的生活习惯。继续发挥学校分类教育在农户分类习惯养成方面的家庭带动作用，提高源头分类质量。

2. 完善分类模式，提升源头分类成效。推广完善"二次四分法"，分级加强各类人员培训，重点提高农户源头分类参与率和准确率。通过组建"农居办"等实体组织，开展实体化办公、常态化督查，并出台农村人居环境长效管理机制八条，以及农村人居环境长效管理工作不担当不作为村干部问责办法。完善并推广长兴县"党员＋"网格化管理和南浔区善琏镇"早跟车晚入户"的工作机制，提升分类成效。

（二）运维管理再提升

1. 以示范创建提高运维管理水平。按照省定目标，不断提高农村生活垃圾分类处理建制村覆盖率。以资源化处理站点建设为重点，切实加强处理能力建设，深入实施农村生活垃圾分类处理标杆村三年行动计划，提高长效运维管理水平。

2. 以制度建设保障站点正常运维。严格落实《关于进一步加强农村生活垃圾资源化处理站点设施运行维护管理的通知》，建立健全市级监管主体、区县责任主体、乡镇（街道）管理主体、行政村落实主体的农村生活垃圾资源化处理站点运维管理责任体系。全面实行"站长制"管理，建立区县、乡镇（街道）、行政村三级站长管理体系，在站房显要位置设置"站长制"公示牌，公布站点服务范围、站长姓名、职责和举报电话，接受广大群众监督举报。

（三）督查考评再强化

1. 加强问题站点整改督查。 按照前期下发的《关于做好省级农村生活垃圾分类处理项目村及资源化处理站点整改提升工作的通知》要求，区县要坚持问题导向，抓好整改提升，抓紧举一反三，切实提高建设管护运行水平。

2. 加强垃圾分类督查考核。 修订完善《湖州市农村生活垃圾分类处理工作年度检查考核办法》，通过平时督查、年底检查等方式进行实绩考评。建立工作进展月度通报制度，督促区县推动农村生活垃圾分类处理水平不断提高。

（四）垃圾治理智能化

湖州市建成市县两级智慧化管理平台，推动农村生活垃圾分类全链条智慧化管理。

1. 提升源头精准化。 向农户发放二格式户分垃圾桶，并贴上智能芯片，实现"一户一码"垃圾溯源。农户每日、每月、每年垃圾投放的次数、重量、质量都能通过"智能账户"实时传入生活垃圾智能监管系统中，有效解决农户源头分类参与率和准确率低、分类溯源有难度、奖惩评价不客观等问题。

2. 规范收运标准化。 垃圾收集员严格按照"一扫二称三照四评五收"（扫码录入农户信息、称量读取垃圾重量、拍摄照片上传平台、评判投放情况、分类收集垃圾）的操作流程进行收集。在收集车辆上加装 GPS 设备，将收集车辆实时运动轨迹上传至村级平台，从作业轨迹、作业效率、出勤上岗等多维度对保洁员进行考核管理，有效解决保洁员脱岗怠工、作业难规范等问题。

3. 实现处置可视化。 对全市农村垃圾房（中转站）加装视频监控，将视频信息实时导入村级平台，并在站房内安装电子地磅，对每一桶进站垃圾再次进行过磅称重，自动生成垃圾总量，实时上传村级平台，有效解决垃圾桶污损、清运不及时和垃圾外溢暴露等现象，严防"二次"污染。

4. 推动督考科学化。 每月开展农村人居环境洁美行动联合督查暗访，在实地考评基础上，通过登陆区县平台账号精准掌握当月督查暗访对象的分类参与率、正确率等工作数据，分析对比总量图、排名图、趋势图，获得更直观、更客观的考核考评依据。借助平台实时监管和各路视频监控，实现全过程留痕和可回溯管理，同时为垃圾分类执法提供视频和图片证据。

三、存在问题

在农村生活垃圾分类处理工作试点初期，农村生活垃圾资源化处理站点是农村易腐垃圾实现就地消纳、就地处理的有效手段，也是区县易腐垃圾处理手段的有益补充。现阶段，农村生活垃圾资源化处理站点运维过程中暴露的问题较为严重，主要有以下几个方面：

（一）运维管理成本高

一是部分站房工作人员较多。部分日处理能力 0.5～1.0 吨/天的站房，配备了 2 名（含）以上的工作人员，年人工费用在 6 万～14 万元。二是机器设备使用寿命短、维修费用高。大多数机器设备的使用寿命为 3～5 年，设备折旧费很高。同时，由于处理垃圾分类不彻底、易腐垃圾易腐蚀、操作人员不规范等问题，机器经常出现故障，如轴承断裂、链条断裂、电热丝烧坏等，每次维修费用平均需要四五千元，大修需上万元。三是菌种、水电等费用较高。在处理过程中需添加菌种进行生物菌发酵处理，部分站点机器一年添加的菌种费用达 1.2 万元左右，甚至更高。机器能耗较高，0.5～1.0 吨/天的机器设备日耗电量 80～160 千瓦时。每天冲洗站房地面和垃圾桶的用水量也较多。四是相关配套设施投入大。为做好资源化处理站点的污水处理，各站点均建有污水处理设施配套项目。部分配套设施投入较大，如南浔区双林镇华桥村为做好渗滤液和污水处理，修建了日处理能力 30 吨/天的有动力污水处理终端。

（二）垃圾处理效果差

一是设施老旧。大多数机器设备，特别是 2018 年以前投入使用的机器设备，没有机器在线监控，且后续无法安装在线监测的智能设备，许多数据都无法直接读取，包括进出料数据、仓温控制等。二是工艺落后。很多机器设备的产出物含水量较高，呈黑色黏稠状固体；部分产出物异味较大；油盐含量较高，仅能用于村庄园林绿化和苗木种植等，不适宜花卉果蔬及农作物使用，易造成土壤板结；多数底肥不具备成为商品有机肥的条件，二次处理成本较大。

（三）环境污染处理难

一是污水处理难度大。农村易腐垃圾粉碎压缩过程中产生的渗滤液、机器设备处理过程中产生的废水油脂含量高，配套的污水处理设施难以有效处理。多数站点均采取预先处理，然后定期抽取送往城镇污水处理厂处理。二是部分站点异味大。易腐垃圾本身异味较大，特别是夏天更难闻。部分机器在处理过程中也会产生异味，部分机器的产出物也有较大异味，现有的机器设备较少安装除异味设备。

（四）其他问题

一是用地审批较难。湖州市普遍采用机器快速成肥资源处理站，均需要

$200\sim400$ 米^2 的土地用于站房建设，太阳能沤肥房占地面积更大。但现有土地政策针对减量资源化处理的设施用地存在政策空白，基层普遍反映设施站房建设通过正常土地审批几乎行不通。如南浔区某村资源化处理站点因涉及永久基本农田，站房外部围墙已拆，站房内硬化路面已复垦。二是技术力量薄弱。资源化站点的建设、管理等方面缺乏专业指导，只能边摸索边完善，同时资源化站点运行维护的专业管理人员难聘请，主要是资金保障不足和年龄结构偏大。提供机器设备的公司均为外地企业，疫情期间，因为维修人员未能及时检修，很多故障设备只能"趴窝"。

四、对策建议

1. 合理优化处理模式。 目前市级农村易腐垃圾日产生量约 55 吨，其中农村生活垃圾资源化站点日处理约 13 吨。目前来看，在未来很长一段时间，市级农村易腐垃圾可得到有效处置。故在进一步提升市级农村生活垃圾分类收集的前提下，综合考虑现有处置能力、综合处置成本等因素，应提倡集中处置、严控站点建设。

2. 探索改进落后工艺。 基于机械快速成肥存在工艺落后的普遍问题，且设备生产商无法从根本上解决问题，故建议联合省内高校、相关科研机构等探索改进机器快速成肥工艺。

3. 建立停机评估机制。 针对个别站点设施设备工艺落后、运行成本较高、处理效果较差的特点，根据实际情况科学评估后进行站点停机（备用）或撤点，原站点覆盖村的易腐垃圾收集后运输至市或区县处理中心统一处置，既可降低运输成本和处置成本，又可提升处理效果，减少污染。

│ 吴 兴 区 │
体制创新推进垃圾分类

吴兴区有行政村 161 个，目前全区垃圾分类与第三方签订运维管理协议，由第三方公司负责全区垃圾收运、垃圾处理等工作。2015—2016 年，建成省级农村垃圾减量化资源化处理试点项目 6 个，资源化处理站 5 个（其中稍康村与妙西村 2 个项目合建为一个处理站），分别是 2015 年建成的八里店镇永福村农村生活垃圾资源化处理站，总投资 103 万元，其中土建施工 41 万元，设备购置费 62 万元，设计日处理量为 1 吨；2016 年建设的妙西镇潘村、王村、稍康、妙山 4 个厨余垃圾处理站，分别投入 80 万元、58 万元、200 万元、56 万元，合计投入 394 万元，折旧期为五年（表 1）。现有生活垃圾资源化处理站均采用微生物高温发酵机械成肥技术。

表 1 吴兴区资源化处理站建设情况

处理站	覆盖村庄 （个）	覆盖人数 （人）	日处理能力 （吨）	年处理量 （吨）	产出物 （吨）
永福村	4	8 000	0.30	100.00	10.0
潘村	3	3 000	0.29	105.84	21.7
王村	5	6 600	0.27	98.55	20.0
稍康村	3	4 700	0.82	299.30	40.0
妙山村	4	5 400	0.28	102.20	20.0

一、主要做法

（一）探索机制破题

在目前环卫一体化的基础上，推动体制机制再创新，分类投放、分类收集两个环节以行政村为单元落实属地职责，引入竞争机制，各行政村因地制宜探索自建或联建物业公司、购买社会化服务等多种途径，切实开展对保洁队伍的绩效考核，强化第三方服务公司的考核结果运用。设立村级农村环境长效管理专项科目，各级资金统一缴入，实行专款专用，让村里有人做事、有钱办事，"看得见也管得着"。

（二）突出示范引领

每个乡镇打造 1 个垃圾分类标杆村，以点带面全部铺开。标杆村要求"干部包片、党员联户"制、"门前三包"责任制、"红黑榜"亮晒比拼制等各类管理制度有效运行，保洁队伍专业规范，形成全员、全家庭、全分类、全覆盖、全知晓的"五全"氛围，做到有制度、有标准、有队伍、有经费、有实效的"五有"局面。各乡镇组织所有行政村到标杆村进行学习观摩。

（三）推进垃圾减量

吴兴区与第三方合作，将园林垃圾、大件家具垃圾、木料建筑垃圾等收运至该公司，通过绿色环保工艺制成生物质颗粒燃料，减少垃圾焚烧量，减少处置成本，再生了清洁能源，截至目前，已消化木质垃圾 1.5 万余吨。

（四）强化考核督查

区级层面整合治水、治气、治土等方面力量，组建区生态环境综合督查专班，定期对乡镇各行政村进行随机抽查，每季确保所有建成区外行政村检查一次以上。加强考核挂钩，美丽乡村创建村垃圾精准分类不到位的，区级奖补资金不予拨付。区委组织部已制定《吴兴区农村人居环境长效管理工作不担当不作为村干部问责办法实施细则》，对垃圾分类工作不力的，追究有关村党组织及主要负责人、联村干部的责任。

二、存在问题

（一）运维费用较高

站点运维所需的工作人员薪资、处理站点日常运维水电费、菌种费、辅料费和维修费等，与其他将易腐垃圾收集运输至处置中心的村相比，平均每年运行成本多 10 余万元。如永福村资源站点处理站雇用 2 名管理员，每年费用10.18 万元；处理站水费、电费、木屑费用合计每年约 2.7 万元；设备陈旧，运维费用过高，每次修理费约 2 万元，每年要修 1～2 次，加上维修的厂家在外地，维修时间不及时常导致处理站停工，且每年加菌种一次，费用在 1 万元左右。妙西镇 4 个分类站每年人员薪资需要 20 万元，水电费约 4 万元，菌种费约 4 万元；维修费平均每年需要 1 万元。

（二）成肥利用率不高

垃圾处理后产出的有机肥含碱量太高，不利于果蔬种植，苗木种植的需求量也较低，总体成肥的利用率不高。经测算，二次处理每吨产生费用需要20万元左右。

（三）垃圾数量增加

八里店南片、妙西镇旅游景区规模逐步扩大，农家乐等餐饮主体发展迅速，随之产生大量的易腐垃圾，目前站点无法及时有效处理，仍需安排运输车辆运至市中心统一处理。

三、对策建议

（一）坚持属地管理

乡镇负责本辖区内农村生活垃圾资源化站点运维管理工作的组织管理，明确具体管理责任部门和专职管理人员，制定运行维护管理的日常工作制度，规范设施档案管理，组织落实运维管理机制和具体运维单位，开展定期指导、检查和考核，指导和督促村级组织或第三方开展日常运行维护管理，筹措落实好运行经费，负责设施大、中修。

（二）加强站点成肥管理

对预处理的易腐垃圾进行仔细检查，剔除不可制肥杂物。严格按照各类生活垃圾处理模式技术要求进行处理，达到无害化要求。站点的产出物或有机肥，定期送专业机构检测。积极对接相关有机肥生产企业，探索将站点成肥作为其生产原料之一进行再加工，积极探索稳定的成肥利用途径。

（三）强化资金保障

拓宽筹资渠道，整合相关资源，优先保障农村生活垃圾资源化站点设施运维管理工作。根据各站点运维处理工艺、日处理能力和运维管理等实际情况建立奖补机制，纳入年度预算，切实保障运维管理工作顺利推进。

（四）健全督查考评

将农村生活垃圾资源化处理站点设施运维管理工作作为农村生活垃圾分类处理工作的重要组成部分，在未停止使用各站点之前继续纳入农村生活垃圾分类管理工作年度考核。制定完善农村生活垃圾资源化处理站点运行管理考核办法，加大对乡镇工作落实情况的督查考核，定期组织督查各站点运行情况，对工作敷衍塞责、流于形式的督促整改落实，促进各项工作落到实处。

南 浔 区
"全链条" 推进分类常态化标准化全域化

南浔区建立健全分类投放、分类收集、分类运输、分类处理的农村生活垃圾 "全链条" 处理体系，基本实现农村生活垃圾分类处理全覆盖，建成省级资源化项目村 33 个、省级高标准示范村 5 个、市级标杆村 11 个，设置农村生活垃圾分类 "积分兑换超市" 132 个。农村生活垃圾回收利用率 45.1%、资源化利用率 100%、无害化处理率 100%、减量化 9.3%，日均收集厨余垃圾 26.6 吨，其中南浔镇、练市镇、开发区、和孚镇、旧馆镇以及善琏镇部分村共计 105 个村的易腐垃圾（15.65 吨）送往和孚旺能处理，双林镇、菱湖镇、千金镇、石淙镇及善琏镇少部分村的易腐垃圾（10.95 吨）由小型处理站处理，切实提高农村生活垃圾减量化、资源化和无害化水平。

一、主要做法

（一）突出体系建设，推进分类常态化

一是制定一套办法。按照群众易接受、易操作、易落实的原则，制定了《南浔区进一步加强农村生活垃圾分类工作实施方案》。二是建立两项制度。建立一周一报表、一月一例会、一季一考评 "三项机制"，及时掌握每周工作推进情况，并由区政府分管领导或业务主管部门每月召开各镇的工作交流会，重点交流当前工作推进情况，分析存在问题和需要解决的难点，着力第一时间破题解难，扎实推进农村垃圾精准分类处理工作。建立考核责任制，强化督查抓落实，制定了《南浔区农村生活垃圾分类处理工作考核办法》，区农业农村局与区生态指挥部共同督查考核，并将考核情况在 "南浔发布" 上晾晒，全区上下始终保持高压态势，对垃圾分类工作常抓不懈。三是组建三支队伍。充分运用 "党建＋" 的网格化管理，由村党支部书记牵头抓总，建立干部分片包干、党员联户、代表委员分片监督的方式，配强管理队伍，按每 150 户不少于 1 名清运员，前期按每 300 户配备 1 名督（劝）导员。目前各镇村分别配备清运员、督导员、宣传员共 642 人、417 人和465 人。

（二）突出设施提升，推进分类标准化

按照农村生活垃圾分类的要求，进一步补齐短板，加强分类处理设施设备建设。2020年，区财政安排3 000万元（人均运行费30元、基础设施提升每站点补助15万元），村民自筹每人每年12元。全面启动分类垃圾桶、垃圾清运员、清运收集车辆的配备以及垃圾处理站点的改造提升，全力促进资源化站点运行，确保垃圾有地方扔、垃圾有人收运、垃圾有地方处理。33个省级资源化处理站（点）运行基本正常，2020年，新启动2个处理站的建设；对83座垃圾转运房进行改造提升，已配备垃圾收集车辆650辆（其中新购置225辆）、配置户分垃圾桶11万组（新购置3万组）。按照"属地原则"落实管理责任人，明确工作职责，落实工作举措，有专门台账记录，及时维修设备，对每日收集的农村易腐（厨余）垃圾做到日产日清，垃圾产出物基本符合要求，并详细记录产出物出处。

（三）突出宣传教育，推进分类全域化

积极部署，全力形成政府指导、全民参与的强大氛围，促进农户精准分类。一是领导重视，强力推进。由区政府分管领导在百日攻坚、示范县创建、工作例会等各类会议上进行部署，明确目标、明确要求、明确责任，多次带队实地调研、检查、指导，确保各项任务有序开展，推动垃圾精准分类。二是党建引领，统筹推进。充分发挥基层党组织战斗堡垒和党员干部先锋模范作用，推动党员干部自觉成为垃圾分类的宣传员、示范员、指导员和督导员。三是模范带动，互动推进。树立正面典型，通过互学互看互比，加强正面激励，深入挖掘在垃圾分类推广中成效显著的人和事，形成每镇有示范、村村有典型、人人是模范的舆论引导攻势。四是全民参与，合力推进。通过举办专题培训班、面对面宣传、手把手带等方式，加强村民生活垃圾分类习惯和意识的培养。印制农村生活垃圾分类宣传手册10万余份、工作手册2 000份，分别发放到农户及相关工作人员手中。建立村民自治机制，推动垃圾分类写入村规民约，充分发挥"红黑榜""曝光台"等载体作用，激发村民形成生活垃圾分类的自觉性、主动性，并逐步养成良好习惯。

二、存在问题

1. 村民分类意识薄弱。区级层面已多次召开部署会议，对乡镇分管领导和各村书记等开展分类知识培训，但部分镇村的宣传发动、分类培训还不够，效果不明显。村民生活习惯和思维方式受传统观念影响，分类准确率不高。

2. 运维管理存在问题。资源化处理站点运行不畅且成本高，人工管理、电费、维修、折旧费等每年平均 17.87 万元/站。因操作不当又加上机器本身工艺处理技术有待认证，机器经常损坏，且无除盐功能，出肥粗细、干湿不正常。另外，村级垃圾清运车辆一般为小型三轮电瓶车，车辆无法上牌，且人员结构老龄化，60 岁以上占 70%，清运员只能购买人身意外保险，赔付额低，安全隐患大。

3. 出肥不理想。处理后的肥料，盐碱度较高，黏稠度高，依然需要重新晒干，农作物不适用。虽然肥料是送给农户和种植户的，但他们只是少量使用，且产出物异味重，囤积的产出物对周边农户造成影响。

三、对策建议

1. 促进农村生活垃圾分类规范化。全方位深化垃圾分类宣传氛围，在现有村庄、学校等公共场所基本覆盖的基础上，推进宣传范围向城乡公交站台、公交车车载平台等进一步延伸，将垃圾分类的宣传渗透到日常生活的每一处。引导村民掌握农村环保的相关知识，树立环保理念，改变传统生活方式，做好垃圾的源头分类。

2. 推动形成集约化管理体系。依托大数据及物联网、区块链、人工智能和网格化管理等现代化科技手段与管理模式，构建政府、企业、公众等多元主体共同参与、协作共商、优势互补的生活垃圾分类处理精细化协同机制，形成符合南浔特色和发展需求的生活垃圾分类处理体系。

3. 实现站点产出物资源化。通过技术引进，提高资源化站点产出物的出肥效率与出肥质量。因地制宜推广微生物发酵、太阳能堆肥、厌氧沼气、黑水虻生物处理等模式，优化资源化站点处理模式，试验产出物资源化循环利用。

| 德　清　县 |

垃圾资源化利用赋能绿色发展

德清县紧紧围绕"全面提升城乡生活垃圾分类处理能力和水平"工作目标，以垃圾减量化、资源化和无害化处置为突破口，聚焦农村垃圾分类意识不足、分类处置不规范等难点，狠抓模式选择、宣传引导、收运处置、智能服务关键环节，打造农村垃圾分类与资源化利用县域样板，助力构建共同富裕美丽图景。2019年、2020年连续获得"全省农村生活垃圾分类处理工作优秀单位"，实现全县农村生活垃圾分类处置建制村100％全覆盖，资源化利用率100％，无害化处理率100％，回收利用率60％，建成省级垃圾分类项目处理村46个。

一、主要做法

（一）规划站点建设，逐步优化末端处置格局

按照"相对集中，合理分布"原则，德清县在主城区城郊建成城乡环境生态综合体示范基地1处、3个中心镇建成资源化利用中心3个、偏远农村建成小型化站点9个，先后投入运维费共720万元、设备（含扩容）费3 566万元，实现设备、人力、财政资源的使用效率最大化。

城乡环境生态综合体示范基地作为全省首处生态综合体，由德清县综合行政执法局、清华大学环境学院、农业农村部规划设计研究院、中国农业大学、北京中源创能工程技术有限公司等单位共同策划实施，内含垃圾资源化处理中心、肥料高值利用深加工中心、有机肥农业应用示范中心、垃圾分类宣传教育园、垃圾分类售卖间五大功能区，重新构建了新型的城乡垃圾分类全产业链循环模式。

（二）融合多元技术，全面提升资源利用水平

结合县域实际，因地制宜推广微生物发酵、厌氧沼气、黑水虻生物处理等多种易腐垃圾处置技术，秉持"满足当前、适度超前"的建设理念，推进末端设施能力建设，2021年易腐垃圾设计日处理能力达195.6吨，其中厨余垃圾

处置能力从 2018 年的 45.1 吨/日增加至 95.6 吨/日，处置能力两年间翻一番。

借助驻地高校资源优势，在康乾街道成立浙江工业大学垃圾分类产学研实践基地，聘请 5 位浙江工业大学相关领域专家学者组成垃圾分类咨询委"智囊团"，以"理论研究＋实践推广"的形式，深入探索垃圾无害化处理、厨余垃圾变废为宝等末端处置技术，不断完善末端处置工艺，提升资源化利用水平。

（三）聚焦运维监管，强化完善中端收运体系

以生活垃圾中端收运环节为工作重点，制定全县生活垃圾收运体系提升工作方案，全面梳理产废单位情况及清运车辆信息"两张清单"，目前 4 200 余家主要产废单位纳入监管，150 余辆 67 清运车辆完成规范化涂装、提示语音、车辆定位监管"三提升"，逐步推动生活垃圾收运体系监管工作体系化、规范化、智能化、法制化。

严格落实《德清县农村垃圾接驳点建设改造与日常管理工作标准》，推进农村垃圾分类接驳点提升改造工作，对标"五有二能一禁"建设要求，全县 180 个农村接驳点全部完成提升改造。同时属地镇（街道）同步制定并落实接驳点管理制度，进一步明确管理责任，落实管理责任人作业培训，全面提高农村接驳点日常作业标准与智慧化管理水平。

（四）立足机制体系，创新探索智慧管理模式

德清县全面实行农村生活垃圾资源化处理站点"站长制"，明确各站点运维管理三级责任人，夯实每层级责任人具体职责任务，县、乡、村三级共 39 名站长任职；聚焦制度建设、人员要求、设备维护、日常管理，出台《德清县易腐垃圾资源化利用站考核办法》，为建立易腐垃圾处置长效管理机制奠定扎实基础。

探索数字治理新模式，依托现代信息技术，在全省范围内率先开发建立农村生活垃圾分类智能管理系统，实现 13 个镇（街道）智慧化应用率100％，涵盖 137 个行政村 9 万余农户。在各垃圾分类收集点、资源化利用站安装视频监控 280 余路，市场化中标企业安装智能监管系统和过磅系统，实现垃圾资源化利用可视可控和垃圾分类智能闭环管理。

二、存在问题

1. 农户参与度不高，智能扫码需完善。农户对垃圾分类的重要性和紧迫性认识还不足，存在"不愿分"的问题。垃圾分类智能扫码系统目前还不够完

善，存在弄堂小巷无法扫码的问题。

2. 资金保障需增强，设施更新需加快。 目前资金来源主要依靠政府投入，财政压力较大，缺少社会资金进入的相关政策措施，对社会资金的参与缺乏有效引导，相应的人工工资和积分兑换礼品支出不断增加，再加上终端设备的运维费用，后期的资金压力较大。同时，垃圾分类处理方面的新技术得不到推广应用，设备设施落后。

3. 设备设施老化，维护频率较高。 建成年份较早的资源化处理站点，因为设备已开始老化并达到使用年限，出现成肥效果稍差、湿度偏大和维护保养频率增加的情况。

三、对策建议

德清县将进一步深化制度建设、聚焦长效管理提升分类实效，全方位推进生活垃圾分类工作高质量发展，以绿色人居擦亮乡村振兴底色。

1. 深化宣传教育，提高参与意识。 坚持培训先行，充分发挥媒体传播、示范基地的体验示教作用，以及"撤桶并点＋定时定点"劝导员、楼道长、网格长、志愿者等的指导作用，广泛向农户普及分类方法和标准。进一步科学、合理配置分类设施，尽可能地化繁为简，使分类更加省心省力。深化完善"积分制"等正向激励举措，分层次、分人群灵活制定积分兑换方式及商品，让参与积分兑换活动的选择更多、乐趣更多、受益更多，切实调动农户参与垃圾分类的积极性。以《浙江省城镇生活垃圾分类管理办法》和《湖州市美丽乡村条例》为依据，严格执法，形成震慑力、约束力。

2. 加强资金保障，加大技术支持。 建立"政府主导、社会参与、农民自筹"的资金筹措机制，加强对农村生活垃圾处理的资金保障力度，加快分类处理设施建设的进度。继续落实农村生活垃圾收费制度，按照多产生多付费的方式鼓励群众减少生活垃圾的产生量。培训农村垃圾分类技术骨干，积极探索智能化运维管理系统，实时在线监管终端站点运行情况，定期研究解决存在的问题，确保设备长久正常运行。

3. 整合站点资源，提高运行效果。 根据实际运行效果，结合现行设备老化等综合因素，建议部分站点停运。如考虑到 2020 年度新建成莫干山生态环境示范基地，将原运到莫干山的四合村生活垃圾利用站和后坞村资源化利用站的易腐垃圾运至该示范基地进行处理，四合村生活垃圾利用站和后坞村资源化利用站停用。

长　兴　县

聚力垃圾分类　打造全域美丽

长兴县地处浙江、安徽、江苏三省交界处，是浙江的北大门，县域面积 1 430 千米²，下辖 9 镇 2 乡 4 街道，户籍人口 63.45 万，其中农村人口 41.55 万。长兴县自 2016 年起实行垃圾分类工作，目前，已在 219 个村（居）、2 351 个自然村开展农村生活垃圾分类，农村生活垃圾分类处理率、资源化利用率、无害化处理率均达 100％，农户户分准确率达 85％ 以上；成功创建 10 个省级、44 个市级高标准农村生活垃圾分类示范村。2019 年、2020 年连续获评浙江省农村生活垃圾分类工作优胜县，2020 年被评为全国农村生活垃圾分类和资源化利用示范县。

一、主要做法

（一）优化流程，实现农村生活垃圾分类闭环运作

围绕"前端分类、中端收运、末端处置"三大环节做实做细，实现农村生活垃圾分类处理全县域覆盖、全流程管控。

1. 前端农户分类精准化。长兴县推行农村生活垃圾"四分法"，通过宣传、教育和培训，提高农村居民知晓度，培养其分类意识和习惯，实现村民愿分、会分、准确分。

2. 中端收集运输规范化。在农村公共区域撤销大垃圾桶和敞开式简易垃圾池，实行垃圾箱线框定位。按照"每 150～200 户配 1 名保洁员"的标准，配齐村级保洁员队伍，保洁员定时定点统一上门收集。同时，在集镇设置中转房，配备专职管理员，对中转垃圾进行日常管理，杜绝混收、混装、混运。全县 666 辆村级清运车辆和县级 36 辆大型清运车辆每天分类清运一次，规范有序作业。

3. 末端处理设施科学化。推出"户分类、村收集、就地资源化处理"和"户分类、村收集、转运集中处理"并行的方式。全县引入第三方民营资本，建立大型县域集中处理终端 1 座，并规划布局镇域集中处理终端 5 座。

（二）集中处置，打造农村生活垃圾分类新标杆

1. 依托规模企业打破空间界限。打破乡镇、行政村界限，集中力量办大

事，在全省率先建立以县域集中处理为主的农村生活垃圾处理新模式。如引入第三方建成易腐垃圾、其他垃圾集中处理中心各 1 个，日处理能力分别达到 350 吨和 750 吨。利用规模化企业的技术实力，解决原先农村生活垃圾处理专业性不强、效率不高、易产生二次污染等问题。采用国际领先的"预处理＋厌氧消化＋污水处理＋沼渣制肥＋除臭处理"工艺处置易腐垃圾（餐厨废弃物），有效避免了分散式、小规模处理点因技术能力限制而常产生的高浓度污水（化学需氧量最高达 12 万）、空气污染等二次污染问题。

2. 引入社会资本降低运作成本。引入社会资本建设规模化的垃圾集中处置点，再通过政府购买服务的方式进行垃圾末端处理，减轻供地和财政资金压力。如支持第三方资源利用有限公司处置农村生活垃圾范围覆盖 12 个乡镇（街道）159 个村居，总投资 1.1 亿元，建设成本全部由企业出资，后续运维费用（每天处理量约 245 吨，处理成本 215 元/吨）每年约需 1 922.64 万元，也由企业自行承担。县财政采用阶梯式付费，按照年平均日处理量 265 吨（含）以下每吨补助 228 元、266～310 吨（含）每吨补助 220 元、310 吨以上每吨补助 210 元的标准，向该公司支付垃圾处理费用，年均费用 280 万元左右，若由各乡镇分散处理，财政投入至少需要 350 万元，处置成本显著降低。

3. 充分加工利用，提升产出效益。借助规模化企业的专业技术能力，提升垃圾资源化利用、无害化处理效能，最大程度做到垃圾资源化利用。例如，餐厨垃圾处理产生的污水通过厌氧消化系统产生沼气，可用于沼气锅炉和沼气发电机等。如第三方资源利用有限公司对垃圾进行资源化利用后，主要产出餐厨废弃油脂、沼气、有机肥等三种产品，其中油脂、有机肥对外出售，沼气供厂内自用、发电上网及向周边其他企业供热。据调研，每 100 吨餐厨垃圾可产油脂 1～2 吨；沼气提纯可作为锅炉燃气，每吨餐厨垃圾可产沼气 90～110 米^3，每立方米沼气可发电 2 千瓦时；有机肥可用于园林绿化、农业种植领域，每 7 吨餐厨垃圾可产 1 吨有机肥。

（三）健全机制，激发农村生活垃圾分类工作活力

构建县、镇、村分层次、矩阵式的分级领导架构体系和"镇、村、片、组、户"五级联动的"网格化""党员＋"联户管理体系。深入推行荐优、抽样、末位的"分步督查"制度。营造晾晒比拼浓厚氛围，实行线上、线下"双晾晒比拼"制度，并引入"红黑榜"机制，实行"日查、周报、月考、季评"的全过程分期考核机制。注重示范引领，以点带面，首创"机制示范、户分示范、收运示范、处理示范、回收示范和运维示范"六大示范要求，分年度有序推进示范标杆村创建工作。

二、对策建议

末端处置的科学化是垃圾分类从粗放型模式向集约化、精细化模式转变的关键，为建立农村生活垃圾分类"大数据库"、推行数字化管理打下坚实基础，更是今后农村生活垃圾分类处理可持续发展的必经之路。综合前期遇到的困难，推进农村生活垃圾分类需做好以下几个方面：

1. 加强组织领导，提高思想认识。充分认识到末端处置工作的重要意义，从全局和战略的高度，增强做好垃圾分类处理工作的责任感和紧迫感，把末端处置工作作为农村生活垃圾分类处理甚至是改善农村人居环境、推进美丽乡村建设的重点工作和基础性工作来抓。

2. 建立监控平台，确保数据准确。参照农村生活污水运维平台的模式，建立县级层面的监控平台，通过互联网监控全县各中转站易腐垃圾量的情况，确保数据的准确性，助推农村生活垃圾分类减量化、资源化利用。

3. 配足人力财力，夯实基础保障。建立完善的中转站、处理站点人员管理办法，制定详细的工作职责，同时配套好政策，落实考核制度，确保有人干事、有人管事，解决好人员配置紧张的问题。

4. 严格督查考核，建立长效制度。将处理站点规范运行工作纳入农村生活垃圾分类处理工作的日常和月度考核中，定期或不定期开展明察暗访，防止数据统计弄虚作假、敷衍了事，考核结果与补助资金、示范标杆创建等相挂钩。

| 安 吉 县 |

创新分类模式　推进垃圾处理智慧化管理

安吉县下辖 8 镇 3 乡 4 街道，2021 年末户籍人口 47.43 万，其中农村人口 29.43 万。自 2003 年开展农村生活垃圾集中收集以来，安吉县的农村垃圾革命已持续 19 年的历程。安吉县不断探索和提高农村生活垃圾的精细化管理水平和处理能力，实现垃圾减量化、资源化、无害化，为实现全域美丽和"两山"转化奠定了良好基础。目前生活垃圾分类已实现农村全覆盖，惠及农户 11.8 万户，全县垃圾不落地实施村达到 176 个，占全部行政村 93.6％以上。

一、开展情况

因乡村发展规划，原站点已拆除，合并至 2019 年建设的站点。2017 年，建设 20 个资源化处理站点，2019 年，建设 40 个资源化处理站点。

2015—2017 年建设的资源化处理站点现有机械式快速成肥机器 18 台，沼气厌氧发酵池 1 个。2019 年建设的资源化处理站点现有机械式快速成肥机器 27 台（日处理能力 0.3 吨的 4 台、0.5 吨的 15 台、1 吨的 6 台、2 吨的 1 台、4.5 吨的 1 台），其他垃圾压缩处理机 5 台，沼气厌氧发酵池 26 个。目前 62 个资源化处理站点设备日均处理厨余垃圾 0.1～2.0 吨，现有设备均能满足日处理需求量。各资源化处理站点基础设施建设除古城村、荷花塘村、鲁家村、溪龙村还在提标改造中，其余均已建设完成，设备投入正常运行。

2016 年起，安吉县开始试点"定点投放、定时收集、定车分类运输、定位分类处理"的"四分四定"运作模式、镇村小微型就地资源化系统以及厨余垃圾机器制肥、沼气利用等处理办法。通过试点，总结了两种垃圾不落地收集模式，即"余村模式"和"上墅模式"，目前各资源化处理站点均有 1～3 名专职管理人员，负责站点运行设备投料、出料及台账记录。

二、存在问题

当前，农村生活垃圾资源化处理站点存在以下共性问题：一是资源化站点运维成本高。62 个资源化站点每年的运维成本在 6 万～18 万元（人工工资和水电费），而乡镇（街道）和县财政没有专项资金补助，完全靠村自行承担，导致各村管护站点主体性不强。二是采购程序复杂、耗时长。站点购置设备需完成整套采购程序，耗时较长，严重影响站点设施提升进度。三是土地审批难。资源化站点站房建设所需用地，以村级土地流转、租赁为主，很难将土地做备案审批。四是技术人员队伍薄弱。资源化站点的建设、管理等方面缺乏指导力量，资源化站点运行维护的专业管理人员难聘请，主要是资金保障不足和人员年龄结构偏大。

安吉县农村生活垃圾资源化处理站点存在以下问题：一是部分生活垃圾处理设备购买时间较早，无法实现在线监控。2019 年，省级项目村中部分新购置设备无法在线监控，2020 年 1 月 18 日，安吉县人民政府专门召开会议，要求全县项目村站点全部安装在线监控设备，并将对所有项目村进行督查和通报。二是部分处理设备运维管理不规范，出料、进料数据缺失。安吉县 40 个项目村，站点运维管理均移交第三方运维管理，运维管理单位在招工时因为站点的环境比较脏，工资也不高，难以招到合适的用工人员。40 个站点管理员大部分文化程度低、年龄大，50 周岁以上占 80%。对进出厨余垃圾的台账资料登记造册没有严格按照要求执行到位，有些甚至流于形式，一定程度上存在管理不到位的问题。三是部分站点竣工验收单缺失。部分站点由于工作人员更换导致部分资料丢失，针对这一情况，县要求完善站点台账资料，同时，将重新对完成整改的项目村进行验收。部分站点房由老旧房改造而成，没有竣工验收单。部分村在建设站点房时为节省建设费用，选择包清工、点工的方式，因此也无法提供竣工验收单。

三、对策建议

（一）加强组织领导

县农业农村局将坚持问题导向，加强组织领导，不断加强工作的统筹协调和跟踪督办。各乡镇（街道）均已建立工作专班，落实责任、积极主动，迅速将资源化站点整改提升到位。对按期无法整改到位的村，县农业农村局和县政府督查室将把责任落实不到位、整改工作不力的单位和个人上报县政府，进行问责。

（二）加强运维工作管理

鼓励第三方专业服务机构设立区域性运维管理部门，按照技术托管和总承包方式开展运行维护管理服务。定时定点开展垃圾处理和产出物或有机肥监测，做好垃圾分类和终端处理系统常态化运行的巡查维修、设备更换等工作。根据行政区划建立区域运维管理队伍，制订运维手册、操作规程和工作制度等。要加强员工管理，防止安全生产及环境污染事故发生。

（三）加强日常清洁维护

按照专业化、市场化的要求，构建第三方运维管理体系。加强站点的日常清洁工作，确保设施运行空间环境无臭气、无污水、无地面垃圾，定期消毒灭蚊蝇，无堆放杂物、无灰尘、无蜘蛛网、无异味，主体设备及附属设备状态良好，场地整洁。管理员每天须做好设备设施日常保养，严格按照规定对设备设施进行清洗、保养、检修。建立和落实定期保养制度，每月或每周进行定期设备保养，设备设施发生故障的，及时报修，报修一般要求及时响应，三天内排除故障。

（四）加强巡查管理

加强日常监督检查力度，乡镇（街道）建立健全站点建设、维护管理的监督检查和考核制度，加强对站点运维单位的管理。县定期组织对站点运维管理工作进行绩效评价并纳入美丽乡村长效管理考核；对管理缺失、环境卫生脏乱差、作用发挥不明显的，按照《安吉县中国美丽乡村长效管理办法》（安委办发〔2018〕83号）进行处罚。镇、村加强对第三方运维公司运行和管理的督查，第三方运维公司管理不到位，由镇村按照相关规定予以处理。

嘉 兴 市
扎实推进农村生活垃圾分类处理

嘉兴市开始农村生活垃圾分类处理试点工作，在全面实行农村环境"四位一体"长效保洁的基础上，通过单村自建、多村联建、县（市、区）域集中等模式，采用机械快速堆肥、微生物降解等工艺进行了一系列探索实践，于2018年底实现农村生活垃圾分类处理全覆盖，建立起"户分类、村收集、区域集中处理"的长效机制。全市已开展农村生活垃圾分类处理的村784个（部分已合并或转为城市社区），行政村覆盖率100%，共建设农村生活垃圾资源化处理站点70个，日处理能力562.6吨，日减量约364.9吨，户均减量约0.71千克，日均出肥41.27吨，累计投入建设资金约2.34亿元，切实提高了垃圾处理能力。

一、开展情况

（一）建设模式

1. 单村自建。嘉善县、海宁市作为首批省级农村生活垃圾资源化减量化无害化试点开始实施垃圾分类工作，各试点以建制村为主体，自行采购终端、自行运维管理，积极探索快速成肥终端设备的性能以及对有机垃圾的处理能力和效果。如海宁市首个试点村斜桥镇华丰村，投入资金80万元建成了占地180米^{2}的斜桥镇华丰村资源化处理中心，引进"绿色空间"天然有机垃圾处理机1台，日处理能力500千克。

2. 多村联建。嘉兴市针对单纯自建模式覆盖范围小、成本高、村级自行管理经验不足等问题，利用平原地区交通便利、垃圾运输成本相对较低的优势，创新采用多村联建模式开展资源化处理站点建设，实现了资源的有效整合及最大化利用。如嘉善县姚庄镇展幸村、横港村、丁栅村等14个行政村联合投入553万元建成了姚庄镇农村生活垃圾减量化资源化无害化处理中心，设计日处理能力10吨，实际平均日处理4.5吨，日均出肥

0.45 吨。

3. 县域集中。为解决机器快速堆肥工艺复杂、小型处理站点管理难度大等问题，南湖、桐乡改变单村自建、多村联建模式，由县级层面整合建设大型处理中心，集中解决全域面上可腐烂垃圾资源化处理任务。如南湖区投入1 500万元建成了南湖区农村生活垃圾（易腐）处理站，覆盖全域 34 个行政村（其他行政村已纳入城镇管理），受益农村人口 104 673 人，设计日处理能力30 吨，实际日处理 7.7 吨，日产有机肥 2.5 吨。

（二）处理工艺

1. 机械快速堆肥。通过物理粉碎、高效复合微生物分解、高温等加速方式加快可腐烂垃圾发酵成肥，一般出肥时间在 24 小时以内，出肥肥料约为可堆肥垃圾量的 8%～12%，经检查基本符合相关无害化标准。如深圳大树科技环保有限公司的可堆肥垃圾微生物快速处理技术是浙江省较为常见的处理技术。此模式工艺相对成熟、处理速度快，但能耗较高。

2. 微生物降解。常温下采用高效微生物处理技术进行好氧及兼氧微生物分解，使可腐烂垃圾降解为液体状态和少量有机肥料。此模式能耗低、噪声小，但出肥较少且废水有机质含量高。如微生物降解和污水一体化处理模式是平湖市最普遍的可堆肥生活垃圾处理模式。

3. 干热水解生物转化模式。通过湿热水解，将可腐烂垃圾经高温蒸煮进行病毒、病菌灭活后，三相分离成油脂、废水、有机物料，并将有机物料发酵后通过蝇蛆培养得到活性蝇蛆及有机肥。此模式产生的工业油脂和蝇蛆活体经济价值较高，但整体造价高，维护成本高，耗能、耗水高。如桐乡市恒易环保科技有限公司采用的干热水解生物转化法。

（三）运维模式

1. 主体自行运维管理。由镇、村建设主体自行聘请人员进行日常管理。如平湖市曹桥街道野马村生活垃圾分类管理站，该站点日处理能力 5 000 千克，由野马村聘请 2 名工作人员进行日常管理，年运维费用 8.8 万元。

2. 购买站点运维服务。通过市场化模式招投标委托专业公司承担日常运维管理任务。如嘉善县西塘镇金明生活垃圾资源化处理站，该站点日处理能力8 吨，委托第三方进行运维管理，年运维费用总额 53 万元。

3. 处理全程服务外包。通过市场化模式招投标直接购买可腐烂垃圾无害化处理服务，建设主体提供站点建设场地，承接方提供处理设备、管理人员、肥料处理等全程处理服务。如平湖市林埭镇新庄生活垃圾资源化处理站日处理能力 10 吨，年服务费用 117.8 万元。

（四）出肥利用

1. 制作商品有机肥。站点产出有机肥由运维企业回收或有机肥制作公司回收作为原料制作商品有机肥。如南湖区农村生活垃圾（易腐）处理站运维方嘉兴市稻盛肥业有限公司公司以 4 万元/年的价格回收出肥制作商品有机肥。

2. 赠送或奖励农户。站点出肥直接赠送给本地农户或以奖励形式发放给源头分类质量较高的农户，用于果蔬、花卉、苗木等的种植。如澉浦镇资源化处理中心、元通街道垃圾资源处理中心将出肥作为农村垃圾分类奖励，为分类好的农户发放有机肥领用券。

二、主要做法

随着农村易腐垃圾分类处理工作的不断深入，各地充分总结了试点工作开展以来工艺选择、运行维护、监督管理等方面的经验，不断在提升易腐垃圾资源化实效、处理终端稳定运行、运维管理成本控制等方面进行实践探索，逐步推进农村易腐垃圾处理工作向集中化、市场化、智慧化迈进。

（一）集中化处理趋势明显

结合嘉兴市农村交通便利、原有"四位一体"收运体系健全的优势和初代处理设备老化淘汰的契机，逐步淘汰单村自建、多村合建的零散处理终端，新建大型工厂化处理中心或扩建镇级处理中心进行集中处理，完善处理工艺，控制运维成本。2018 年，平湖市扩建钟埭街道垃圾资源化处理中心项目，位于钟埭街道钟埭村的 2017 年省级试点项目站点停运备用。2018 年底，位于新丰镇镇北村的南湖农村生活垃圾分类资源化站点建设完成并正式运行，全区 34 个行政村的易腐垃圾全部进行集中处理。桐乡市石门镇部墩村、河山镇庙头村、崇福镇御驾桥村等地的 9 个省级农村易腐垃圾资源化处理试点项目全部停运，仅剩下河山镇堰头村垃圾减量化资源化处理站仍在运行，全市 173 个村集中进行工厂化处理；此外，其他县市也有部分零散的资源化处理站点停运、并入附近站点或工厂化处理。

（二）市场化运行趋势明显

海宁市黄湾镇尖山村资源化处理中心因设备老化、维修成本高而停止运行。南湖区通过服务外包的形式新建了新丰镇丰北社区生活垃圾资源化处理站和余新镇幸福社区生活垃圾资源化处理站。在开展农村易腐垃圾资源化回收处理过程中，终端设备的维修保养问题已经成为影响资源化站点正常运行的主要因素，撤并由村级自行运维管理的小型资源化终端，通过市场化手段引进专业企业开展终端的运维管理、保障站点的稳定运行已经成为各地的主要选择。同时，在市场化模式的选择中，相对自行建设站点、采购设备、单独购买运维服务的常规模式，包括设备供应、出肥处理的全程服务外包的形式越来越受各地的欢迎。

（三）智慧化监管趋势明显

嘉兴市加快推动农村生活垃圾分类智慧化建设，推广"互联网＋积分"推进模式，建立智能数据系统平台，简化垃圾分类投放数据收集，通过积分兑换激发农民群众参与垃圾分类的主动性、积极性，有效提高了生活垃圾源头分类准确率，提高了终端出肥的品质；同时，探索垃圾分类投、收、运、处的全流程数字化监管，破解源头群众参与、运输去向监控、终端运维考核等难题，进一步完善了农村生活垃圾分类体系建设。如南湖区为农村生活垃圾分类量身定做的"垃非"系统，智能垃圾收集车集扫码、拍照、称重功能于一体，人工AI智能识别技术自动审核评分农户垃圾分类图片，手机 App 摄影自动记录风险隐患点现场照片、时间及位置信息，督查员、亭长、审查员三级工作人员及运维公司等管理内容自动收集汇总，分类袋、分类桶、分类亭、运输车辆、中转站、处理点等所有设施均有二维码进行常态化无死角监管，基本实现垃圾分类全流程的数字化监管，"垃非"系统被纳入 2018 年度全国县域数字化农业农村发展水平评价创新项目。此外，嘉善、平湖、海宁、桐乡等地也在推广使用金实乐、垃分宝等垃圾分类智慧化系统。

三、存在问题

（一）源头分类质量不高

虽然农村生活垃圾分类已经在全市面上铺开，但是农民群众参与垃圾分类的主动性和积极性仍然不高，加上农村空心化严重、日常居家以老年人为主，其对新事物的接受能力不强，长久以来形成的生活习惯难以扭转，导致源头分类准确率提升困难，需要投入大量人力进行筛拣，增加了处理成本，影响了出肥质量。

（二）站点建设运维投入大

由于农村可腐烂垃圾资源化处理站点建设空间需求大、高温发酵能耗高、日常管理人工多等原因，各地建设运维的资金投入压力较大。目前，全市各地累计已投入建设资金 2.34 亿元，且 70 个站点每年运维经费达到近 4 000 万元。

（三）终端出肥资源化价值不高

一方面，由于部分地方源头分类准确率依然不高，易腐垃圾中其他杂质较多；另一方面，易腐垃圾中餐余垃圾比例较高，目前的快速成肥工艺对高油高盐的处理能力不足，导致生产出来的肥料质量不高，多数只能免费赠送给农户种植花草或低价甚至免费由运维企业回收，难以产生较高的实际收益。

四、对策建议

（一）加强源头分类

充分发挥嘉兴"网格连心、组团服务"机制的作用，加强对农民群众的入户宣传指导；积极开展党员干部示范、在校学生"小手牵大手"等活动，引导、带动农民群众主动参与垃圾分类；积极推广"互联网＋积分"的管理激励模式，通过互比互评、兑换奖励激发群众的积极性，通过手机 App、网络平台强化源头分类的管理。同时，强化垃圾收集、运输等环节的监管，杜绝混装混运现象。

（二）健全回收体系

扩大可回收物商品目录，培育壮大再生资源回收龙头企业，探索建立县级综合资源利用中心及废旧商品分拣集散中心，提高可回收物回收量。完善回收站点布局，在所有农村快递网点设置绿色回收区，回收快递包装箱、包装袋；鼓励在村子周边、新社区等就地设立便民回收点，采用上门收取、以旧换新等方式回收再生资源，努力实现回收方式多元化。建立完善可回收物智能回收、定时定点回收、互联网预约回收等多元回收渠道，完善积分兑换机制，进一步提高农户分类积极性。

（三）强化出肥处理

不断改进、提高餐厨垃圾处理工艺，通过技术手段降低或去除有机肥中有害成分；强化出肥检测，在确保出肥各项指标符合标准的前提下，逐步推广有机肥在园林绿化、果蔬花卉种植中的运用，实现绿色循环；尝试对易腐垃圾进行再分类，餐余垃圾与其他易腐垃圾分开处理，规避高油高盐问题，如南湖区引进微生物水解设备对餐余垃圾进行单独处理，通过微生物将餐余垃圾直接水解冲入污水管网。

│ 南 湖 区 │
"垃非"系统提高分类处理工作效率

南湖区以农村生活垃圾分类处理引领"垃圾革命",经过全流程的数字化改造,量身定做融激励、考核为一体的农村生活垃圾分类处理"垃非"系统,实现对农村生活垃圾分类收集、清运、处理、资源化回收等全流程数字化管理,有效破解农户参与程度不高、分类准确率不高的难点,成功解决监管难、考核难的堵点,提高了垃圾分类的工作效率。南湖区农村生活垃圾分类大数据精细化管理项目成功入选 2018 年度全国县域数字农业农村发展水平评价创新项目。

一、主要做法

(一)开展农户激励措施的积分化改造,实现农户数据清

一是细化积分管理内容。南湖区制定了《嘉兴市南湖区农村生活垃圾分类积分管理办法》,要求农村生活垃圾分类处理 App 管理积分奖励,引导农户参与垃圾分类。农户均按片(组)进行实名录入,每户确定一名联系党员。拍照上传可赚取自查、被查和督查等积分;售卖可回收物,还可获得售卖积分和重量奖励积分。此外,可根据积分排名情况,获得相应月度、半年度和年度奖励积分。1 个积分等值于 1 分钱,所有积分都可到村里的积分兑换商店或者通过线上"积分商城"兑换日用商品。二是进行积分化管理。通过积分管理可直观掌握农户的参与和分类情况,辅以后进户上门宣传,优秀户每月张榜表扬,引导形成全民参与的良好氛围。"垃非"App 于 2018 年 8 月中旬投入试用,10月在全区推广,年底前基本实现农村全覆盖。目前全区 34 个村,共注册27 686 户,"垃非"使用率达 98%,日均投放率达 88.1%,日均自查率达57.6%,分类准确率约 90%,农户参与率、分类准确率稳步提升。

(二)开展运作体系的角色化改造,实现工作职责清

南湖区根据自身特点,制定了"一村一收、一镇一运、一区一处"的农村生活垃圾分类模式,并编制了《南湖区农村生活垃圾分类工作制度汇编》。汇

编包括 1 个操作意见、2 张流程图、3 个工作办法、4 个工作职责、5 项管理制度，对垃圾分类的各环节、单位、人员进行了全面细化要求和制度规范。同时通过角色化改造、痕迹化管理，确保各项分类制度有效落实。目前全区落实专职督查员 112 名、收集员 147 名、亭长 125 名、商户 47 个、党员 2 579 户。12 类常用角色在 App 中都有不同权限，通过 App 的指引就能简便地完成各自的工作。各角色各司其职，分工合作，又互相监督，形成一个有机整体。角色化改造让制度建设和软件配套有机融合，让整个分类体系既规范，又便于操作，一经运作便是常态运作。

（三）开展垃圾收、运、处的可视化改造，实现垃圾去向清

第三方收集、清运、回收、处理等的工作质量直接影响分类工作的成效。南湖区充分运用"互联网＋新技术"让"垃圾去哪儿了"痕迹化，对第三方的收、运、处等环节进行可视化改造。每一个分类袋、分类桶、投放亭、中转房和每一辆收集车都有对应的二维码，实现分类设施身份化。每次垃圾转移全部数据化，比如收集员每次收集必须对垃圾扫码拍照、清运员每次清运必须上传垃圾房照片并形成电子地图。同时对四类垃圾的收集处理量进行实时统计，电子报表可通过 App 进行展示。通过可视化改造，把垃圾分、收、集、运、处全过程变成一个透明化展示平台，在阳光下接受群众的监督。

（四）开展绩效考核的定量化改造，实现考核指标清

为建立垃圾分类长效机制，南湖区制定了"周督查、月通报、季考核、年度评优"和"荐优督查、随机督查、末位督查"相结合的考核办法。并针对不同的对象制定差异化的评分机制，开发电子台账，将考核要素指标化、定量化。农户和党员户通过分类积分进行排名，督查员通过督查率进行排名，第三方收集员通过工作率进行排名，各村根据户均分类积分、户均自查率、户均投放率、户均督查次数、准确率等积分指标和中转房签到率、投放亭签到率、审核率等运维指标综合打分排名，各镇根据所辖村平均分进行排名。无纸化改造既确保了考核客观、公正、权威，又把为基层减负的要求落到实处。

（五）开展支付系统的实时化改造，实现资金管理清

分类积分涉及千家万户，保证全天候海量支付的便捷性、安全性尤为重要。南湖区首创由政府、银行、回收公司、运维公司签署"四方协议"的方式，明确各方权责利，对支付系统进行实时化改造。成功打通银行支付系统和"垃非"积分系统，一方面实现农户积分实时消费、商家积分资金实时到账、回收公司积分实时支付的功能，最大程度地方便了各类用户；另一方面实现各

级政府和各类用户对积分和资金的严格实时监督,织密了资金流的监管网络,做到提高效率和降低风险的完美结合。目前累计下发积分约 5.5 亿分,最多的农户获得积分 33.6 万分,农业银行累计托管积分资金 620 万元,商户累计提现 337 万元。

二、对策建议

通过全流程数字化改造及应用,南湖区有效破解了制约农村生活垃圾分类的难点、痛点,并积累了"网格长联片、督查员联组、党员联户"的"三联工作法"等工作经验,丰富了乡村治理手段。下一步,将持续完善"垃非"系统,提高垃圾分类的减量化、资源化程度。

(一)进一步提高农户参与度

丰富接入的第三方平台,如线上苏宁易购、线下苏宁小店等,并定期开展积分兑换活动,拓宽平台积分的使用渠道。通过便民服务的打造,持续提高农户的使用率和活跃度。

(二)进一步提高工作效率

探索用 AI 智能精准评审识别替代人工审核员,提高分类照片的评审效率和公正性。探索用芯片识别替代二维码扫描,提高识别速率。探索用智能称重收集车取代普通电瓶车,降低收集员的工作强度。通过技术更新,持续提高第三方的工作效率和服务质量。

(三)进一步丰富基层治理手段

在"垃非"实名制的用户基础上,新增商户、企业、学校等单位和公共环境的监管新功能,将农村生活垃圾分类整建制创建、农村生活垃圾分类处理等工作整合进入系统,引导农户参与,探索农村人居环境整治的新抓手。

秀 洲 区

拓展处理工艺　提高垃圾利用率

近年来，秀洲区不断健全完善垃圾分类"四分四定"处理体系，在集聚小区、自然村落分别总结提炼"虹南模式""天福模式"等模式，创新六项制度，深入推进农村生活垃圾分类处理工作，取得了一定成效，农村环境整体面貌不断改善，农民生活品质持续提升。截至目前，实现分类处理工作行政村全覆盖，创建省级试点村 52 个、省级高标准示范村 5 个。

一、开展情况

秀洲区建设 9 个省级资源化处理站点，涉及 52 个省级试点项目村，覆盖全区 105 个行政村，覆盖村人口数 267 415 人。其中，8 个站点为改建或新建微生物发酵资源化处理站点，1 个站点为工厂化处理站点，9 个站点总投入 10 481 万元，设备投入 8 646 万元，其中包含省级资金补助 1 560 万元。对腐烂垃圾采用微生物发酵快速成肥、工厂化厌氧发酵处理两种处理工艺。

（一）微生物发酵快速成肥

秀洲区有 8 个站点采用微生物发酵快速成肥技术，拥有快速成肥设备 10 台，日处理能力 46 吨，平均日处理可腐烂垃圾 29.5 吨，平均年处理 12 万吨，平均年产出物 1 934 吨。微生物发酵快速成肥技术利用微生物菌和配套装置对有机类垃圾进行处理，选用一种由 23 个单体菌种组合成的复合菌群和有机垃圾一起投放到不锈钢锅槽体内，辅助加热后，菌群自身发酵，当加温保持在 60 ℃～80 ℃时，缓慢搅拌使槽体内的上部始终保持好氧菌所需要的养分，从而使高温细菌保持旺盛的繁殖力，快速发酵，最终把有机类垃圾快速分解，使其经密封快速发酵后生成约 10% 的有机肥料，并且同步对水气进行除臭净化处理。全过程没有污水和有毒气体排放。

微生物发酵资源化处理站点产生的渗滤液经过格栅粗滤之后，集中收集至沉淀池进行沉淀，沉淀后的污水抽入预处理设备，经过预处理之后进入污水管网至污水处理厂再处理。微生物发酵资源化处理站点产生的有机肥经过具有专业资质的检测公司检测，均达到国家标准，并且对周边环境无害，空气、污水达标排放。微生物发酵资源化处理站点生产出来的有机肥由站点进行服务外包，外包公司根据外包合同自行回收利用。如没有相关约定，则由周边的农户、果树种植户、花圃苗木户、蔬菜种植户等免费领用。通过一段时间的使用，广大农民普遍反映有机肥料对土壤、果蔬生产很有利，不但省钱，还能增产，使果蔬达到无公害标准。

（二）工厂化厌氧发酵处理

工厂化厌氧发酵处理是在一定的条件下，利用厌氧微生物的转化作用，对垃圾中大部分可生物降解的有机物质进行分解，转化为沼气的处理方式。垃圾转化成沼气后，便于输送和储存，热值高，燃烧污染小，用途广泛。厌氧堆肥具有工艺简单、不必由外界提供能量的优点，是一种成熟的垃圾能源化技术。

嘉兴市市级餐厨废弃油脂回收处理的正规资源综合利用企业，承担餐厨废弃物资源化利用和无害化处理试点项目及循环经济标准化国家试点项目。目前公司拥有 18 项国家专利（2 项发明专利、16 项实用新型专利）。获得 ISO 9000 质量保证体系、OHSMS 18000 安全管理体系、ISO 14000 环境管理体系等三大体系认证。采用湿热水解-两级高温/中温连续式厌氧消化技术，并集成分拣—破碎—制浆—沉砂预处理、油水固三相高效分离、沼气脱硫等关键技术的处理工艺路线，实现有机废弃物的综合利用。处理后生产的产出物：渣子密闭运输至嘉兴绿色能源有限公司焚烧，污水厌氧采沼气（外运至污水处理厂处理），油脂作为工业油脂。绿能平均日处理有机垃圾 300 吨（除项目村、覆盖村外，还处理来自全市的餐厨垃圾），平均年处理 109 500 吨，产出物平均年售卖金额 1 200 万元。

此外，就站点运维情况而言，9 个站点都由第三方进行运维管理，且运行良好。其中绿能在 2018 年 9 月底由秀禾集团收购 80％股权，在健全完善监督管理体制与长效工作机制下，进行国资控股模式的运营管理。9 个站点年运维总费用 4 521 万元，包括电费 225 万元、水费 22 万元、工作人员（280 人）工资 2 124 万元。除绿能外的 8 个微生物发酵资源化处理站点年运维总费用 334 万元，包括电费 70 万元、水费 7 万元、工作人员（20 人）工资 100 万元。

二、主要做法

1. 注重设施配套。全区将农村生活垃圾分为可腐烂、不可腐烂、可回收、有毒有害等四种模式进行处理。其中，对可腐烂垃圾采用工厂化处理和微生物发酵资源化处理两种模式。目前已建成省级资源化处理站点 9 个，日处理能力 546 吨。对可回收垃圾，新塍镇、王江泾镇、油车港镇委托保洁公司分片区建立再生资源回收点，王店镇、洪合镇通过招投标由第三方定时到各村收集，实现再生资源回收利用行政村全覆盖。对有毒有害垃圾，由村收集、镇统一委托具有环保资质的企业处理。对不可腐烂垃圾，按原"四位一体"保洁模式进行焚烧发电。

2. 强化督查考核。将源头农户分类准确率和资源化设备利用率作为考核重点，每季度向分类先进村与落后村分别颁发"红旗奖"和"蜗牛奖"，并向全区通报。

3. 创新工作方法。全区总结各村在推进过程中开展得好的工作做法，总结"虹南""天福"等模式，提炼三级考核打分、党员联系农户、"红黑榜"、积分兑换物品、网格化管理、定期台账收集等六项制度。

三、问题与对策

目前，存在的问题主要有：一是总体进度不平衡。村与村之间差距大，垃圾分类处理工作的奖惩、评分、村规民约等制度仅停留在纸上、墙上，考核奖励流于形式。个别村分类工作反复，存在垃圾未日产日清、垃圾桶破损未及时修缮更换、考核评比中断等现象。二是分类准确率待提高。部分农户对垃圾分类认知不足，主动参与度不够，对分类的要求不能正确掌握，分错类等现象较普遍。尤其是在外来人员居住密集的村，垃圾分类的参与率低，房前屋后环境较差，长效保洁能力有待提高。三是终端处理管理不规范。除绿能外，各站点运行管理台账都是手动记账，台账记录不全、不规范。部分微生物发酵资源化处理站点未按照堆肥流程设置功能区。各镇均未建立微生物发酵堆肥产品定期检测制度，且有机肥由周边农户免费领用，未建立系统的有机肥利用机制。

下一步，秀洲区将围绕"三步走"战略，对标六项制度，持续深入推进农村生活垃圾分类工作，巩固提升分类成效，进一步完善处理站点的运维管理，逐步打造由生活垃圾分类处置到有机肥生产利用的循环产业链，形成科学高效的运转体系，建立起资源利用长效机制。

嘉 善 县
源头分类减量　末端综合利用

近年来，嘉善县突出抓好农村生活垃圾分类关键环节，聚焦推进源头分类精准化、投放清运规范化、回收利用资源化、站点运维标准化、环卫保洁精细化，不断提升全县农村生活垃圾分类实效和管理水平，累计建成省级高标准生活垃圾分类示范村 18 个、省级五星级农村生活垃圾资源化处理站点 1 个，连续三年获评浙江省农村生活垃圾分类处理工作优胜县。目前，全县农村生活垃圾分类处理率达 100％，行政村智慧化收运覆盖率达 100％，农村生活垃圾分类平均准确率达到 91.11％。

一、完善分类处理机制

（一）常态化督查

嘉善县农业农村局组织人员每月对各镇（街道）开展农村生活垃圾分类处理资源化站点运行情况督查，随机抽查农户源头分类情况，并对督查情况进行通报，督查情况纳入当月重点工作排名和乡村振兴排名。

（二）智慧化监管

引进并推广智慧垃圾分类系统，采用"一码＋一卡"实现源头追溯更精准，对垃圾分类、收集、运输、参与率、准确率开展实时动态智能监管，有效提升源头分类质量。例如，惠民街道张汇社区创新实施了垃圾分类"一社区两模式"工作方法，通过引进智慧垃圾分类系统，实现了易腐垃圾和其他垃圾专人专车收运，在一个星期内垃圾分类准确率从 40％提高到 90％。

（三）长效化管护

通过不断实践，因地制宜探索出五种长效机制，如以银水庙村、洪溪村为代表的户比互评模式，以沈道村为代表的筹码积分模式，以横港村为代表的党员"双联"模式，以大云村、曹家村为代表的九星级文明户评创模式。

二、打造分类处理标杆

嘉善县农业农村局着力打造大云镇农村生活垃圾分类处理标杆，夯实源头分类减量，狠抓末端综合利用，实现源头充分减量，前端分流分类，中端四类分拣，末端综合利用。截至 2020 年底，大云镇生活垃圾分类覆盖率 100％，居民分类知晓率 100％，垃圾分类参与率 96.1％，分类准确率达到 97.72％。大云镇源头充分减量、前端分流分类、中端四类分拣、末端综合利用的生活垃圾"四分两减"模式受到各方好评。

（一）"便民监管"引导分类

大云镇梳理出"源头充分减量、前端分流分类、中端四类分拣、末端综合利用"的整体思路，打造分类投放、分类收集、分类运输、分类处理的"大蔚分类"线上监控模式。"大蔚分类"线上监控对大云镇居民生活垃圾袋实行扫码溯源。根据定时定点和散点投放点的垃圾分类情况，垃圾分类劝导员做好记录并在分类 App 上给予相应的积分。通过积分兑换礼品的方式，提高居民参与垃圾分类的积极性和主动性。大蔚分类平台链接智慧环保管理平台，对生活垃圾分类管理活动进行线上化和数据化管理，实时进行数据追踪。一是散点投放。大云镇根据实际情况，本着人性化和便利性的设置原则，在五个小区设立 11 个散点投放点，分类专职劝导员在各个小区巡检，对乱丢包等现象进行巡检，并抽检桶内垃圾分类情况，通过垃圾袋上的二维码对住户分类情况进行抽查。二是宣传入户。垃圾分类宣传督导员到商铺、企业和机关单位上门宣传督导，发放宣传资料、督导指导正确分类、纠正基础设施摆放要求、"三定六员"台账更新信息等。为了提高垃圾分类活动的知晓率和参与率，在社区、广场等地开展专项宣传培训活动。

（二）"四分两减"助力回收

大云镇坚持市场主导与政府引导相结合，形成政府推动、市场调节、企业运作、社会参与的再生资源回收机制，以多渠道回收与集中分拣处理相结合，提高废旧商品回收率，因地制宜相结合，有重点、有步骤地全面启动大云可回收物分拣中心。整个可回收物分拣中心占地面积 270 米²，主要收集大云镇共 12 个小区约 2 100 多户、300 多家商铺、200 多家企业、10 多个机关单位的可回收垃圾、有害垃圾，其中分拣区按照可回收垃圾和有害垃圾不同类目分为 10 个区域，并根据不同类目特性做了特殊设计处理。中心两名二次分拣人员根据平台数据情况合理安排运输，通过物联网管控平台大大提高了收运的工作效率，实现各回收支点与中心的信息共享。

（三）"快速成肥"资源转化

大云镇通过购买服务的手段，积极推行生活垃圾分类市场化运行，加大对资源化利用企业的政策支持力度。通过探索特许经营、承包经营、租赁经营等方式，公开招标引入专业化服务公司，推进专业化建设。为了进一步实现生活垃圾减量化、无害化和资源化，大云镇对易腐垃圾进行就近处置及资源化转化。对于垃圾比较集中的农贸市场，大云镇采用了 0.5 吨的易腐垃圾就地处置设备，使易腐垃圾微生物发酵处理设备高速运转，加速易腐垃圾处理，运营人员在分拣平台进行二次分拣，将易腐垃圾中混入的少量塑料、废纸等杂物分拣干净，待分拣结束后，易腐垃圾将经历离心粉碎、挤压脱水、烘干发酵等一系列流程，最终成为有价值的有机肥，实现农贸市场易腐垃圾就地资源化处置。

大云镇农村易腐垃圾进行环保处置，该处置点的生化处理机具备自动化、智能化、物联化等优点；易腐垃圾发酵采用微生物菌剂，处置过程无恶臭味和明显异味。通过物联网、互联网、云平台等技术，让处置点的数据和信息可视化。处理方案通过体系化规范化管理，高质量实现了"三废"零直排，对环境无污染，对人畜无公害。

平 湖 市

合理布局 规范推进垃圾资源化处理

平湖市通过单村自建、多村联建、服务外包等一系列探索实践，实现农村生活垃圾分类处理全覆盖。2018 年起，重点围绕农户源头分类准确率和资源化设备有效利用率，进一步控制增量、促进减量、提高处理质量。平均年处理易腐农村生活垃圾 2.3 万吨，切实缓解了全市垃圾处理压力。

一、主要做法

（一）科学谋划，合理布局，建立两大建设模式

1. 单村单建模式。曹桥街道野马村和钟埭街道钟埭村是平湖市首批省级试点村，经过多次考察和比对，两个村最终都采用了机器快速成肥模式。与山区相比，平湖地处平原地区，经济发达、人口密集、交通便利，生活垃圾产生数量较多，垃圾运输成本相对较低，机器快速成肥模式符合建设周期短、成肥速度快、操作简单、技术较为稳定的建设要求。同时，两个试点村实行村级自建自行运管，即以建制村为主体，自行采购终端、自行运输、自行管理。这一时期，平湖市主要探索快速成肥终端设备的性能以及对有机垃圾的处理能力和效果。

2. 多村联建模式。单村自建自行运管模式在运行一段时间后，取得了一定成效，但弊端也日益显现，如覆盖范围小、成本高、村级自行管理经验不足等。鉴于以上问题，2016 年，平湖市采取了多村联建模式，即一村建点、覆盖多村，新仓镇三叉河村和友联村是典型代表。新仓镇利用存量用房建设处理中心，向市场主体购买服务外包项目，即由企业提供机器快速成肥设备、操作人员和运维技术等，全面负责终端处置与资源化利用。镇、村以户为单位，配置一体双筒垃圾桶，引导农户分类投放。这样的运维方式，一方面可节省处置终端维修、管护成本；另一方面，也可解决基层专业人士欠缺的问题。多村联建服务外包模式，实现了资源的有效整合及最大化利用。目前，平湖市建有多村联建镇级农村生活垃圾资源化处理点 12 个，日均处理量达111.5 吨。

（二）结合实际，因地制宜，构建三大处理模式

1. 小型设备处理模式。小型机器处理模式一般日处理量为 500 千克。小型处理机器同时具备废气和废水处理功能，经检测，出肥肥料符合有机肥标准。小型设备操作方便，设置灵活，对处理站点空间需求小，对操作人员要求低，与村级管理契合度高。但是随着经济社会发展，农村生活垃圾逐年增多，小型处理机已不能满足日常处理需求。目前全市在用小型处理机器 2 台。

2. 大型设备快速处理模式。可堆肥垃圾微生物快速处理技术是浙江省较为常见的处理技术，一般日处理量 4 吨以上，采用多村联建镇设点运行模式。乡镇（街道）收集后的可堆肥生活垃圾装运至处理点，通过自动上料、物理粉碎后进入发酵仓。发酵仓通过投入高效复合微生物制剂（其中包含多种与有机垃圾分解相关的菌和恶臭分解菌）和加温（一般在 50 ℃左右），达到加快出肥速度的目的，一般出肥时间为 24 小时。出肥肥料约为可堆肥垃圾量的 8％～12％。出肥肥料经检测符合相关标准。设备同时具备废气和废水处理功能，废水处理后进入污水管网。"大树模式"处理速度快，环保无臭气，无噪声，能耗在可接受范围内（日处理量 4 吨级的机器，年耗电约为 8 万千瓦时），是一种相对成熟的可堆肥垃圾处理模式。

3. 微生物降解和污水一体化处理模式。微生物降解和污水一体化处理模式是平湖市最普遍的可堆肥生活垃圾处理模式。建有 11 个处理点，单个处理点日处理量 4～10 吨。此模式同样具备自动上料、粉碎、成肥等功能，出肥肥料经谱尼检测和中科检测符合相关标准。此外，该模式还具备如下特点：一是在常温下通过微生物分解有机垃圾，相对能耗较低；二是可堆肥垃圾非物理粉碎，也非发酵堆肥，而是通过好氧及兼氧微生物分解，处理产物为液态的分解液，相对出肥量较少且无噪声污染；三是配备远程控制系统，操作方便，可随时查看机器状态，投入可堆肥垃圾量和出肥量自动生成电子档案；四是设备出水一体化处理，采用高效微生物处理技术，占用空间小，运行成本低，确保废水经处理合格后排入污水管网。

（三）资源再生，变废为宝，出肥实现合理利用

经微生物分解产出的有机肥，主要由第三方公司统一回收，通过再次发酵处理，可供居民花卉和树木种植施肥使用，产生的少量渗滤液排入化粪池后经预处理，再排入污水处理设施处理后达标排放。此外，新仓镇资源化处理站点在垃圾处理过程中，就地取材，将本来当作垃圾的残次果和果皮，发酵为液态肥，走出一条安全、绿色、有机食品生产的循环利用新路径，取得了良好的效

果。按照水和酵素原液 500∶1 的比例稀释，对果树进行叶面喷洒，根据季节每星期或 10 天左右喷洒一次，原液中的残渣埋于果树下，用于根部追肥。通过施加酵素，土质得到改善，土壤板结少，有效分解了农作物中的有害残留，化肥成本及果树除虫农药成本均减少 50％左右。

二、存在问题

1. 从业人员队伍有待加强。农村保洁员平均年龄在 55 岁左右，文化程度普遍以小学为主，队伍年龄结构偏大，职业化、专业化程度亟待提高。

2. 肥料直接利用具有一定风险。根据检测，所有设备出肥皆符合相关标准要求，但肥料中依然含有微量重金属元素；同时，易腐垃圾中餐厨垃圾含量较多，造成生产的有机肥料中盐分较高，直接用于还田、还林等存在一定风险。

3. 资源化设备利用率受季节影响明显。相较于城市生活垃圾，农村生活垃圾具有有机垃圾占比大、含水率高、产量及成分易受季节影响等特点。尤其进入瓜果销售量大的夏季，收集量显著上升，加之市场、集镇、企事业单位食堂中的易腐垃圾及部分农业有机废弃物的进入，设备利用率增幅较大。

三、对策建议

（一）优化人员结构

进一步调整、优化操作人员队伍结构，适当提高工作人员福利待遇，招聘部分具备专业知识或者较高学历、能够操作计算机等电子设备的人员；定期组织专业知识、操作技能培训和安全生产教育，提高人员业务能力和自身防护意识；定期组织人员进行健康检查，建立员工身体健康档案，对不适宜继续从事该项工作的人员及时进行调整。

（二）加强站点管理

出台符合县级自身实际的农村资源化站点管理办法及考核办法，明确部门职责、运维标准、操作要求，建立健全"属地为主、条块结合、权责明确"的农村生活垃圾资源化处理站点运维管理机制。强化站点制度建设，落实完善安全上岗、规范操作、日常保洁、台账收集、应急响应等各项制度，强化设备日常养护，日常利用率严格控制在 80％～90％，严防超负荷运行；加强对设备运行中产生的污水、臭气的处理，定期开展废气废水及出肥检测，确保外排废水、废气及产出有机肥符合相关标准和规范的要求。

（三）强化出肥处理

督促第三方外包服务机构担负起肥料深加工处理的职责，利用多种技术手段降低或去除有机肥中的重金属；在处理餐厨垃圾过程中，建议用自来水对垃圾进行冲洗，使垃圾中大部分盐分随污水进入到污水管网，由污水公司专业处理，残渣进入设备进行发酵处理，以此降低有机肥中盐分含量。同时，强化出肥检测，在确保出肥各项指标符合标准的前提下，逐步推广有机肥用于园林绿化等，实现绿色循环。

海 盐 县

推进农村生活垃圾资源化处理

海盐县建设使用的省级农村生活垃圾资源化处理站点有 3 个，分别是元通街道垃圾资源处理中心、澉浦镇绿色资源化处理中心、通元镇三友村垃圾分类处理中心。项目覆盖 20 个村（社区），处理模式为机械快速成肥，日处理能力11 吨。

一、开展情况

元通街道垃圾资源化处理中心位于海盐县望海街道垃圾中转站内，设备主体厂房占地面积约 227 米^2。项目设备总投资为 81.99 万元（包括厨余垃圾处理设备和垃圾渗滤液处理设备）。项目厨余垃圾处理能力为 2 吨/天，垃圾渗滤液处理能力为 2 吨/天，覆盖 2 个行政村和 4 个社区，服务人口 2.1 万。厨余垃圾资源化处理站于 2017 年 6 月开工建设，2018 年 1 月底竣工并投入使用。元通街道垃圾资源化处理中心由望海街道办事处安排操作人员负责日常运行。望海街道垃圾分类工作已经铺开，工作人员通过专用车辆定时、定人、定路线收集各存放点的农村厨余垃圾，统一运至厨余垃圾资源化处理站进行集中处理。厨余垃圾采用层递式微生物快腐熟技术进行处理，每日可产出有机肥料100 千克左右，满足《农村生活垃圾分类处理规范》（DB33/T 2091—2018）和《有机肥料》（NY 525—2012）对肥料相关指标的规定，即有机质的质量分数（以烘干基计）≥30％，水分（鲜样）的质量分数≤30％，酸碱度（pH）为5.5～8.5，种子发芽指数≥60％，可用于周边园林绿化用肥，实现循环利用。

澉浦镇绿色资源化处理中心位于澉浦镇阁老山西侧，总用地面积 1 914.7米^2；建筑占地面积 393.81 米^2，其中垃圾分类用房 317.44 米^2，辅助用房76.37 米^2，固定建筑建设总投资 146.06 万元；机械处理设备（3 吨）2 台，投资 92 万元；平均日处理量约 1.5 吨，年处理能力 540 吨左右。覆盖 7 个行政村，服务人口 1.43 万。澉浦镇绿色资源化处理中心于 2017 年 7 月开工建设，2018 年 1 月底竣工并投入使用。

通元镇三友村垃圾分类处理中心位于通元镇三友村（原石泉垃圾站西侧）。

主要包括易腐垃圾处理场所及管理用房，建筑面积约 167 米^2，场地约 340 米^2，围墙约 52 米，并配套相应垃圾处理设备、垃圾分类处理配套设施，完成污水入网等工作，总投资 121.29 万元。2018 年 3 月初，工程完工并验收合格，安装易腐垃圾处理设备并完成调试，于 4 月初试运行，易腐垃圾处理工作惠及通元镇北片的 7 个行政村。

关于渗漏液的处置情况：澉浦镇绿色资源化处理中心位于阁老山原应急填埋场西侧，阁老山填埋场原为县级生活垃圾处置应急填埋处，建有一整套渗漏液处置设备，由嘉兴六承环保公司运行，填埋场渗漏液经设备处置后，纳入污水处理管网，避免了对周边生态环境的破坏。澉浦镇绿色资源化处理中心产生的渗漏液接管并入嘉兴六承环保公司进行处置。元通街道垃圾资源化处理中心的废水收集系统主要由固液分离废水收集装置、垃圾生物发酵底部排水收集管道、生物热干燥水汽冷凝收集装置和废气处理废水收集装置等部分组成。上述装置中收集的废水通过总管道引入废水收集池中，再经污水泵输送至渗滤液原位达标处理设备进行处理或预处理后纳入城市污水管网。通元镇三友村垃圾分类处理中心所产生的渗漏液直接接入污水管网。

关于产出物利用情况：海盐县省级农村生活垃圾资源化处理站点将生活垃圾发酵生成有机化肥，该化肥为无害有机化肥，主要用于果蔬、花卉、苗木等。澉浦镇绿色资源化处理中心、元通街道垃圾资源化处理中心将机械堆肥产出的有机肥作为农村垃圾分类奖励品，由各个行政村的保洁收集人员对自己所属片区农户生活垃圾分类进行考核，对分类好的农户发放有机肥领用券，从而调动农户对垃圾分类的积极性，处理中心工作人员对有机肥领用情况进行登记，将领用券回收。通元镇三友村垃圾分类处理中心将机械堆肥产生的有机肥除少数用于农户桑园、果蔬施肥，其余多用于该镇部分垦造耕地后续培肥，用于改善土壤结构，提升有机质含量，提高土壤肥力。

二、问题与对策

海盐县农村生活垃圾资源化处理站点在实施过程中，取得了一定的实效，但也存在一些不足，主要问题有：一是农村易腐垃圾分类处理设备一次性投入高，设备日常运行成本高，且易腐垃圾资源化处理设备多采用高温烘干方式，需经过 24 小时完成发酵后成为有机肥，设备运行能耗极高；覆盖村面广，分类收集运输成本较高。二是农户分类意识不足，导致处理站点工作人员进行二次分拣，延长了设备操作时间，增加了运营人工成本。三是机械快速成肥率普遍不高，随着老百姓生活水平的提高，农村易腐垃圾存在高油高盐现象，设备对高油高盐的处理能力明显不够，导致生产出来的肥料在实际使用过程中应用面较窄，资源化站点运行方只能将其作为免费肥料赠送，不能通过市场化来运行。

海盐县农村生活垃圾源头分类工作已全面铺开，农村生活垃圾四分类投放、收集设施、设备、长效机制都已全覆盖。下一步要加大分类宣传教育力度，提高农户分类投放自觉意识，特别是农村老年人和外来出租户的分类意识；保证资金投入，完善运行机制，强化监督工作，提高垃圾分类处置能力。

海 宁 市

推进农村生活垃圾分类体系建设

海宁市地处浙江省北部，杭嘉湖平原南端，东临上海，西接杭州，全市区域总面积 700.5 千米^2，下辖 8 个镇 4 个街道，总人口 66 万。海宁市按照浙江省、嘉兴市农村生活垃圾分类工作部署，不断完善分类处理体系建设，持续提升农户源头分类质量，有效提升农村生活垃圾分类工作实效和长效管理水平，取得了明显的成效。

一、主要工作

农村生活垃圾产生量呈逐年增加趋势。据调查，农村平均每天每人生活垃圾量约 1.25 千克，全市农村垃圾月产生量约 2 万吨，年产生量 20 多万吨。同时，随着农民消费方式的转变，生活垃圾的种类较以前也更为复杂，由过去易自然腐烂的菜叶、纸张、瓜皮等易分解的成分发展到塑料袋、快餐盒、废电池等许多不可降解的垃圾。这些垃圾若没有进行无害化处理，混杂在一起会释放出大量氨、硫化物等有害气体；同时，大量的酸性和碱性有机污染物，又将垃圾中的重金属溶解出来，直接影响了农村居民的生存环境。海宁市围绕减量化、资源化、无害化开展农村生活垃圾分类处理工作。

（一）建立与分类相配套的收运体系

完善农村生活垃圾分类相关标志，配备标识清晰的分类收集容器。改造村庄的生活垃圾房、垃圾转运站等，以适应和满足生活垃圾分类要求。更新老旧垃圾运输车辆，配备满足垃圾分类清运需求、密封性好、标志明显、节能环保的专用收运车辆。鼓励采用"车载桶装"等收运方式，避免垃圾分类投放后重新混合收运。建立符合环保要求与分类需求相匹配的有害垃圾收运系统。

（二）建立资源回收体系

健全再生资源回收利用网络，合理布局站点，提高建设标准，清理取缔违法占道、私搭乱建、不符合环境卫生要求的违规站点。建设农村生活垃圾分类回收和再生资源回收利用"两网融合"信息平台，建设兼具垃圾分类与再生资源回收功能的交投点和中转站。鼓励企业采用押金、以旧换新、设置自动回收机、快递送货回收包装物等方式回收再生资源。加快培育再生资源龙头企业。

（三）完善垃圾处理终端设施

大力推进易腐垃圾处理设施建设，建立健全易腐垃圾处理监督管理制度和体系，加强易腐垃圾成肥。加快危险废物处理设施建设，建立健全非工业源有害垃圾收运处理系统，鼓励支持有资质的企业进行回收处理，确保分类后的有害垃圾得到安全处置，基本实现农村生活垃圾资源化处理能力全覆盖。

（四）创新体制机制

积极探索特许经营、承包经营、租赁经营等方式，鼓励社会资本参与运营生活垃圾分类收集、运输和处理。乡镇（街道）通过"互联网＋"等模式促进垃圾分类回收系统线上平台与线下物流实体相结合，逐步将生活垃圾强制分类主体纳入环境信用体系。通过建立居民"绿色账户""环保档案"等方式，对正确分类投放垃圾的居民给予可兑换积分奖励。探索"社工＋志愿者"、党员联系户制度、指导员制度、"红黑榜"制度等模式。

（五）广泛动员社会参与

积极开展多种形式的宣传教育，普及垃圾分类知识，编制发放生活垃圾分类指导手册，让农村居民树立垃圾分类人人有责的环保理念，引导村民从身边做起、从点滴做起。强化垃圾分类教育，开展垃圾分类收集专业知识和技能培训，着力提高村民的垃圾分类、保护环境意识。建立垃圾分类督导员及志愿者队伍，引导村民分类投放。充分发挥新闻媒体作用，报道垃圾分类工作实施情况和典型经验，形成良好社会舆论氛围。

二、存在问题

（一）农村垃圾治理任务重

随着农村生活水平的不断提高，农村生活垃圾产量也日益增长，海宁农村日产垃圾量平均 700 吨，农村环境承受的压力越来越大，直接影响农民群众生产、生活条件的改善和农业农村可持续发展。如何创新垃圾治理模式，实现垃圾减量化、资源化综合利用，已经成为当前垃圾治理工作的当务之急。

（二）农民分类意识不强

受传统生产生活方式的影响，农民卫生意识淡薄，环境保护意识不强，虽然政府长期进行宣传引导，给每家每户配备了分类垃圾桶，但是还有部分村民将垃圾随意倾倒在路边、河边和荒地里，将可分解与不可分解、可回收与不可回收、有害与无害生活垃圾混为一体随意乱丢乱放，使得垃圾没有得到合理的分类回收和利用。

（三）资金压力大

农村生活垃圾处理需要大量的资金投入。虽然市、镇两级在垃圾处理上的投入逐年提高，但随着经济社会的发展，有偿服务成本的提高，以及农村生活垃圾分类等卫生保洁水平的提升，政府投入的经费远远不能支撑农村生活垃圾处理工作庞大的运行维护费用。受经费制约，相关的设施设备建设不够完善，保洁人员数量偏少、年龄偏大且工资偏低，从一定程度上影响了保洁质量和垃圾处理效果。

三、对策建议

（一）强化分类减量，注重源头治理

垃圾分类减量环节是减少垃圾处理量、降低垃圾处理运行成本的重要环节，对农村生活垃圾处理工作成效具有决定性作用。按照垃圾处理"无害化、资源化、减量化"要求，结合实际，立足源头，大力推进农户源头分拣、村街保洁员二次分拣的垃圾减量机制，要求村民在垃圾丢弃之前，尽可能地将厨余垃圾作为可堆肥垃圾投放，有用的垃圾留待回收，或者卖出。村保洁员负责收集农户的垃圾并进行再分类。再分类的垃圾，对于可回收废品、有机垃圾和无机垃圾，采取就近处理的方式，可回收垃圾出售给废品回收站进一步分选回收利用；草木灰、土渣和建筑垃圾用作填埋修路覆盖层；不可回收和不易降解的惰性无机物和有毒有害垃圾经乡镇中转后统一送至就近的垃圾填埋场或垃圾焚烧厂进行无害化处理。

（二）多方筹集资金，健全保障体系

资金问题是制约农村生活垃圾处理工作的重要因素，关系到环境卫生整治的长久和成败。因此，必须加大农村环卫工作经费投入，坚持政府主导、分级负担、多元筹措的指导思想，采取财政为主、收费补充、市场扩充方式。政府

要进一步加大农村环卫工作的经费投入，加大对农村垃圾治理工作的支持；按照"谁污染谁付费"的环保原则，对镇村居民、商家店面、企事业单位适当提高卫生保洁费，以补充农村环卫工作经费的不足；引导社会资本参与农村垃圾治理，鼓励采取政府与社会资本合作等方式将农村环卫作业中的经营性服务项目推向市场。社会资本参与农村美丽产业及乡村工业建设的，应承担相应的垃圾治理责任。

（三）加强宣传引导，提高村民意识

通过电视、报纸、网络、广播等媒体和进村入户等活动宣传垃圾治理要求、卫生文明习惯、村民参与义务等，提高村民对环境卫生的参与意识和责任意识，激发村民建设美丽乡村的主动性。结合美丽乡村建设、三改一拆、五水共治、四边三化等重点工作，将环境卫生整治内容纳入村规民约，并建立落实"门前三包"、文明家庭、优美庭院户等机制，动员村民美化庭院、清洁房前屋后、维护公共环境。引导村民养成文明健康卫生的生产生活习惯，营造人人知晓、人人参与的浓厚氛围。建立公众监督机制，自我管理，使全市农村自然环境得到根本性的好转。

（四）严格督查考核，建立长效管理制度

各级各部门既要各负其责，又要相互协调、相互联动，形成合力，共同推动农村垃圾治理工作。要将农村垃圾治理工作纳入日常和年度考核，定期不定期开展明察暗访，考核结果与补助资金相挂钩。要畅通网络、电话等投诉举报渠道，加强正面弘扬和反面曝光，大力推动农村垃圾治理工作发展。行政村要进一步完善生活垃圾治理日常管理机构，建立村党员干部包片、包户责任制，建立一支有责任心、劳动力强的农村垃圾保洁队伍。定期组织村保洁员开展培训，提高保洁员业务水平。制定保洁员考核机制，督促保洁员严格按照各项要求开展工作。要充分发挥村民小组组长、党员骨干、志愿者以及各类群团组织的作用，聘请义务监督员，常态化开展巡查，实时监督保洁员和村民行为，有效巩固垃圾治理成果。

| 桐　乡　市 |

创新收运处理方法　破解垃圾分类处理难题

桐乡市在农村生活垃圾分类行政村全覆盖的基础上，按照整建制推进工作要求，扎实推进农村生活垃圾分类示范村创建工作，目前 176 个行政村已完成市级创建，农村生活垃圾"四分类"收运体系已成功构建，形成"户分、村收、镇运、集中处理"模式，深化了农村生活垃圾"减量化、无害化、资源化"处置。全市共有 10 个省级农村生活垃圾资源化处理站点。

一、主要做法

（一）推进"政府＋公司"收运模式，破解收运难题

桐乡地处平原地区，交通便利，为配合易腐垃圾处置，创新实行"统一收集、集中处置"的运作模式，建设易腐垃圾处置线，推进易腐垃圾减量、资源化利用、无害化处理。

各行政村自行组建厨余垃圾收运队伍，并配置厨余垃圾专用收运车。村保洁员每天对生活垃圾进行分类收集和二次分拣，并将所收集的厨余垃圾以桶装的形式统一运送到村指定位置，由镇（街道）厨余垃圾收运员负责将各村收集的厨余垃圾以桶装的形式每天运到餐厨垃圾中转站。按镇（街道）开展收集暂存和中转工作，在全市分别建设 10 个具有智能化标准计量、垃圾桶及车辆清洁功能、收运暂存和集中转运的周转功能、臭气净化、实时监管、应急储存等功能的收集中转站，由政府监管、属地管理，组建收集队伍，以桶换桶收集易腐垃圾，短途收运到中转站，由处理公司负责中转站管理及转运处置工作，最终将所有易腐垃圾送入处理公司处置。

目前，处理公司一期具有 150 吨的易腐垃圾日处置能力，二期具有 50 吨日处置能力，2019 年 9 月初已全部正式投入运行。两条处置线的建成，完全满足了全市城镇及农村生活垃圾的处置需求，高效彻底地解决了桐乡市易腐垃圾处置难题。

（二）首创"物理＋生物"处置方法，破解处置难题

为了整合资源，合理使用技术创新，破解易腐垃圾集中处置难题，桐乡市

依托全国首创死亡动物无害化生物处理新模式——湿法化制生物转化法的优势和经验，创造性地开创了餐厨垃圾无害化处理方法——干热水解生物转化法。该工艺融合了干热水解和生物处置的优点，具有无害化、减量化、资源化等优势，还具有项目投资适度、布局科学合理、工艺技术创新、系统智能操作、生产高效洁净、水气环保共治等特点。该工艺将收集来的易腐垃圾初分离出塑料、竹木、玻璃、金属，再进行湿热水解，经高温蒸煮将病毒、病菌灭活后，三相分离成有机物料、油脂、废水，有机物料加入酵母菌发酵后作为蝇蛆的培养基，经蝇蛆彻底分解得到活性蝇蛆及剩余物，活性蝇蛆作为动物蛋白饲料或进一步研发，剩余物加工成有机肥；油脂作为工业原料；废水经沉淀后通过沼气厌氧工程处理，经消毒达标后排入污水管网；处理过程中产生的废气，通过收集系统，经光氧催化水吸式净化处理，达标排放。整个生产过程采用全密闭、微负压设计，臭气通过收集系统送至臭气净化区，由专用除臭设备净化处理，达标高空排放，实现水气环保共治。集中处理工艺的运用，使处理后的易腐垃圾各类成分都得到了有机利用，污水得到了有效治理，实现了零污染处置，处置后产生的有机肥经检测均达到有机肥各项指标，改变了以往分散式治理中存在的前端处置、处置后的有机肥因技术指标不达标而无人敢用形成"二次垃圾"的情况。

（三）坚持"政策+市场"运作方式，破解资金难题

桐乡市建立财政保障机制，对餐厨垃圾处理环节进行合理补贴。废弃物收集体系网络初始运行第一年，为确保企业正常运行的需要，政府给予企业餐厨垃圾处理保底补贴，按保底量每日 100 吨计算，超过 100 吨的，按实际计算。根据特许经营协议，处理服务费按 250 元/吨（不含收集费用）。现已启动调价机制，处理服务费单价根据第三方财务审计结果重新调整。为规范易腐垃圾中转、运输、处置管理，提高对易腐垃圾项目的监管水平，保障公众利益，桐乡市成立了考核领导小组，建立了对桐乡恒易公司易腐垃圾处置的监管体系，同时，把易腐垃圾处置过程中产生的其他垃圾的量控制在 10% 以内，并从易腐垃圾每吨处置费中提取 15 元作为考核费用，真正提高该公司易腐垃圾的处置效率和处置水平。

三级集中收运模式的运行，彻底防止了收集过程中造成的二次污染，实现了在降低车辆投入成本的基础上做到收集无死角，也通过集中处置，降低了处置成本（每吨易腐垃圾的处置成本由 300 元左右下降到 250 元左右），同时减轻了长期运营的资金压力，提高了财政资金绩效。油脂、有机肥等产品实现商品化经营，改变了目前垃圾处置单靠政府扶持的局面。

二、问题与对策

桐乡市农村生活垃圾分类处理存在的主要问题有：一是农村生活垃圾处理资源化处理站点处理量较小，对于生活垃圾分类要求较高，处理产生的肥料量比较少且含盐量超标，难以实现商业化可持续运作。二是由于各镇（街道）在领导重视程度、人口数量、产业发展等方面存在较大差异，分类工作开展不平衡的现象依然存在。三是虽然垃圾分类已经达到行政村全覆盖，"一户两桶"等设施设备和收运体系全覆盖，但垃圾分类处置的参与率和准确率偏低。

下一步，桐乡市将通过强化考核、月报制度和整改通报，统筹农村环境全域秀美工作，推进农村人居环境整治，开展以"三个清零、六个整治和两个提升"为重点的村庄清洁行动，强化农村生活垃圾收集、运输、处置不规范现象全面清零，进一步提高垃圾分类的知晓率和准确率。同时，加强农村生活垃圾分类教育和引导工作，因人而异、因地制宜采用多种教育宣传手段，宣传到户，指导到人，使生活垃圾分类知晓率达到100％，准确率达到90％以上。另外，市农业农村局继续安排专人至分类办集中办公，全力配合市分类办统筹开展全市农村生活垃圾分类工作，进一步提升集中进厂实效，完成洲泉镇后塘村、崇福镇店街塘村、乌镇镇陈庄村的省级高标准生活垃圾分类示范村创建任务。

绍 兴 市
稳步推进农村生活垃圾分类

绍兴市共有农村生活垃圾资源化处置站点 348 个（含处理农村易腐垃圾的厨余垃圾处理中心），设计日处理能力 856.8 吨。从区域来分，越城区 12 个，设计日处理能力 64 吨；柯桥区 1 个，设计日处理能力 200 吨；上虞区 11 个，设计日处理能力 164.8 吨；诸暨市 277 个，设计日处理能力 352.5 吨；嵊州市 22 个，设计日处理能力 25.5 吨；新昌县 25 个，设计日处理能力 50 吨。从处理模式来分，机器快速成肥处理站 94 个，沼气厌氧发酵处理站 182 个，太阳能堆肥处理站 72 个。2014—2019 年，共建省级资源化处理站点 90 个，其中 1 个为沼气成肥处理站，其余全部为机器成肥处理站。

一、开展情况

关于运维管理模式。农村生活垃圾资源化处理站点运维管理一般采用业主单位自营管理、"业主单位＋公司化"运作两种模式，业主单位为乡镇（街道）或村，且以业主单位自营管理模式为主。如在诸暨市 6 个采用"政府＋公司化"运作模式的站房中，省级农村生活垃圾资源化处理站点占 4 个，其中大唐街道、次坞镇、店口镇三个站点由政府提供场地，企业提供易腐垃圾成肥机器设备以及管理人员，开展后期管理运维工作。

关于产出物利用。采用太阳能堆肥、机器快速成肥这两种易腐垃圾处理方式，能产生大量有机肥，可用于周边蔬菜基地、苗木基地、果园、农庄以及部分农户免费或者低价有偿使用。如越城区鉴湖街道日产有机肥料约 100 千克，产出的肥料发放给各村农户用于耕地施肥、种花种菜，初步解决了农村生活垃圾就地资源化、减量化的难题，实现垃圾变废为宝、资源循环利用。而采用沼气厌氧发酵处理方式，在产生沼液、沼渣等有机肥的同时，还能产出供农户使用的沼气。据统计，接通沼气的农户每月煤气使用量可以减少近 70%，大大降低了生活成本。

关于运维成本。相对机器快速成肥模式而言，沼气厌氧发酵模式和太阳能堆肥模式的后续运维成本较低，沼气厌氧发酵模式运维成本主要为菌种投放费用、冲洗站房产生的水费、进仓管理人员工资以及站点设施维护费用，太阳能堆肥模式运维成本主要是消杀药水投放费用、站点卫生清洁费用、进仓管理人员工资、站点设施维护费用以及定期清理出肥的人工费用。而机器快速成肥模式在支付操作人员工资、水费、设备折旧费等基础上，由于高用电量、高维修成本等原因，运维成本位居三种模式首位，平均每个站房每年需投入 13 万元。

关于渗漏液处理。机器快速成肥处理站的渗漏液处理一般分为三种情况，如站点附近建有污水处理厂，则纳入污水管网进入污水处理厂；如站点附近有农村生活污水处理设施，则就近纳入农村生活污水处理设施；前两者都没有的，则采用厌氧处理＋土壤自然渗漏技术，经一体化玻璃钢厌氧发酵后进入土壤自然渗漏、净化。

二、主要做法

（一）加强制度建设，确保站点运维有章可循

根据《绍兴市农村生活垃圾分类处理三年行动方案》有关要求，建立市为监管主体、县（市、区）为责任主体、乡镇（街道）为管理主体、村级组织为落实主体以及第三方专业服务机构为服务主体的农村生活垃圾资源化处理运维管理责任体系。各县（市、区）要加强运维管理经费保障，确定运维管理模式，制订运行维护管理办法。如上虞区委托浙江大学联合当地城建规划设计院编制《上虞区城乡生活垃圾分类专项规划》，结合区农村易腐垃圾产生量对全区农村易腐垃圾资源化处置设施进行规划布点，有序推进设施建设。

根据《绍兴市农村生活垃圾分类管理办法》有关要求，明确资源化站点运维管理责任和处理规范，规定乡（镇）人民政府、街道办事处应当加强农村生活垃圾资源化处理站点设施的规划建设和运维管理，"农村生活垃圾资源化处理站点设施等运维管理情况，由农村生活垃圾分类管理工作主管部门会同环境卫生主管部门等进行监管""禁止擅自关闭、闲置或者拆除农村生活垃圾处置的设施、场所；确有必要关闭、闲置或者拆除的，必须经所在县（市、区）农村生活垃圾分类管理工作主管部门商所在地生态环境主管部门同意后核准，并采取先行重建或者提供替代设施等措施，防止农村生活垃圾污染环境"。

（二）加强实践探索，促进站点运维标准化规范化

1. 运维市场化。积极探索"政府主导、公开招标、合同管理、评估兑现"的第三方专业公司处理模式，鼓励环境服务公司等市场主体承担日常运维、专

业化处理工作。如诸暨市 2017 年对采用政府购买服务等方式引进专业公司专业处理模式的村，财政按覆盖服务范围内在册农户数，每户补助 100 元，要求专业公司需具备环保资质营业执照以及专业的处理设施、清运车辆及运行队伍。

2. 设施规范化。结合农村生活垃圾资源化处理站点新建改建计划，对原有终端设备未设置臭气处理、污水收集和处理等设施的，以及存在工艺落后、影响环境等情况的进行改造提升，共新建改建 93 个农村生活垃圾资源化处理站点，确保处置终端规范化。如越城区建立农村生活垃圾资源化处理站点运维管理"站长制"制度，有管理细则，内容具体，职责明确，同时在站点显眼处悬挂相关监督管理公示牌，附有岗位职责、垃圾处置流程、分类要求、日常管理制度等公示信息。

3. 运作安全化。进行安全培训，对现有农村生活垃圾资源化处理站点开展包括终端数量、使用情况及存在隐患等在内的摸排工作，建立管理台账，加强隐患管控，并委托安全咨询机构开展专业性安全检查，督促整改，确保处置终端使用安全。如诸暨市制定了《诸暨市农村生活垃圾处置终端（沼气模式）应急预案》，举行农村生活垃圾分类领域有限空间事故应急演练，提高镇村风险防范及应急处置能力。

（三）加强考核监督，确保站点运维正常有序

2019 年，全市组织开展以"一分两清三化"为重点的农村人居环境整治提升行动。在此基础上，2020 年实施农村人居环境整治提升常态化评估，市级聘请第三方定期对农村人居环境整治提升的实际效果开展调研评估，把农村生活垃圾分类作为重中之重（农村生活垃圾分类处理占 30 分，权重 30%），巩固扩大农村生活垃圾分类覆盖面，提高分类投放水平，健全完善垃圾分类体系，提升生活垃圾资源化利用实效。第一季度测评中，各区、县（市）随机抽查 4 个乡镇（街道），每个乡镇（街道）随机抽查 5 个村进行实地走访，共检查 24 个乡镇（街道）120 个村。嵊州市、新昌县以"一分两清三化"为抓手，对照第一季度发现的问题，着重解决其中影响村容村貌和生产生活的突出问题，及时建立问题清单，实行销号管理。

三、存在问题

（一）机器成肥设备故障较多

由于技术不成熟，设备使用一段时间后故障较多。站点操作人员由于专业技术不过关、责任心不强等原因导致分拣不到位，造成机器发生故障。例如小

骨头属于易腐垃圾，而大骨头则属于其他垃圾，一旦大骨头投入制肥机器，很容易损坏设备。

（二）机器快速成肥模式运维成本过高

站点人工工资、水电费、设备维修费等运维成本较高，单村单建站点一般年均开支在 8 万～10 万元，镇级合建站点一般年均开支 20 万元以上，其中电费每个站点每年需 2 万～3 万元，部分甚至达到 5 万～8 万元，村集体经济负担较大。另外，由于设备故障较多，且很多已过质保期，维修成本也不容小觑。

（三）缺乏有机肥售卖渠道

机器成肥设备产出的有机肥由于含盐量过高，一般只能用于花草种植、果蔬栽培、绿化养护等，无法用作水稻等粮食作物种植，因此使用途径比较受限。且由于售卖渠道缺乏，有机肥去向基本为镇村内专业合作社和部分农户免费或者低价有偿使用，无法形成稳定的产业链。

四、对策建议

（一）提升源头分类质量

受源头分类质量不高影响，绍兴市市级资源化处理站点在一定程度上存在"吃不饱"现象，目前农村易腐垃圾实际处置量在 500 吨左右，约占处置能力的 60%。终端设施到位是垃圾分类的关键，而分类投放正确是垃圾分类的难点。要从村干部、党员、村民代表等重点对象着手，健全源头追溯、网格管理、计分奖惩等分类管理机制，带动广大群众共同分类，2020 年计划创建市示范村 50 个、示范片区 6 个，择优创建省示范村 20 个，到年底确保分类准确户占 80% 的分类准确村比例达到 20% 以上，坚持"狠抓一批、巩固一批、提升一批"，到 2022 年分类准确村比例达到 60% 以上。

（二）推进处置站点建设

以县为单位，编制县域农村生活垃圾分类处理专项规划，统筹规划农村生活垃圾投运设施、中转站、处置站点等配置，构建农村生活垃圾"全链条"处理系统。因地制宜推广微生物发酵、太阳能堆肥、厌氧沼气、黑水虻生物处理等模式，在已建农村易腐垃圾处置站点的基础上，按照集约化、多元化、规范化要求，精心规划、精确布点、精选工艺，规划建设农村生活垃圾资源化处置站点，新开展 71 个省项目村建设，新增 21 个农村生活垃圾资源化处理站点，新增日处置能力 59 吨。

（三）健全运维管理机制

依据浙江省关于加强农村生活垃圾资源化处理站点设施运行维护管理的意见，结合工作实际，出台市级指导意见，组织各区、县（市）制订县级管理办法，建立村镇管理体系，实行农村生活垃圾资源化处理站点"站长制"，加强运维管理经费保障。继续探索"业主单位＋公司化"运作模式，鼓励各镇村采用委托管理模式，整体打包或单村聘请第三方专业机构对资源化处理站点开展运维管理。加强业务培训，组织各地对农村生活垃圾资源化处理站点管理人员和操作人员开展培训，进一步提高站点管理人员和操作人员的职业素养和专业技术能力，确保站点建立标准化管理制度，有专人管理操作，运行正常安全，工作管理台账齐全。

（四）集约化整合提升部分站点

对达到服务年限的站点设备进行报废、更新或提升，根据实际情况科学合理地整合部分单村单建的站点，实行集约化集中处理，整合站点管理操作人员、设施设备，节约日常开支，降低运维成本，减轻村集体经济负担，进一步提高站点的效率效益。

（五）拓展易腐垃圾资源化利用渠道

与高校、科研机构合作，提高垃圾资源化利用率，增加产出物附加值。通过市场化运作，引入第三方专业公司，拓展易腐垃圾资源化利用渠道，建立易腐垃圾资源化利用产品销售网络，探索可循环的易腐垃圾生态产业链，提升垃圾再生价值。

|越 城 区|
围绕"三化"提升农村生活垃圾分类成效

越城区围绕生活垃圾"减量化、资源化、无害化"目标，以提高知晓率、参与率、准确率"三率"为重点，进一步配套完善以法治为基础保障、多部门协同联动、全流程精细把控、主节点攻坚克难的推进机制，有力地推进了农村生活垃圾分类工作。

越城区实有行政村 158 个，其中原越城区行政村 138 个，滨海新区行政村 20 个，农村生活垃圾分类覆盖率达到 100%；全区已有 5 个村实施智能化分类管理，累计创建省级高标准示范村 7 个，市级高标准示范村 5 个。基本形成了以"政府主导、部门负责、镇（街）村（居）落实"的垃圾分类投放体系，以"部门协同、涵盖全域、考核推进"的源头减量体系，以"环卫为主、结合第三方"的垃圾分类收运体系，以"焚烧、资源化处理站点及餐厨垃圾处置设施为主"的垃圾分类处置体系。群众垃圾分类的观念和意识逐渐形成，从"不想分""不会分""分得差"，正在逐步向"我要分""这样分""分得好"转变和进步。农村居民反映垃圾分类的问题和建议数量大幅度提升，特别是自发志愿参与垃圾分类工作的热情急剧增加。

一、开展情况

越城区省级农村生活垃圾资源化处理站点共有 4 处，分别是富盛镇富盛村垃圾减量化处置站、鉴湖街道王家葑村垃圾减量化处置站、鉴湖街道丰乐村垃圾减量化处置站及建设中的皋埠街道生活垃圾综合处理站。

富盛镇富盛村垃圾减量化处置站坐落于富盛镇富盛村，位于西上线南侧，项目村 7 个，分别是富盛村、倪家娄村、夏葑村、辂山村、乌石村、上旺村、青马村。该站点主要服务富盛镇 14 个行政村的易腐垃圾处置，服务农户数共计 7 410 户，设计日处理有机垃圾量 2 吨，实际日处置量 27 桶（120 升分类垃圾桶），约 1.25 吨/日，通过物理或其他方法使物料脱出水分，并将物料和废水有效分离，加热使物料中的湿分（一般指水分或其他可挥发性液体成分）汽化逸出，以获得规定含湿量的固体物料，再通过生化处理等综合处理技术，将压榨和分离后所得的油脂（地沟油）和残渣转化为可利用的资源，从而实现易腐垃圾资源化处理。产出有机肥料约 650 千克/天，用于园区绿化、有机蔬菜、果园种植等，或者进行深加工制成有机复合肥。由于富盛镇为山区乡镇，种田村户较多，资源化处置后的有机肥料经实践效果较好，目前基本上由当地农户收集后用于日常耕作施肥使用，实现资源的可持续利用。

鉴湖街道王家葑垃圾减量化处置站坐落于鉴湖街道王家葑村，项目村 4 个，分别是王家葑村、玉屏村、坡塘村、骆家葑村，主要服务 4 个项目村的易腐垃圾处置，服务农户数共计 3 672 户。鉴湖街道丰乐村垃圾减量化处置站坐落于鉴湖街道丰乐村，项目村 4 个，分别是丰乐村、谢墅村、上谢墅村、南池村，主要服务 4 个项目村的易腐垃圾处置，服务农户数共计 2 844 户。鉴湖街道两个站点设计日处理有机垃圾量为 5 吨，实际日处置量约 2 吨，对收集的可腐烂垃圾进行粉碎、脱水处理，再利用微生物高温好氧发酵技术进行高温发酵，将垃圾处理为有机肥料，渗漏液接入污水管道，处理达标。日产有机肥料约 100 千克，产出的肥料发放给各村农户用于耕地施肥、种花种菜，初步解决了农村生活垃圾就地资源化、减量化的难题，实现垃圾变废为宝，资源循环利用。

皋埠街道生活垃圾综合处理站位于皋埠镇独树村，项目村 20 个，覆盖人口总数 10 880 人。采取快速微生物发酵技术处理易腐垃圾，设计易腐垃圾日处理能力 18 吨，可满足全街道易腐垃圾日处理量。总用地面积 2 315 米²，新建垃圾分类生产管理用房、垃圾处理用房等总建筑面积约 800 米²，配套建设雨污水、供电、绿化等场外工程，已完成立项、规划、建设项目用地审批等工作。

资源化处理站点运维的主要做法有：一是建立管理制度。建立农村生活垃圾资源化处理站点运维管理"站长制"制度，有管理细则，内容具体，职责明确，同时在站点悬挂相关监督管理公示牌，包括岗位职责、垃圾处置流程、分类要求、日常管理制度等公示信息。二是加强设施管理。确保场所内分类垃圾桶、处置设备等设施设置到位、完好无损，整体环境和设施整洁有序，场所安全规范运行。三是加强人员管理。站点配备相应运维工作人员，明确工作任务、责任、权利等内容，同时加强对工作人员的培训和日常管理。四是加强产出物去向管理。科学划定农村生活垃圾资源站点属地村域，保证农村生活垃圾资源站点有足够的垃圾处理量。加强快速成肥机器成肥生产、成肥检验等制度建设，制定农村生活垃圾分类处理运行管理制度，全程监控成肥，动态管理分类处理。建立产出物去向台账。

二、主要做法

（一）规划引领，统筹谋划，进一步增强分类工作的科学性

注重规划引领，出台政策法规，编制了《越城区城乡生活垃圾分类工作实

施方案》，谋划垃圾分类工作，提出了"一年补短板、两年抓提升、三年见成效"的目标。同时，进一步规范源头减量的重点和垃圾分类各环节要求，制定相关规范标准，对分类桶、袋等投放设施进行统一标准化配置，明确了分类覆盖率的具体标准。

（二）积极探索，大胆实践，进一步提高群众参与度

建立由村（社区）干部、联村（社区）干部、乡镇街道领导担任的三级"网格长"体系。在实施垃圾分类的村内建立"网格长"公示牌，分级制定"网格长"工作职责，加强上下级"网格长"的日常监督，确保层层压实责任。推行垃圾分类积分制，利用"二维码"可溯源等智能化管理手段，对每日垃圾分类情况进行评分，积分可到村（社区）和商家兑换物品。同时，积极探索家庭分类荣誉榜、分类管理户长制、干部包桶制、党员居民代表义务督查联系制等一系列有利于促进分类工作的方式方法。

（三）加大投入，加快建设，进一步加强生活垃圾运维力

提高配套设施建设水平，通过督查、通报、约谈、考核等方式推进生活垃圾分类、处置设施建设。农村垃圾处置中心（站）累计建成 12 处，装机日处理设计能力达 64 吨，基本实现农村易腐垃圾就地处置。同时扩大可回收物和有害垃圾回收覆盖范围，形成一分到底的分类机制，构建"点、站、中心"全覆盖、立体式的收集处置体系。

（四）宣传引导，营造氛围，进一步扩大社会影响力

行政村按要求开展"五个一"活动，即每个村配备一组宣传公示栏（荣誉栏）、一批宣传海报、一支宣传员（培训员）队伍、居民人手一册宣传指导手册、投放点设一块引导牌。实行垃圾分类以来，越城区积极组织机关干部、义务宣传员、志愿者等上门入户进行手把手指导宣传，开展各级各类生活垃圾分类知识培训，制作和分发生活垃圾分类指导手册、宣传画报和横幅等。宣传发动各类媒体，与电视台、电台、报纸等各类媒体开展全方位宣传合作，运用微信公众号等新媒体开展宣传普及工作，做到了主流媒体"每日有宣传、每周有报道、每月专栏成系列"。

三、主要问题

1. 思想认识不够到位。垃圾分类是一个长期渐进的过程，要想在短时间内改变村民的生活习惯还难以实现。从目前垃圾分类投放情况看，还存在分类

意识薄弱、分类质量不高和自主配合度不强等诸多问题。

2. 终端技术有待提升。垃圾资源化处理终端设备缺乏国家标准和行业标准，技术工艺的成熟度、设备运行的稳定性缺少相关的检验标准，处理工艺不成熟、功能不全面、运行不稳定等问题不同程度存在。

3. 运维资金压力较大。农村生活垃圾分类工作资金以财政投入为主。实行垃圾分类后，村垃圾分类分拣员人数增加、工作量增加，相应支出也不断增多，再加上终端设备的运维费用，后期的资金压力不断加大。

四、对策建议

1. 加强宣传引导。采取多项措施，向群众普及垃圾分类的知识，提高群众对美好居住环境的忧患意识和保护意识，机关干部、党团员带头，人大代表做表率，共同支持和参与农村生活垃圾分类处理工作，开展生活垃圾分类宣传活动，共同营造浓厚的农村生活垃圾分类工作氛围。

2. 加强技术支持。进一步加快设施配套，提高垃圾收运处置能力。培训农村垃圾分类技术骨干，积极探索智能化运维管理系统，确保设施长久正常运行。

3. 加强资金保障。要建立"政府主导、社会参与、农民自筹"的资金筹措机制，增强对农村生活垃圾处理的资金保障力度，落实好农村垃圾分类处理的专项资金。同时要积极引导社会资本参与农村生活垃圾收集、清运和处理设施运维，积极探索建立农村生活垃圾处理收费制度。

| 柯　桥　区 |

探索"三化"推进　打造农村垃圾分类标杆

　　柯桥区通过抓机制、抓建设、抓发动，加强垃圾分类处理设施设备的配置，不断扩大分类处理工作的覆盖面，形成"精准化分类、生态化处置、融合化治理"于一体的农村生活垃圾分类工作模式，农村生活垃圾分类处理双"零"目标提前实现，农村环境卫生得到改善，生态效益、社会效益突显。

一、科技赋能"精准化"，创新垃圾分类体系

（一）"一图一码一系统"抓源头分类

　　"一图"，即一张网格图。设立村干部党员代表为网格长，管理监督各督导员、宣传员对网格村民及外来人员进行垃圾分类宣传、督导，督导员日常巡逻网格内分类准确与否。"一码"，即一个二维码。每户建立一个二维码，督导员手机扫一扫就可以对该户每日分类情况评价打分，并将情况上传数据库。"一系统"，即投放点智能垃圾分类系统。可拍取易腐垃圾图片再进行智能 AI 识别，系统可自动识别易腐垃圾是否合格投放，并及时评价反馈，有效提高投放准确率。

（二）"一支队伍"抓中段收运

　　通过政府购买服务的方式，建立一支专业、规范、有序的标准化收运队伍。分类车辆、人员参照"四分法"配置，到各投放点位采用"桶换桶"方式统一收运，保证日产日清。同时规范设置车辆视频装置、分类标志标识和人员服装，通过统一调度管理，实现垃圾"不见面、不落地"，作业标准、规范，提高了收运效率，有效避免收运过程对环境造成的"二次污染"。

（三）"一个平台"抓全程监管

　　遵循"用数据说话、用智能管理、用科技创新"的原则，强化顶层设计，充分运用区块链、云计算、大数据等新一代信息技术，建设生活垃圾分类综合智能管理平台，以实时获取前端投放、核心收运、末端处理的有效数据，并根

据指标及时自动预警。监管平台实现数据的互联互通，向上可对接省、市平台，向下可实现乡镇（街道）、社区数据的收集，同时横向又与智慧环卫、末端处理及环保系统和城管系统实现数据交互，多方面、多维度实现全过程科学监控、长效管理。

二、垃圾处置"生态化"，构建资源再生体系

（一）宣传引领，构建节约型社会

提倡垃圾分类减量先行，以全区行政村 100 个再生资源回收站点为载体，开展农村垃圾分类宣传工作，引领绿色健康环保的生活方式。结合村级党建活动，开展"光盘行动""限塑行动"一系列主题活动，倡导循环利用厉行节俭。鼓励村民循环使用布袋子，践行绿色环保，同时提倡自带菜篮子购物，让使用菜篮子、布袋子成为一道风景线、一种新时尚。

（二）加强分拣，提高回收利用率

全区行政村 100 个再生资源回收站点通过积分兑换和稍高于市场价回收的方式，吸引村民参与生活垃圾分类。同时保证对织物、玻璃等所有低价值物品进行兜底回收，极大激发村民的参与热情，努力在源头实现减量化、资源化的终极目标。第三方综合服务进驻开展入户宣教和桶边督导，实行现场分拣，重点将各类低价值的玻璃、金属、塑料、纸张、织物等可回收物全部分拣回收，实现减量目标的同时，提高资源利用率；同时采用督导员巡检模式，引导居民正确分类、规范投放，并协助做好二次分拣工作。通过源头分拣，最大限度实现资源回收，有力推动处置末端的合理配置。

（三）处置提升，资源化运用再升级

柯桥区"四分法"垃圾各有出路，已基本实现资源化、无害化处置。2016年底，柯桥区易腐垃圾资源化处置中心建成运行，全区易腐垃圾得到统一有效处置，易腐垃圾运送至处理中心，经"精细预处理"后，分离无机物后的有机物进行厌氧发酵产生沼气，用于生产生活。其他垃圾统一运至绍兴市循环产业园进行焚烧处置。可回收物按不同类别运送至不同厂家进行回炼加工，资源再用。有害垃圾运送至有资质的处置企业进行科学无害化处理。目前正在建设的装修垃圾、建筑垃圾、园林垃圾、大件垃圾资源化集约处置项目，将采用碳化工艺，解决全区这些棘手垃圾"无处去"的难题，真正实现资源化运用。

三、基层治理"融合化",打造多元管理体系

(一)探索契约型共建模式

建立健全垃圾分类的契约化管理体系,把村居的人力、服务资源用签订"契约"的形式贯通起来,为垃圾分类工作服务,并培育一批规模化、专业化的运营主体;制订垃圾分类公约,通过逐户签订"契约"的形式,督促立下"军令状";创新开展党群联建活动,充分发挥村干部、党员、村民代表"三类人员"及乡贤作用,使垃圾分类的管理触角向纵深延伸。构建共商共建共治共享的基层治理体系,将垃圾分类工作与"五星3A"① 创建、美丽乡村建设等结合,打造"融合化"基层治理模式。

(二)打造多元型工作格局

充分发挥基层党组织作用,建立党建引领、村(居)民自治、村(居)委协调、村监委、物业参与"四位一体"的基层工作推进机制。夯实党组织"战斗堡垒",在社区垃圾分类达标考核中,将居民区党组织发挥作用情况纳入考核体系,推动居委会、业委会、物业服务企业发挥各自优势,同抓共管;采取一类型、一办法和一村(小区)、一方案,充分发挥基层治理在推进垃圾分类中的积极作用。如实行党员联系制度,由每位党员联系 10 户左右农户,定期走访农户家中,负责联系、培训、监督每户的垃圾分类工作,及时处理垃圾分类遇到的问题,以党员带群众,带动全村上下共同参与。

(三)健全网格型监管体系

建立网格员责任包干制度,根据实际划分网格,网格员每天巡查垃圾分类投放点,对错分、不分等问题及时发现及时处理;实施户长制、专员监管制,落实户长一人一监督岗(垃圾分类投放点),对分类垃圾桶分类率负责。全面推进考核化监管,把垃圾分类与村民福利挂钩,每月开展垃圾分类质量评比,建立"红黑榜",设立"曝光台"。党员户的评比结果还直接与先锋指数挂钩,既宣传分类优秀户,又通报"后进者",让优秀户亮相出彩、获得实惠,后进者"红脸出汗"、知耻奋进。

---

① "五星3A"指绍兴市开展的乡村振兴"五星达标、3A 争创"工作,"五星"为党建星、富裕星、美丽星、和谐星、文明星,"3A"指达到国家 AAA 级景区标准。

上 虞 区

推行"一村一数据" 垃圾分类处理更智能

浙江省绍兴市上虞区以"绿水青山就是金山银山"理念为引领，以社会化、专业化双轨战略为抓手，科技赋能、智引治理，把握数字高地建设的时代要求，推行"一村一数据"，探索数字化模式，全面提升垃圾分类智能化管理水平，实现生活垃圾减量化、资源化、无害化，走出一条具有上虞辨识度的垃圾分类处理实践路径。

一、健全全链条分类体系

为破解农村生活垃圾分类管理难题，上虞区于 2016 年起开展农村生活垃圾分类工作，2021 年打造垃圾分类数字化管理新模式，目前已基本建立健全生活垃圾分类投放、分类收集、分类运输、分类处置的全链条分类体系，对 20 个乡镇（街道）111 个行政村、6.5 万农户、19 万人口以及 45 个中转站、138 辆垃圾收运车辆全流程数据化管理，四类垃圾的收运处置链条清晰凸显。可回收物，统一由上虞区供销社下属物资再生利用有限公司运送至上虞区再生资源分拣中心进行分拣再利用。有害垃圾，由上虞区物资再生利用有限公司收运至相关资质企业进行无害化处置。易腐垃圾，虞南片将易腐垃圾收运至属地易腐垃圾处置站进行就地资源化处置，虞北片易腐垃圾均由环卫集团收运至上虞区易腐垃圾资源化处置中心进行集中处置。其他垃圾，经压缩后转运至进行焚烧发电处置。上虞区生活垃圾分类覆盖率为 100％，资源化利用率、无害化处理率均达到 100％。

二、精准发动垃圾分类

为营造全民参与垃圾分类工作的良好氛围，上虞区着力推进生活垃圾分类"宣传员、指导员、监督员"三支队伍建设，开展"喇叭行动""敲门行动""未时行动"等三大行动。"喇叭行动"即各村购买喇叭，配备给垃圾分类宣传员，宣传员在上门收集过程中，利用喇叭向居民群众宣讲生活垃圾的分类类别、投放方式及生活垃圾的处理方法等；"敲门行动"即村、镇干部分工包干，利用晚上时间敲门入户，把垃圾四分法传授给每位居民群众；"未时行动"即每天下午 1 点至 3 点，由乡镇（街道）分管领导带领相关人员，深入各行政村检查，将检查中发现的问题及时拍照上传到微信群，督促第一时间进行整改，之所以选择未时，一方面正值休息时间，另一方面这个时间段最能检查上午各行政村的垃圾分类实际成效。

三、"一村一策"开展分类试点

上虞区推进农村生活垃圾分类工作，遵循共建共治共享原则，鼓励乡镇（街道）充分发挥主观能动性，对于行政村的分类模式不拘泥于固定形式、不实行"一刀切"。根据虞北片人口集中且外来人员居多、虞南片人口分散且常住人口偏少以及各村民风民俗实际，在上虞区 20 个乡镇（街道）各选择 1 个行政村进行先行试点，探索切实可行、符合当地实际的垃圾分类模式。

目前，深化"上门收集""四定一撤"（定点投放、定时收集、定车运输、定位处理，撤桶入户）等模式，为农村复制推广"上虞分类模式"提供了丰富的样板及经验。小越街道倪梁村启动垃圾分类"四定一撤"工作模式，实现源头分类、移动收集、主动投放、安全运输；丰惠镇南源村依托百姓群、班子群、乡贤群、党员群和数字化平台等"四群一平台"，实行垃圾分类闭环式长效管理机制；长塘镇桃园村利用"数智网格"，形成由一群党员、一位微网格督导员、一辆收集车、一把智能秤、一台手持终端、一张芯片卡、一个数字化平台等"七个一"组成的农村垃圾分类智能闭环全链条。在先行试点中，上虞区突出"数字赋能、靶向治理"，将先行示范村的分类数据实时接入上虞区生活垃圾大数据监管平台，规范行政村及第三方公司的平台应用数据，重点结合人均日周月等周期垃圾收集量、易腐垃圾和其他垃圾的占比等关键数据，形成"一村一数据"，加强日常数据分析研判，从而判断垃圾收集率、分类准确率等，实现数字化精准监管。随着各先行示范村试点工作的扎实推进，上虞区逐步探索形成"一镇一村一品"的具有村域特色的垃圾分类模式。

四、数字赋能助力全域垃圾分类处理

各村结合实际，依托智能垃圾分类处理系统，从垃圾分类宣传、垃圾分类投递、垃圾分类收集、垃圾分类清运等多方面着手，逐步推行农村生活垃圾智能投放、智能巡检、在线监控等应用场景，形成"一村一数据"、村村有特色，实现生活垃圾分类人人参与、人人共享。区、镇、村管理员可结合数据分析研判，精准监管垃圾分类实效。

目前，各先行示范村均已安装智能垃圾管理系统，采用前端装有便捷感应芯片的智能户分类桶，在推动源头减量的同时，进一步完善分类投放收集系统和运输系统，设置简便易行的垃圾分类投放装置，合理布局分类收集设施设备，提升分类处理能力，防止生活垃圾"先分后混、混装混运"。如盖北镇珠海村创新探索分类实名制、编码识别等运维方式，运用智能垃圾分类设备，建立源头溯源制度，实现从人工统计到物联网感知转变、从数据碎片到数据共享转变、从多头并行到资源整合转变，切实让"人工跑"变为"数据跑"。

五、党建引领垃圾分类持续推进

上虞区充分发挥基层党组织战斗堡垒作用和广大党员先锋模范作用，从上到下强化组织领导，整合镇村党员干部、村民组长、妇女干部、全科网格员、志愿者、社会组织等工作力量，让"红色细胞"活起来、动起来。一是"党建＋"模式。推行党员干部"亮身份、亮职责、亮承诺"行动，促使党员干部、村民代表做好表率，主动当好示范员、宣传员、劝导员。二是党员干部包干制。围绕重点工作、重点区域实行"包干到户责任制"，定期开展农村人居环境整治、垃圾分类宣传指导，劝导、监督群众参与垃圾分类。三是垃圾分类网格制。建立由联村干部、村干部、村民组长（妇女组长）、全科网格员、志愿者等组成的"五位一体"监管体系，实现网格化监督管理。四是实名制、二维码溯源管理。做到排查整治不落一户，将垃圾分类结果落实到人。

目前，上虞区通过区级生活垃圾分类智能监管平台对垃圾收集率、易腐垃圾占比、分类准确率等关键数据的实时更新与监测，做到"一屏掌握、集成监管、数据治理"。通过数据预警来反馈分类工作的实时动向，同时通过数据研判来分析存在问题，助力职能部门及镇村精准有效地开展整改提升，大大减少大规模、大范围、长时间的拉网式检查，提升了分类工作的长效监管效率。

| 诸 暨 市 |

重抓末端处置 牵好处理站点运维"牛鼻子"

诸暨市按照"群众受益全面、设施覆盖到位、处理运行常态、减量效果明显、资源循环利用"工作目标，围绕"完善、创新、提升"主题，通过制定规范、打造应用、开展整治、定期督查等措施，切实改善终端运维管理中"松、懒、散"现象。诸暨市农村易腐垃圾处理主要采用沼气厌氧发酵、机器快速成肥、太阳能堆肥三种模式，2014 年以来共建成资源化处理站房 277 个，其中机器快速成肥处理站 25 个（均为省级农村生活垃圾资源化处理站点），沼气厌氧发酵处理站 180 个，太阳能堆肥处理站 72 个，易腐垃圾处置能力为 352.5 吨/日。农村生活垃圾资源化处理站点运维管理一般采用业主自营管理以及"政府＋公司化"运作两种模式，且以业主自营管理模式为主。

一、主要做法

（一）抓管理，打好制度建设"规范拳"

一是推行"四位一体"运维管理责任体系。推行市为责任主体、镇为管理主体、村为落实主体、第三方专业服务机构为服务主体的"四位一体"农村生活垃圾资源化处理站点运维管理责任体系，建立包括数据监测、设备维修保养、零件更换在内的运维管理工作体系。目前全市各乡镇（街道）都已与第三方专业机构签订资源化处理站点运维合同，确保各站点稳定运行。二是加强岗位职责规范。落实具体责任人，实行农村生活垃圾资源化处理终端"站长制"。配齐农村生活垃圾资源化处理站点管理员、操作员，明确工作职责，对台账管理、日常清洁养护、产出物管理等提出明确要求。三是开展终端星级评定工作。制定诸暨市农村生活垃圾资源化处理站点运行管理星级评定办法，通过镇村自评、镇（街）推荐、市级认定的方式，围绕八个方面考核，对全市农村生活垃圾资源化处理站点进行星级评定，并择优申报省级星级站点。

（二）强技术，打好数字化建设"创新拳"

一是构建大数据监管平台。在巡检分类、收集清运等方面融入互联网、大数据等技术，投入 1 200 万元建立农村生活垃圾大数据监管平台，覆盖 100 个行政村。通过智能采收终端，实现一键扫码、评分、拍照，实时反馈农户分类质量。在垃圾清运车辆上安装 GPS 定位系统、摄像头，全程监控垃圾收集、清运。二是首创农村垃圾分类"亮灯＋亮分"模式。通过安装工业级别的防爆设备，打破沼气模式农村易腐垃圾处置站房运行安全"壁垒"，实现安全预警和实时报警"亮灯"功能；建立"可溯源"分析系统，全面考核农户分类情况和收运员收运情况，实现管理平台实时"亮分"功能。三是实现站点安全在线监测。利用现有的互联网技术，通过对各个环节的数据收集，实现对每个终端的安全指标（有毒有害气体泄漏、火灾隐患等）、运行指标（沼气池日进站易腐垃圾重量、沼液液位、沼气温度、压力及成分等）以及效益指标（日产沼气量、沼液量、有机肥量等）的在线监测，从而建立量化考核体系。

（三）除隐患，打好安全建设"专项拳"

一是开展安全隐患专项整治。聘请第三方专业机构，每季度对全市各个站点的选址、配套等进行全面检查，对当中发现的问题形成整治清单，让镇、村挂图作战，实行全面整改。二是制定有限空间应急预案。组织各乡镇（街道）对农村生活垃圾领域有限空间安全生产工作开展摸排整治，制定《诸暨市农村生活垃圾处置终端（沼气模式）应急预案》，并会同应急管理局、陈宅镇政府在陈宅镇湖田村举行农村生活垃圾分类领域有限空间事故应急演练。三是举办安全生产专项讲座。特邀安监专家，每年举办 10 场安全生产讲座，对全市 184 名进仓管理人员进行专业培训。同时，购置一批用于沼气站房的特殊劳保防护用品分发给全市所有进仓管理人员，保证操作安全。

二、取得成效

（一）职责制度更清晰

根据推行的农村生活垃圾资源化处理站点"四位一体"运维管理责任体系，确定市、镇、村、第三方机构的具体职责，从监督、管理、落实、执行四方面出发，规范农村生活垃圾资源化处理站房具体运维制度，多层级、多角度、多方位确保农村生活垃圾资源化处理站房安全、稳定、有效运行。

（二）垃圾处置更高效

借助数字化应用，通过量化各项指标，实时查看农村生活垃圾资源化处理站点的运行情况，及时督促、指导各村上门收集员、进仓管理员做好易腐垃圾收集、运输、进仓工作。目前，25 个重点村已实现农村生活垃圾全流程数字化监管，农村生活垃圾分类准确率从 50％提高到 90％以上。

（三）站点运行更规范

通过聘请专业的第三方服务机构，定期对站点操作人员进行技术培训和业务指导，保证人员正确、规范、安全操作。同时做好站点设备运行维护、进出料台账管理、定期清洗保洁等工作，实现产出物无害化，废水、废气达标排放，确保站点稳定、安全运行。推行专业运维管理以来，站点运维人员的操作规范率从原先的 58％上升到 96％。

三、对策建议

（一）建立健全运维管理模式

依据浙江省关于加强农村生活垃圾资源化处理站点设施运行维护管理的意见，制定县级管理办法，建立村镇管理体系，实行农村生活垃圾资源化处理站点"站长制"，安排专项资金用于站点运维管理。各镇村采用委托管理模式整体打包或单村聘请第三方专业机构对资源化处理站点开展运维管理，同时继续探索"政府＋公司化"运作模式，鼓励部分镇乡（街道）继续采用政府购买服务方式引入第三方专业机构的，由政府提供场地，第三方专业机构提供处理设备并负责日常运维管理。

（二）加强业务培训教育

组织镇乡（街道）定期对农村生活垃圾资源化处理站点管理人员和操作人员开展培训，进一步提高站点管理人员和操作人员的职业素养和专业技术能力，确保站点建立标准化管理制度，有专人管理操作，运行正常安全，工作管理台账齐全。

（三）集约化整合提升部分站点

对达到服务年限的站点设备进行更新或升级，根据实际情况科学合理地整合部分单村单建的站点，实行集约化集中处理，整合站点管理操作人员、设施设备，节约日常开支，降低运维成本，减轻村集体经济负担，进一步提高站点的效率效益。

（四）拓展易腐垃圾资源化利用渠道

与高校、科研机构合作，提高垃圾资源化利用率，增加产出物附加值。通过市场化运作，引入第三方专业公司，拓展易腐垃圾资源化利用渠道，建立易腐垃圾资源化利用产品销售网络，探索可循环的易腐垃圾生态产业链，提升垃圾再生价值。

嵊 州 市

统筹建设　增强分类意识降成本

嵊州市区域面积 1 784.43 千米²，常住人口约 72.4 万，其中农村常住人口约 44.87 万。经 2019 年乡镇撤并后，现辖 4 个街道、10 个镇、1 个乡，共有 241 个行政村。嵊州市逐步建立了农村生活垃圾分类、清运、处理体系，按照"简单、实用、高效"的原则，分类投放采用农户源头两分法，分类清运方式从原有的粗放型人工劳动逐步发展到机械化、密闭化作业，分类处理方式从最初的集中市区卫生填埋逐步发展到部分就近资源处理与部分市级集中处理相结合的分类处理模式。

一、主要做法

嵊州市建设 22 个农村生活垃圾资源化处理站点，总设计处理能力 25.5 吨/日，涉及 8 个镇、1 个乡，覆盖行政村 99 个约 22.4 万人。主要用于就地资源化处理部分农户易腐垃圾；同时，还在石璜镇原通源村等地建设热能处理点 3 个，设计处理能力 3 吨/日，主要用于就地减量部分其他垃圾。

一是机器快速成肥模式。处理原理为利用高温好氧堆肥，利用好氧微生物的新陈代谢活动将堆体中的有机质转化为易于被动植物利用的饲料或肥料。这种处理模式操作简单，处理效率高，出肥速度快，肥力好。

二是热能碳化模式。只需将建筑垃圾、有害垃圾、可回收物等进行分类、分拣即可，其余垃圾都能进行有效处理。该模式垃圾减量明显，垃圾处理减量化率 90% 以上；分类相对简单，操作简单方便。这种处理模式的缺点是环保要求高、设备不够稳定。

二、存在问题

嵊州市农村生活垃圾分类处理工作虽然取得了一定成效，但在具体操作实践中，存在一些问题和短板，制约着工作的深入推进。

（一）垃圾分类质量不高，增加了运行成本

农村垃圾分类的重点和难点在于源头分类，全民分类意识的提高是破解这

场持久战的关键所在。近年来，尽管农民素质有了一定提高，但受传统生活方式的影响，群众对垃圾分类工作仍感觉是在"过家家"，无多大意义和价值，环境意识淡薄。针对农户源头分类质量不高问题，部分乡镇采用人工上门收集、分拣的模式，分拣出农户的易腐垃圾用于资源利用。这种模式虽然可以"喂饱"机器，保证设施运行，但是大大增加了收集、运输环节的成本。

（二）资金投入不足，设施运行不够到位

从目前运行的情况看，每台设备每年的水电费约 5 万元，另还需要收集、人工、耗材、维修等费用，每年总费用在 10 万元左右。如果市级财政未对运行经费予以补助，这对于乡镇和行政村来说是一笔不小的开支。财政资金投入不足，严重制约了垃圾分类减量处理工作的顺利推进，导致垃圾分类不够规范，垃圾处理终端设备常态化运行难以得到有效保障。

三、对策建议

（一）强化规划引领

编制嵊州市城乡生活垃圾分类专项规划，对垃圾分类处理设施进行统一规划设计，打通分类收运处理全链条。按照"适当集中、连片处理、区域共享"等原则，结合实际情况，因地制宜建设生活垃圾处理设施，实现垃圾分类处理统一规划、统筹建设、统一管理。

（二）加大资金投入，创新投入机制

资金投入保障是建立农村垃圾处理长效机制的关键所在。以政府投入为主，探索吸纳社会资金，逐步推动和实现农村垃圾处理投资主体多元化的良好治理机制。积极引导鼓励各类社会资金参与农村生活垃圾处理设施的建设和运营，逐步实现投资主体多元化，运营主体企业化，运行管理市场化。

（三）加强源头分类管理

建立农村生活垃圾分类管理制度，加强农村上门收集保洁员人员配备，加强对垃圾分类清运人员的培训和管理。党员干部带头，带动村民正确分类投放生活垃圾。分类投放的各类垃圾应分类收集、分类运输，规范运行体系和工作流程，及时将易腐垃圾分类运输至资源化站点进行集中处理。

新 昌 县
瞄准"四分四定" 推进生活垃圾分类

新昌县农村生活垃圾分类工作自 2018 年全面开展以来，围绕"减量化、资源化、无害化"目标，坚持"四分四定"方向，强化组织领导，创新分类举措，完善工作机制，实现垃圾分类覆盖面稳步扩大、垃圾分类知晓率不断提高，村庄环境得到持续改善。目前，新昌县 253 个行政村农村生活垃圾分类覆盖率达到 100％，累计创建省级高标准示范村 6 个，市级示范村 5 个。

一、开展情况

新昌县共建设 40 个农村生活垃圾资源化处理站点，总投入 4 148.8 万元，涉及 44 个项目村，其中省级项目村 41 个、非省级项目村 3 个。各乡镇因地制宜，合理布局，采用"一村一建，一点覆盖多村"的建设模式，站点共覆盖 253 个村，覆盖人口 245 444 人。

站点多采用沼气处理、黑水虻生物处理、太阳能沤肥、机械快速成肥等科学环保低能耗处理技术。根据站点覆盖范围建设 1～4 吨/日处理设备，最高日处理能力达 75 吨，既保障易腐垃圾日产日清有效处理，又降低了运维成本。新昌地处山区，偏远村庄多，在安山等偏远村试点开展易腐垃圾酵素分解和太阳能堆肥工作，有效实现垃圾不出村。依托资源化处理站，建立"共享环保小屋""有机菜园""酵素中心"等农肥配套消解终端，将产出有机肥用于当地农作物、果蔬、茶叶等经济作物种植和环保酵素生产，大幅延伸有机肥处置利用空间。

就运维而言，出台了《新昌县农村生活垃圾资源化处理站设施运行维护管理办法（试行）》，并定期实地调查，要求各站点机器正常运行、环境干净整洁、台账详细规范。

二、主要做法

（一）突出制度建设

根据省委省政府农村生活垃圾治理总体部署，新昌县陆续出台了城乡生活垃圾治理的各项规章制度，为生活垃圾分类工作提供了总体规划和政策条件。建立"县、镇、村（小区）"三级管理队伍，县级层面，抽调精干力量成立生活垃圾分类办公室，负责统筹工作，提供专业指导和督查；各乡镇（街道）陆续成立工作小组，明确责任领导和工作人员；在农村配备"分拣督导员、上门收集保洁员、进仓管理员"3支队伍。

（二）推进示范引领

一是示范区引领。要求创建村学习典型做法，因地制宜积极开展分类工作。设置垃圾分类宣传窗，共有农村回收点111个，镇级回收站18个。二是党建引领。各乡镇街道建立35支党员先锋队，实践"党建＋垃圾分类"模式，凝聚垃圾分类共治力量。重点督查村干部、党员、村民代表户等垃圾分类投放准确率，实行"干部包片、代表包组、党员包户"长效机制。

（三）突出督查考核

创建村分类工作开展情况，入户检查村干部、党员、村民代表户生活垃圾分类投放质量。调查农村生活垃圾资源化处理站运维管理情况，针对调查结果发放问题整改通知，让其按文件要求及时报送问题整改情况，确保所有处置站正常运行。对月考核排名落后的创建村进行指导培训。开展处置站整改落实情况回头看，确保处置站均完成整改。各乡镇街道也陆续成立检查组，明确责任领导和工作人员，对各村的垃圾分类情况进行考核，月度排名，季度分档。

（四）突出创新特色

各乡镇（街道）通过多种方式开展农村垃圾分类工作，取得了良好的效果。如东茗乡前后坪村垃圾分类"智能三件套"、七星街道杨梅山村垃圾分类中的"杨梅红"、东茗乡下岩贝村垃圾分类"1234"工作法和澄潭街道东丁村"三套加分＋三个循环"打好垃圾分类组合拳法等创新方式，确保垃圾分类工作的开展切实有效。

（五）建设回收网络

对于农村生活类再生资源，新昌县建立以"回收站＋中转站＋分拣中心"为核心的再生资源回收网络。行政村建回收站，乡镇（街道）建中转站，县里建再生资源回收（分拣）中心（面积1 685米²），采取定期和电话预约方式对各站点生活垃圾再生资源和有毒有害垃圾进行回收、清运工作。目前全县建有回收站112个，镇级回收站18个，累计回收低价值再生资源22余吨、有毒有害垃圾1.5吨、大型家具10余吨。

三、存在问题

一是源头分类质量需提高。目前村民垃圾分类意识还不够强，分类投放正确率不高，影响站点运行及成肥质量。二是机器维修成本高。站点建设时间早，机器陈旧，处理方式及设计处理能力尚不成熟；运维中机器设备易损坏，维修费用较高。三是站点运维成本过高。由于早期机器技术不成熟，需要二次分拣，导致成本增加。制肥需要 24 小时不间断地工作，造成整体成本高。四是处置工艺技术有待革新。机器成肥设备产出的有机肥由于含盐、油量过高，使用途径有局限性，对成肥的经济效益有影响。

四、对策建议

1. 加强宣传引导。采取多项措施，向村民普及垃圾分类的知识，提高群众对美好居住环境的忧患意识和保护意识，乡镇干部、党员先锋、村民代表带头做表率，积极参与农村生活垃圾分类处理工作，共同营造浓厚的农村生活垃圾分类工作氛围，提高村民源头分类准确率。同时强化站点工作人员操作技能培训，提高机器设备运行效率。

2. 加强资金保障。要建立"政府主导、社会参与、农民自筹"的资金筹措机制，增强对农村生活垃圾处理的资金保障力度，落实好农村垃圾分类处理的专项资金。同时要积极引导社会资本参与农村生活垃圾收集、清运和处理设施运维，积极探索建立农村生活垃圾处理收费制度。

3. 探索运维管理模式。可实施委托管理模式，由乡镇（街道）通过购买服务的方式，由第三方负责站点维护；或者可实施合作管理方式，由乡镇（街道）招聘管理和操作人员进行站点运行管理，第三方派专业技术人员定期上门指导，同时负责设备定期检修和维修服务，乡镇（街道）支付适当的服务费用。

金 华 市
建管并重 推进农村生活垃圾分类

金华市农村生活垃圾治理工作贯彻落实省委、省政府关于农村生活垃圾治理决策部署，按照"一三五、三步走"总体目标和"无废城市"创建要求，全面推进农村生活垃圾分类再深化，农村生活垃圾源头分类质量、终端处置能力得到双提升。

一、开展情况

金华市农村生活垃圾分类大致经历了试点、面上推开、规范、提升四个阶段。2014年5月，金华市启动实施农村生活垃圾分类和资源化利用工作，坚持先试点后推开，在市区三个乡镇先行先试。在试点取得经验基础上，2015年4月，市委、市政府下发《关于开展农村生活垃圾分类减量化处理资源化利用工作的实施意见》，专门召开工作部署会议，在全市农村开展生活垃圾分类收集处理工作，明确提出两年实现全市农村全覆盖的目标。在全面实施分类基础上，2018年出台全国首部农村生活垃圾管理的地方性法规，农村生活垃圾分类进一步规范化，印发《〈金华市农村生活垃圾分类管理条例〉贯彻落实工作任务分解方案的通知》，落实各部门职责，修订《金华市农村生活垃圾分类处理指导手册》，下发了《关于开展农村生活垃圾分类优秀村创建活动的通知》，提出了垃圾分类优秀村创建的提升目标。

金华市共有省级农村生活垃圾资源化处理站点123个，项目村数330个，覆盖村数1 148个，覆盖村人口近134.5万，村流动人口受益数近326万。全市省级农村生活垃圾资源化处理站点省级补助资金共计7 110万元，其中设备投入资金6 583万元；机器快速成肥点152个，平均日处理能力270.22吨，平均年处理能力9.84万吨；站点配备第三方运营管理46个，运维总费用3 180.35万元/年；站点工作人员163人，工作人员费用702.12万元/年。

二、主要做法

（一）农户保洁员"二次四分"

金华市农村生活垃圾分类采用"二次四分"法，在源头上对垃圾实行二分法，以是否易腐烂为标准，村民将垃圾分为"可烂"和"不可烂"两类。保洁员上门收集分类垃圾，分类运输到二次分拣站进行再次细分，将"不可烂"垃圾再分为"可卖"和"不可卖"。"可卖"垃圾精细分拣为塑料、纸板、金属、玻璃、织物等，由第三方公司定期上门兜底回收，部分试点村在二次分拣时精细化分类已达到了十几种，减量化、资源化效果更加明显；"不可卖"垃圾进入环卫收运体系，转运至市焚烧厂进行焚烧发电，进行资源化无害化处置。各村同时配备"有害"垃圾收集桶，对过期药品、废旧灯管灯泡、过期化妆品等单独收集，统一由有资质单位进行无害处理。

（二）筑牢农村垃圾分类基础

2014 年以来，全市多措并举夯实农村生活垃圾分类工作基础。完善设施配套，截至 2019 年，共有户分垃圾桶 209 万套，建成太阳能堆肥处理房 2 051 座、机械处理中心站点 104 个，终端覆盖率 100％。强化队伍建设，配置农村保洁员、分拣员、清运员 1.26 万名，垃圾分类监督员 1.6 万名。农村生活垃圾分类处置闭环体系基本建立。同时兰溪、义乌等地建成垃圾焚烧发电二期项目，最大限度实现农村生活垃圾分类资源化。

（三）实现管理手段信息化

各地利用"互联网＋"大数据平台，引进智能化监管信息系统，逐步实现对源头分类、收集转运、终端处置过程的实时监督。金东区开发了农村生活垃圾分类智能化管理系统，全区所有乡镇、村全部实施二维码考核管理，实现区、镇、村三级对农户源头分类情况的实时、精准管理，源头分类正确率从69.5％提高到81.2％。东阳市引进"考垃"App 平台，实现垃圾分类智能化管理。"考垃"App 平台设置超级管理员、回收员、保洁员、督查员等 15 个角色，实现对农户分类自查、督查员督查、保洁员垃圾收集、第三方垃圾清运、废品回收交易、积分商品兑换等数据的动态收集，利用"互联网＋"智能回收模式，组建上门回收员队伍，划分工作片区，对旧衣服、玻璃瓶等低附加值可再生资源和有毒有害垃圾进行兜底回收。浦江县智慧大管家平台，通过对各乡镇（街道）辖区内的垃圾中转站、生态处理中心、县城区厨余垃圾处理中心、卫生填埋场等处理终端数据的收集、分析，实现各村、社区各类垃圾（会烂、不会烂、可回收）的量化评价，实现"废弃物去哪里，让大数据告诉你"的工作目标。

（四）加强各类要素保障

按照"建管并重"的原则，确定经济补助方案，避免和减少运行过程中的浪费，实现设备、人力、财政资源的效率最大化。如在财政经费投入方面，婺城区和金东区分别将农村环卫保洁经费从人均 84 元提升到 102 元和 105 元。在站房选址过程中，除技术要求，推行多村联建或项目村辐射更多村模式，节约土地资源，扩大社会效益。推行运行"四制"，即站长和房长责任制、第三方运行招投标制、运行管理制和产出物或有机肥检测制，让村民真正享有知情权、参与权、管理权、监督权，强化村民参与管理、参与服务的功能。

三、存在问题

尽管资源化站点布局不断完善，功能处置不断提升，覆盖范围不断扩大，农村生活垃圾分类工作取得了一定的成效，但在实际运维中也发现不少问题。

（一）垃圾分类宣传不全面，分类质量不高

各镇村多注重面上和农户宣传，对工业园区企业的宣传发动不够，企业垃圾分类意识比较淡薄，工业垃圾和生活垃圾混在一起的现象比较普遍。资源化站点主要处置可腐烂垃圾，混有其他垃圾后，增加了制肥机操作工的进料分选分拣工作强度，同时也加大了制肥机损坏的概率，资源化站点处置效率大打折扣。

（二）垃圾产生量变化大，处置能力不稳

部分镇村垃圾的清运环节组织不够严密，监督不力，出现农户垃圾分好但到保洁员收集清运时又混装在一起的现象，打击了农户分类的积极性，导致站点制肥机处理量不足，出现设备闲置的问题。部分县市外来流动人口较多，再加上季节性饮食变化较大的客观现实，站点覆盖区域在年前年后一段时间，人口相对少，垃圾处理量减少，设备处理能力明显闲置；夏季西瓜等水果较多，垃圾处理量急剧增多，站点处理不堪重负，全年处置工作不稳定。

（三）不同时期站点难统一，后期管护困难

早期制肥机处置技术、设备材料不过关，导致设备经常发生故障，处置能力大打折扣，几年运行下来，部分设备出现制肥困难甚至故障停摆的问题。不同时期建设的资源化处理站点配置不同制肥机，品牌多、设备杂，甚至同一个

公司不同时期的设备都有较大技术更新，导致设备零配件难统一，设备维护难以为继，设备后期正常运维难度加大。

（四）产出物成品难，运维成本高

一是产出物出路难。机械处置后产生的固体残渣，虽符合有机肥 NY/T 525—2021 检测标准，但离成品有机肥标准还有很大距离。如何通过二次筛选、二次加工，真正产生经济效益，是目前未解决的问题。二是运维费用高。农村生活垃圾资源化站点的运维管理费用由各自乡镇负责，人工费、水电费、菌种费、设备维护费等运维经费较高，对经济较薄弱的乡镇（街道）来说负担加大。如 PPP 为采用市场化运行的模式，费用较高，对于镇村尤其是集体经济较为薄弱的地区是一笔不小的支出，农村不能全面普及，仅有经济基础较好的乡镇（街道）、村（社区）采用。三是技术升级难。易腐垃圾处置设备行业蓬勃发展，产品标准越来越高，技术革新越来越快，由于购买年份较早，今后将会出现设备老化，不符合行业标准等问题，势必会产生一笔相当数额的技术改造费用，易腐垃圾处理成本会越来越高。处理可堆肥垃圾的机器处理站机器设备技术不成熟，每年都会出现机器故障，需要停机检修数天，而且对于过于油腻的餐厨垃圾处理效果较差。

四、对策建议

（一）加强基础设施建设

在前期全域全方位摸排的基础上，制定终端基础设施的整改方案和计划。一是新建一批处理站。继续以加强集镇垃圾分类工作为重点，建设多种模式的集镇垃圾生态处理站，以进一步优化结构布局，丰富堆肥模式。二是改造一批堆肥房。针对原阳光堆肥房密封不好、出肥不方便和技改管路易折断等问题，各县、市区根据自身实际，在相关村先行试点的基础上，根据试点效果酌情选择部分村扩大试点，提高阳光堆肥房建设水平。三是合并一批堆肥房。结合行政村合并工作，对全区堆肥设施进一步优化合并，废止一批利用率不高、堆肥效果不好且无技术改造价值的阳光堆肥房，并入相应的行政村或中心村。力争通过就近合并、逐仓合用堆肥房等形式，提高堆肥房利用率和无害化处理水平。同时，加大与各大高校、科研院所的合作力度，探索更加科学经济的农村生活垃圾处理技术及站房管理技术。

（二）优化完善工作制度

重点完善阳光堆肥房管理制度。一方面，完善房长责任制，结合阳光房合并工作，对各县、市区落实情况开展不定期抽查督导。建议各县、市区充分利用高标准农田改造、地力提升及土地整理等项目，与相关项目单位签署有机肥使用协议，建立农村生活垃圾静脉产业园，将堆肥产品用于改良土壤，提高土质，真正实现会烂垃圾无害化处理、资源化利用。另一方面，加强垃圾分类处理终端运维管理。具体内容包括：垃圾进料监管、温湿度控制、定期监测堆体温湿度、适时添加微生物菌种和通风供氧、适时进行厌氧池清掏和沉淀槽疏通、基础设施维护及周边环境卫生保洁。

（三）完善体制机制建设

落实《金华市农村生活垃圾分类管理条例》，以法制为保障，不断强化生活垃圾分类管理的体系化建设。一是加强普法宣传。推动垃圾分类"进农村、进社区、进学校、进医院、进机关、进企业、进公园"等，形成人人知晓、人人参与生活垃圾分类的良好社会氛围。二是严格执法监督。严格行业监督，鼓励社会监督，开展系列执法行动，严格落实执法责任，提高监管执法实效。三是开展晒拼创活动。各县、市区结合自身实际，开展2020年度城乡环境治理创佳评差活动、"十佳村十差村"评比等活动，建立"曝光台"和"红黄榜"，开辟曝光专题栏目，开展月度、季度及时通报，奖惩到位。四是形成约束机制。通过村规民约和法律法规，进一步加强对农户（居民）垃圾源头分类的刚性约束，促使源头分类更加自觉。

婺 城 区

易腐垃圾阳光堆肥技改成效明显

婺城区积极推动易腐垃圾阳光堆肥房建设，随着人们对生态环境要求的提高，婺城区及时开展农村阳光堆肥房专项整治工作，2020 年，制定了《农村阳光堆肥房专项整治提升活动方案》，不断完善处置工艺，加强阳光堆肥房技改提升工作，攻克易腐垃圾末端处置技术难题，实现工艺提升、处置有效、产业发展的协同效应。技改提升工作不仅增强了堆肥仓体的性能，加快了发酵进程，提升了成肥产物品质，而且进一步减少了臭气排放，降低了对土壤、水体的污染。

一、开展情况

2010 年以来，金华市采用第一代厌氧沤肥技术，在全域推广建设多格式堆肥仓堆放易腐垃圾，实现沤肥发酵无害化处置，对易腐垃圾进行无害化处理。2013 年底，浙江省委、省政府决策推进三改一拆、五水共治，并在全省范围内掀起一场综合解决水环境问题的行动，要求水岸同治，不把污泥浊水带入全面小康。婺城区作为金华市的中心城区，采取"一村一建""多村联建"等形式，累计建设农村易腐垃圾阳光堆肥房 263 座，达到了良好的农村易腐垃圾减量化、资源化、无害化效果，在当时受到了广泛好评。随着时间的推移，社会经济的发展，生态环境要求的提高，农村易腐垃圾阳光房来料从腐败果蔬、菜根菜叶、残枝落叶等园林有机垃圾转向剩菜剩饭、骨骼内脏、废弃油脂等厨余和餐厨垃圾，易腐垃圾处理成分愈加复杂。如今，阳光堆肥房存在以下问题：

（一）成肥品质较低

阳光堆肥房大多缺少前期易腐垃圾预处理工段，导致进入堆肥仓的易腐垃圾存在粒径大小不一、含水率差异大、堆体孔隙率高、各品类垃圾发酵速度差异大、堆肥周期难以控制等缺点，而且阳光堆肥房的堆肥时间相对较长，难以腐熟彻底，以致成肥产物的含水率较高、品相不佳。

（二）农户接纳率低

阳光堆肥房成肥产物粒径大小不均，大部分易腐垃圾原料仍呈原状。而且阳光堆肥房有蚊蝇滋生、渗滤液外溢、气味难闻等问题，出肥表面观感直接影响了农户接纳程度。此外，普通农户对婺城区阳光堆肥房产物的可利用情况认知不够，担心该产物有烧苗、植物感染等问题而不敢使用。与化肥横向对比时，农户发现化肥使用更加方便，农作物生长效果好，致使农户对阳光堆肥房成肥产物的接纳率较低。

（三）运维管理不足

婺城区阳光堆肥房运维管理制度未落实完全，如出现基础设施损坏、台账记录缺失、周边环境脏乱、微生物菌剂未按要求投加等问题。此外，大多数阳光堆肥房的堆肥周期较长，存在一年出一次肥的情况，出肥操作困难且成本高，导致长效运维和管理不足等问题。

二、主要做法

面对来料呈现多元化、处置不佳成卡点和成肥利用成堵点的问题，婺城区鼓励探索新模式，按照"合并使用一批、停止改用一批、整改提升一批"的原则，逐步开展阳光堆肥房技改提升工作。目前，全省首座基于阳光堆肥房技改提升的自动化快速好氧堆肥处理中心在婺城区长山乡落成。该处理中心采用多种自动化处理工艺技术，将堆肥的发酵周期从原先的 180 天左右缩减至 20 天左右，堆肥房日处理能力提高到 3 吨。充分发酵腐熟后的产物有机质含量更高、总养分含量更丰富，达到有机肥料标准。

（一）"一村一建"模式技术改造提升

"一村一建"模式阳光房以 2～5 仓为主，主要分布在较为偏僻的村落，周边有充足的场地可供使用，仓内可堆放的易腐垃圾数量有限，投料操作人员也相对较少。通过人工或机械疏通排污管道、仓底增设简易隔空层、增加渗滤液处理、安排定期人工作业、修缮基础设施及日常保洁安全等方面进行因地制宜的改造。在通电方便的情况下，增设防爆防腐风机与废气收集管道，达到收集仓内臭气和提高供氧量的目的。有条件的还可使用小型撕碎（压榨）机，降低人工预处理的工作量。

（二）多村联建阳光房改造修缮

为更好地促进婺城区农村易腐垃圾资源化处理，针对大型多村联建的阳光堆肥房，采用自动化预处理、自动化进料、自动化温湿度调节、自动化废气收集等技术，对部分阳光堆肥房进行技改提升。定期投放菌种，保持适宜的温湿度。易腐垃圾经撕碎和压榨处理后，粒径均匀、内部空隙率明显降低，含水率控制在65％左右。在此条件下，缩短堆肥发酵时间至30天以内，明显改善了成肥产物品质。同时通过局部细节改造，降低人工处理工作量。阳光堆肥房自动化提升改造可使堆肥条件自动达到较优水平，提高了堆肥处理效率，节约了大量人工成本。

三、工作成效

婺城区技改提升破梗阻，成效显著。阳光堆肥房建成后，大量农村易腐垃圾不出村，实现就地无害化处理，真正实现源头减量，从而明显改善了农村人居环境。农村易腐垃圾阳光堆肥房的成肥产物提供给周边种植户或农户，用于苗木或农作物施肥。经多次采样测试，阳光堆肥房产物的pH、有机质含量、总砷、总镉、总铅、总铬、总汞等指标均能达到有机肥料标准或者相关无害化标准，采用一定工艺手段促进出仓物料的蛔虫卵死亡率、粪大肠菌群数等达到相关标准。此外，针对受到广泛关注的盐度问题，婺城区农业农村局委托浙江大学环境生态研究所研究破解，通过技术革新，堆肥产物中的钠离子质量分数、氯离子质量分数、钙离子质量分数、EC（电导率）等指标均在无害化评价范围内。

（一）堆肥房利用率提高

技改提升后，阳光堆肥房不再停留于设计落后的第一代、第二代，而是转变为具有粉碎、通风补水、污水处理等设施的高效堆肥场所，堆肥发酵周期大大缩短、处理能力提升、出肥速率加快，从而促进了阳光堆肥房的使用。阳光堆肥房不再只是垃圾堆放的摆设型场所，而是能够得到有效利用的易腐垃圾消化场所，将易腐垃圾转化为高利用价值的有机肥料。

（二）成肥产物品相提升

经技改提升的阳光堆肥房密封性能、采光性能等得到优化，破碎预处理、控温保湿、投放菌种、除臭灭蝇、出肥操作等得以改善，堆肥效率大大提升。阳光堆肥房条件的改善使得成肥产物的含水率降低、颗粒粒径均匀化，成肥产物品相由此提升。优良的成肥产物能够得到农户和苗木种植户的使用，该肥料施用逐步向"村民乐意用、村民用得好"迈进。

（三）周边环境质量改善

阳光堆肥房技改提升后，垃圾渗滤液和臭气等二次污染得到收集与处理，引发村民反感的阳光堆肥房污水外溢和臭气无序排放等问题大大减少，堆肥仓内蚊蝇滋生的现象也逐步减少，保护了周边的土壤与水体，改善了周边环境。

（四）典型示范作用显著

婺城区的阳光堆肥房技改提升具有典型示范作用，贴合农村的实际情况与需求。技改后的堆肥仓成为一个可控的、动态的、完整的系统，使得大量易腐垃圾不出村，成为有机肥还田，进一步实现了农村易腐垃圾的减量化、资源化和无害化。为提升农村易腐垃圾成肥产物品质，下一步，婺城区还将建设农村易腐垃圾成肥后整理中心，彻底解决产物低价值化问题，打通易腐垃圾资源化工作的最后"一公里"。婺城区的阳光堆肥房已形成一种低成本、接地气、科学有效的可推广模式，可广泛应用，有力推动农村生活垃圾分类处理"一三五、三步走"的攻坚战目标，夯实农村生活垃圾总量"零增长"、处理"零填埋"基础，促进美丽乡村建设和生态文明建设。

金 东 区

全域高质量推进农村生活垃圾分类处理

金东区是金华市农村生活垃圾分类的发源地。2014 年以来，金东区大力推行"二次四分"的农村生活垃圾分类模式，317 个行政村全部建立垃圾分类工作体系，在全省率先实现农村生活垃圾分类县域全覆盖，曾被住房和城乡建设部列入全国首批 100 个农村生活垃圾分类示范县之一。

一、巩固"两次四分"模式

"两次四分"模式是指农户生活垃圾按照"会烂""不会烂"分类，由村分拣员负责每日上门分类收集，对"不会烂"垃圾进行二次分拣，分拣出可回收物和有害垃圾，垃圾最终分为"会烂""好卖""不好卖""有害"四类垃圾，有效破解源头分类不到位的突出难题。为确保模式有效运行，积极完善基础设施建设，累计投入垃圾分类设施建设资金 5 970 万元，建设阳光堆肥房 316 座，配备隔离式分类垃圾运输车 714 辆，分类垃圾桶 13 万余组。对照《金华市农村生活垃圾分类管理条例》落实基础设施维修整改，同时加强垃圾分类执法。出台《金东区农村基础设施长效管理办法》，将垃圾分类设施设备转化村级固定资产，与村庄景观小品、花坛、绿化、路灯、公厕等一并纳入农村基础设施统一管理，长效经费由 84 元/(人·年) 提高至 102 元/(人·年)。

为使农村生活垃圾分类工作贴近农民实际、简便易行，容易被接受、能坚持，金东区总结出了农村垃圾分类 123456 工作法，"1"即"一个模式"，金东模式；"2"即"两次四分"分类法；"3"即"三支队伍"，分拣员队伍、监督队伍和再生资源回收队伍；"4"即"四可"原则，农民可接受、财力可承受、面上可推广、长期可持续；"5"即市、区、镇、村、户五级联动；"6"即六项制度，分级考核制度、可利用物回收制度、分拣员评优制度、荣辱榜制度、卫生费收缴制度、党员干部联系户制度。

二、优化分类清运网络

为高标准落实分类清运要求，金东区着力构建农村生活垃圾分类清运闭环，依托村级阳光堆肥房及乡镇垃圾中转站，实现垃圾中转。针对易腐垃圾，依托阳光堆肥房堆肥利用；针对其他垃圾，在阳光堆肥房暂存，根据垃圾产出量，由乡镇规划清运路线并负责清运至垃圾中转站；针对有害垃圾，每村设立专门收集点，由乡镇负责集中收集运至专业公司进行专业处置。根据垃圾转运量及转运距离，金东区依托集镇功能及人员密集居住区合理规划建设中转站12座，形成完整的压缩转运网络，同时配备其他垃圾压缩运输车35辆，委托专业清运公司实施分类清运。

统筹垃圾清运专线。对清运车辆进行二分类，打造易腐垃圾投放点清运专线。对照四分类要求，统筹增设厨余垃圾、有害垃圾、可回收物三条清运专线，承担216个投放点的清运工作。结合点位垃圾产生量、车辆荷载量、点位距离等关键要素，合理规划35条线路（其中，其他垃圾18条、易腐垃圾10条、可回收垃圾6条、有害垃圾1条）。增配28名清运人员、12台清运装备。构建"3+2+2"的投放清运模式，即3小时投放，2小时清运，每天早晚清运2次，实现乡镇投放点"日产日清"，有效解决易腐堆放时间过长产生的异味问题。

采购配套专用收集车16台，对乡镇69条主要商业街4 000余家沿街店面开展定时回收服务，覆盖率达100%。区分可回收垃圾、厨余垃圾、其他垃圾、有害垃圾4类，采用早、中、晚三个时间段上门收集，清运人员引导店面业主进行分类后投放至清运车辆内，并开展现场督导。

制定"五定、三统一、两杜绝"的分类清运标准，推进分类清运工作规范化。五定，即定人、定车、定时、定点、定路线，清运公司按照"五定"要求提前做好规划，并上报备案，通过固化清运时间、点位、路线，确保点位分类收集工作有序开展；三统一，即统一外观、统一标志、统一标识，实现桶车对应，方便群众监管；两杜绝，即杜绝抛洒滴漏、杜绝混装混运。

三、实现终端处理再提升

近年来，金东区共打造项目村24个，建设资源化处理站点6个，配备并正常运维制肥机5台、可腐烂垃圾机械破碎机2台，覆盖村数28（包含项目村）个，覆盖村人口28 087人，村流动人口受益数4 797人。省级农村生活垃圾资源化处理站点省级补助资金共计720万元，其中设备投入资金451.8万元，机器快速成肥点5个，平均日处理能力7万吨，平均年处理能力2 555吨。站点配备第三方运营管理共计4个，运维总费用171.24万元/年，站点工作人员共计16名，工作人员费用74.2万元/年。

一是合并一批阳光堆肥房。对因服务人口过少导致垃圾进量不足的阳光堆肥房进行合并使用，确保堆肥仓垃圾日进量，杜绝二次填仓，防止交叉感染。二是新建一批阳光堆肥房。采用多村联建形式，新建阳光堆肥房，便于管理的同时，提高堆肥无害化程度。针对原阳光堆肥房密封不好、出肥不方便和技改管路易折断等问题，进行阳光堆肥房技术试点，其中新建第三代阳光堆肥房技术被住房和城乡建设部纳入《农村生活垃圾分类科普读本》。三是提升一批生态处理站。以提升集镇所在地行政村垃圾分类工作为重点，建设多模式的集镇垃圾生态处理站6个，将集镇周边28个行政村纳入处理站，提升堆肥技术处理水平。引进机械堆肥或深度处理技术，进一步提高成肥品质，延长垃圾变废为宝利用产业链。

四、推进垃圾治理智能化

在实现垃圾分类管理规范化基础上，建立智能化考核管理系统。每个农户拥有专属二维码，由村妇女主任担任巡检员，扫描二维码将农户源头分类和堆肥房信息录入考核系统，通过短信自动提醒、后台限时督办等手段促进农户整改。对系统数据进行汇总、分析和处理，检查结果"差、中、好"分别用"红、黄、绿"三色公示，实现区、镇、村三级对农户源头分类情况的实时、精准管理，农户源头分类正确率提高到90％以上。制定《金东区农村生活垃圾分类二维码考核指导性意见》，对绿色家庭户采用积分兑换或随机抽奖的形式予以奖励，对红色家庭户，在整改完成前分拣员有权拒绝清运，确保考核过程公平公正的同时，形成"以奖促优、以罚促改"的推动作用。

建立垃圾分类运输智能化管理。为解决规划路线不科学、收运资源浪费、垃圾分类运输看不到和管不着等问题，金东区设置车辆指挥调度、定线行驶监管、文明行车管理三个子场景。车辆指挥调度主要根据收运点位数量、垃圾产量、车辆载重、点位至终端路程、收运时限等情况，智能规划收运路线和适配所需车辆。定线行驶监管主要通过车载 GPS 系统和监控系统及语音系统，比对预警提醒按规定路线收运。文明行车管理主要通过监控系统和交警监管系统及语音系统，比对预警提醒车辆违章、车容车貌、污染路面等不文明行为和影响安全驾驶情况。

| 兰 溪 市 |

着力推进农村生活垃圾分类

兰溪市积极探索农村生活垃圾分类处理工作，引入市场化和社会化机制，激发群众参与热情，构建多元共治格局，加快建立生活垃圾收运处置完整链条。2020 年，完成 161 座阳光堆肥房整合改造，农村易腐垃圾就地处置率达到 95％以上；餐厨垃圾资源化处置项目已建成并投入使用，新增易腐垃圾日处理能力 80 吨，实现资源化利用率 100％。

一、主要做法

（一）试点先行，全域推进农村垃圾分类工作

兰溪市根据浙江省委省政府、金华市委市政府的总体部署，按照试点先行、分批实施的原则，有序推进农村生活垃圾分类工作。先后制定下发了《兰溪市农村生活垃圾分类减量化资源化处理工作实施方案》《兰溪市农村生活垃圾分类收集处理合格村验收标准与验收规程》《兰溪市全域推进垃圾分类工作实施意见》等文件，明确目标、厘清职责、健全机制、完善举措，实现了三年三步走的目标。2015 年，全市乡镇（街道）垃圾分类覆盖率达 100％、行政村覆盖率达 50％。2016 年，行政村覆盖率达 100％。2017 年，自然村覆盖率达 100％。

（二）强基固本，全面筑牢农村垃圾分类基础

2015 年以来，兰溪市相继投入 4 500 余万元夯实农村生活垃圾分类工作基础。完善设施配套，累计配发户分垃圾桶 17 万套，配置分类电瓶清运车 646 辆，建成太阳能垃圾处理房 161 座、机械处理中心 8 个，终端覆盖率 100％。强化队伍建设，配置农村保洁员、分拣员、清运员 1 700 余名，农村生活垃圾分类处置闭环体系基本建立。同时建成垃圾焚烧发电二期项目，全市垃圾日处理量达到 800 吨，实现了生活垃圾零填埋和资源化利用率 100％。

（三）因地制宜，探索农村垃圾分类多元模式

兰溪市根据各乡镇（街道）实际，建立了阳光房高温好氧堆肥和机械快速

成肥相结合的农村垃圾分类处理模式。阳光房堆肥模式以行政村为单元，按照户分、村收、村处理的原则，实行农村易腐垃圾就地资源化处理，实现生活垃圾源头减量。机械快速成肥模式以乡镇（街道）为单元，按照户分、村收、镇处理的原则，依托省级农村垃圾资源化处理站点，实行农村易腐垃圾区域集中资源化减量化处理。

（四）广泛宣传，营造浓厚的农村垃圾分类工作氛围

近年来，兰溪市深入开展垃圾分类"八进"活动，妇联、团市委、执法局等部门及各类志愿者累计走进 324 个行政村、60 多所农村学校，开展垃圾分类义务宣讲 400 多场，举办公益活动 200 多次，受益学生、群众 10 万余人，进一步夯实了垃圾分类工作的群众基础。召开全市农村生活垃圾分类千人培训大会，组织市、镇、村三级 30 批次 1 700 余人到金东、浦江考察学习，充分学习借鉴周边县市的好经验、好做法，坚定做好垃圾分类的信心和决心。同时，联合融媒体中心举办微信有奖知识竞赛活动，吸引市民 4 000 余人参加，营造了良好的垃圾分类工作氛围。

二、存在问题

（一）源头管控不到位

当前，垃圾分类尚未成为全民共识和日常行为习惯，全民参与的氛围还不浓厚，群众自觉意识还不强，加上基层缺乏行之有效的奖惩措施，党员联系户、荣辱榜、笑脸墙等制度执行不力，导致分与不分一个样、分好分坏一个样，垃圾分类的群众参与率和正确率都不高。

（二）设施运维不到位

太阳能堆肥房的好氧菌接种和湿度控制需要一定的技术，村一级缺乏专业技术人员，导致阳光房堆肥效果不佳。机械处理中心设备的日常维修保养专业性强，一旦出现故障需联系厂家，维修周期长，影响资源化站点的正常运行。由于源头分类不到位，部分阳光堆肥房和资源化站点进料不足，使用率不高。

（三）要素保障不到位

体制方面，当前兰溪市垃圾分类办尚未实体化运行，人员配备不足，统筹协调全市面上工作有所欠缺。队伍方面，农村保洁员、分拣员年龄结构较大，文化水平不高，难以满足垃圾分类专业岗位的需要。资金方面，由于兰溪市未将农村垃圾分类运行经费纳入财政预算，镇村两级难以承担高昂的终端处置设

施运行费用。据统计，平均每座资源化站点的运行费用（水电费、人工费、设备折旧费）约 23 万元/年，其中水电费 15 万元/年，阳光堆肥房第三方运营的费用约 3 000 元/年，而产出的有机肥出路不广，目前尚未产生经济效益。

三、对策建议

（一）加强宣传引导，提高垃圾分类的参与率和正确率

加强宣传发动，逐步转变群众的思想观念和行为习惯，形成人人参与垃圾分类的浓厚氛围。开展普法教育，普及垃圾分类条例法规，发挥反面典型案例的警示作用，引导群众自觉遵守垃圾分类有关规定。建立激励机制，对垃圾分类先进户实行奖励，提高群众垃圾分类的积极性。实施教育工程，省教育主管部门要将垃圾分类知识纳入义务教育课程，从小培养学生的垃圾分类意识，通过一代人的培育促进全社会行为习惯的养成。

（二）加强顶层设计，增强垃圾分类工作的社会统筹性

以机构改革为契机，将兰溪市分类办调整为独立机构，充实人员，实体化办公，增强垃圾分类办的权威性和组织协调能力。优化考核机制，因地制宜制定各乡镇年度垃圾分类工作任务指标，不搞"大跃进"和"一刀切"。优化征信系统，将垃圾分类信用评价纳入个人和企业征信系统，强化执行力和制约力，使垃圾分类成为全民自觉意识和社会共识。

（三）加强要素保障，促进垃圾分类工作常态长效

强化资金保障，将垃圾分类工作运行经费纳入市财政预算，确保分类收运、设施维护、终端处置等各项工作正常开展。强化队伍建设，建立健全包括收集员、分拣员、清运员在内的垃圾分类专业队伍，提高工资待遇，开展业务培训，切实提高农村垃圾分类队伍的整体素质。强化执法监督，依据《金华市农村生活垃圾分类管理条例》，对违反垃圾分类规定的单位和个人实施处罚，促进垃圾分类常态长效运行。

| 东 阳 市 |

加强运维管理　实现农村生活垃圾"三化"

东阳市开展农村生活垃圾分类减量化处理工作，积极推进农村生活垃圾处理设施建设。目前，东阳市共建设阳光堆肥房 170 座，建设垃圾资源化处理站点 22 个，配备微生物发酵快速成肥处理机器 32 台，低温热解处理机器 1 台。东阳市财政每年安排 5 000 万元用于农村环境卫生保洁设施建设、长效管理、乡镇（街道）垃圾资源化站点运行经费补助，确保农村生活垃圾资源化处理站点日常运行有保障。

一、制定管理办法，建立管理体系

为了进一步加强农村生活垃圾资源化处理站点运行维护和监督管理，确保农村生活垃圾资源化处理站点处理设施正常运行，规范农村生活垃圾分类处置，东阳市制定了《农村生活垃圾资源化处理站点终端运行维护及监督管理意见》，明确了农村生活垃圾资源化处理站点处理设施运行和管理原则为属地管理，乡镇（街道）业主，谁使用、谁负责、谁维护原则。

（一）制定管理办法

坚持全面覆盖、受益广泛、常态运行、注重实效的基本要求，全面建成农村生活垃圾资源化处理站点设施运维体系。成立农村生活垃圾资源化处理站点设施运维管理机构，明确责任领导、运维管理员落实到位，设立投诉电话并有专人负责受理、记录。将农村生活垃圾资源化处理站点管理工作列入村规民约，确保资源化处理站点设施维护管理常态化、规范化、制度化。

（二）明确部门责任

完善后续运维管理机制，明确市级部门责任。主管部门负责运维的监督和管理，目标责任考核；财政部门负责筹措运维配套资金，对资金使用情况进行监督检查；审计部门负责对运维资金使用情况进行审计并出具审计报告；建设、自然资源、生态环保等部门按职能要求，做好农村生活垃圾资源化处理站点运维保障，确保建成一个，收效一个，建成一批，受益一片。

（三）建立村镇管理体系

建立乡镇（街道）主要领导具体管理责任制，成立分管城建、农业、环保的班子成员为副组长，乡镇（街道）相关科室为成员的农村生活垃圾资源化处理站点运维管理工作领导小组，以及相关村干部为成员的日常维护工作组，设投诉电话，确定管理员从组织领导、规章制度、管理成效、产出物或有机肥监测、台账资料、资金保障、社会评价等方面，量化考核内容和评分标准。

（四）加强资金保障绩效

按照"建管并重"的原则，财政部门加强资金保障，确定站点资金补助方案，避免和减少运维过程中的浪费，实现设备、人力、财政资源的使用效率最大化。推行运维"四制"，即站长和房长责任制、第三方运维招投标制、运维管理制和产出物或有机肥检测制，让人民群众真正享有知情权、参与权、管理权、监督权，强化村民参与管理、参与监督的作用。

二、探索管理模式，确保站点运行

东阳市积极探索资源化处理站点多元化管理模式，目前，主要有以下几种模式：

（一）PPP 服务模式

农村生活垃圾资源化处理站点由第三方负责投资建设，处理终端由第三方企业负责运维管理，政府以购买服务对第三方企业进行补助，服务期限结束后，第三方企业向政府移交设施设备。横店镇下校头垃圾处理终端和湖溪镇清潭村垃圾处理终端就采用该模式。

（二）委托管理模式

政府向厂家购买机器设备后，再委托生产厂家进行后期的运维管理，机器设备厂家对机器性能比较了解，能更规范操作机器设备，减少设备故障率，提高设备的处理量。湖溪镇农村生活垃圾资源化处理中心采用该模式。

（三）PPP 模式和委托管理模式

引进第三方专业机构负责建设运维，运用市场化平台化思维，采取"政府＋公司化"运作模式，探索建立政府指导监管、企业化运作的农村垃圾分类处理模式。缺点为采用市场化运行的模式，费用较高，对于镇村尤其是集体经济较为薄弱的地区是一笔不小的支出，农村不能全面普及，仅在经济基础较好的乡镇（街道）、村（社区）运行。

（四）业主自营管理模式

农村生活垃圾资源化处理站点设备投入运营后，由乡镇（街道）自主招聘员工进行管理和运行，全市有 16 个乡镇（街道）采用该模式。该模式的优点为经费投入相对较低，乡镇（街道）一般能负担起日常运维管理费用。缺点也比较明显，由于受经费限制，管理人员存在年龄偏大、学历偏低、技术掌握难等状况，对于农村生活垃圾资源化处理站点设备和农村垃圾分类重要性认识不够，运维管理缺乏科学，装备使用专业性不强。

三、培育运维企业，加强技术支撑

东阳市农村生活垃圾资源化处理站点垃圾处理终端运维良好，出肥经过专业检测机构检测符合农用标准，制成肥料全部由种粮大户和果园进行消耗。目前布局建设的垃圾处理终端，基本上能满足全市农村易腐烂垃圾的处理，最大程度实现了农村生活垃圾的减量化、资源化、无害化。

（一）明确主体责任

压实属地责任，明确乡镇（街道）是辖区内垃圾处理设施运行维护管理的责任主体，由其负责辖区内农村生活垃圾资源化处理站点设施的监督管理，确保设施设备正常运行。

（二）完善站长制和房长制

完善农村生活垃圾资源化处理站点站长制、房长制，明确站长、房长职责，由其负责对农村生活垃圾资源化处理站点处理设施运行维护管理考核及检查记录等相关资料的收集整理和报备工作，严格按要求规范资源化处理站点的环境卫生、垃圾和污水无害处理。

（三）加强业务培训

定期开展业务培训，按要求对设备设施加强管理和保护，熟悉和掌握垃圾分类工作流程，严禁违章操作，确保安全生产。每日按规定做好易腐垃圾进出量的统计记录，制作日常工作台账，做好处理终端和周边环境卫生工作。

（四）加强示范引领

加强农村生活垃圾资源化处理站点运行示范创建，打造一批运维标杆样板。根据垃圾资源化处理站点运维情况，总结提炼一批符合农村实际情况的能复制、易推广的垃圾资源化处理站点运维模式或典型案例。

（五）培育运维企业

坚持市场化原则，加快推进运维企业的整合，推动运维企业合作，促进优势资源进一步向运维骨干企业集中，尽快培育形成一批乡村资源化站点运维行业领军企业。支持率先成立服务乡村环境服务的专业性公司，以县域为服务对象，以改善农村生态环境为服务重点，以整体打包第三方运维的模式，开展农村生活垃圾分类、运输、处理、保洁等综合服务。

（六）加强技术支撑

加强运维相关业务的标准体系建设，组织开展专业技能教育和培训，加快培养技术和管理人才，提高后续运维工作质量。发挥大专院校技术优势，加快研发和应用符合农村终端处理产业要求的新技术、新工艺、新设备，提高农村再生资源回收利用的现代化水平，推广机器成肥和有机肥应用，提高资源利用率，增加站点产出物或有机肥的附加值，消除和杜绝站点二次污染。

┃义 乌 市┃
全面实施农村生活垃圾分类减量化

义乌市全面启动农村生活垃圾分类减量化工作，除正在拆旧房或建新房的全拆全建旧改村，其他行政村已全部实施垃圾分类，基本实现全市行政村农村生活垃圾分类全覆盖。5 年来，市财政累计投入基础设施补助 5 700 万元，全市共建成省级资源化（项目）处理站点 5 个、太阳能阳光堆肥房 334 座。资源化（项目）处理站点由第三方专业机构负责建设运维，阳光堆肥房采用乡镇统一建设、各村使用管理的模式。目前，各资源化处理站点均正常运行，基本实现农村生活垃圾分类就地减量化、资源化处理。

一、主要做法

（一）设立房（站）长，专人管理

义乌市出台《关于推进农村生活垃圾分类工作的实施方案》，要求各村为每座资源化处理站点设一名房（站）长，由村里主要干部担任，负责检查处理终端设施运行、终端基础设施和周边绿化及环境卫生的管护，并及时登记可腐垃圾每日收集量及有机肥去向等情况；市里不定期检查台账和房（站）长履职情况，将检查整改情况纳入该村干部的年度责任制考核。

（二）安装监控，维护运行

义乌市农村加工企业较多，部分建筑垃圾、工业垃圾偷倒乱倒现象严重，偷偷焚烧垃圾的现象更是屡禁不止。针对此现象，义乌市在所有资源化处理站点的主要进出口都安装了监控，全天候监控周边的情况，偷倒乱倒现象得到有效缓解。

（三）重视督导，每月通报

义乌市将资源化站点运行情况作为每月垃圾分类"红黄旗"月度攻坚竞赛的重点检查内容（占总分的 35%）；全市每月检查不少于 40 个资源化处理站点，以"好""中""差"三个评级对每座终端运行情况进行通报，以考核督促各镇街、各行政村重视资源化处理站点的管理运行。日常检查中发现的问题要求镇街将调查情况和整改方案限期反馈。

(四) 发现问题，立整立改

义乌市组织开展了全市农村垃圾分类终端设施整治周活动，全面查找农村生活垃圾分类工作中存在的各种问题，进行集中整治，重点抓好垃圾分类处理设施设备破损缺项、污水渗漏及周边杂物乱堆放等整改工作。

二、存在问题

(一) 源头分类不到位

当前，义乌市各村农村垃圾分类管理水平不平衡，差距较大。村班子能力强的村，垃圾分类氛围浓厚，成效明显；村班子能力弱的村，管理秩序混乱，存在搞突击应付检查现象，垃圾分类工作流于形式，垃圾分类基本处于停滞状态。

(二) 分拣运输不规范

部分分拣员对垃圾二次分拣意识不强，履职不到位，仍然存在混收混装混运现象；有的分拣员甚至把农户分类好的垃圾混倒在一起收运。分拣员队伍不够稳定，从事垃圾分类的一线保洁员（分拣员）工资报酬较低，且素质参差不齐，年龄结构偏大。

(三) 终端处理不健全

处理可堆肥垃圾的机器处理站机器设备技术不成熟，每年都会出现四五次机器故障，每次需要停机检修 10 余天，而且对过于油腻的餐厨垃圾处理效果更差；阳光房堆肥垃圾主要是厨房餐厨垃圾和各种瓜果皮等可腐烂垃圾，但油盐等成分高，再加上源头分类或二次分拣不彻底，虽经过半年以上时间堆肥发酵，但堆肥效果差，肥质不理想，利用率低。

三、对策建议

(一) 完善制度，理顺机制

落实好市、镇街、村三级考核机制，一级抓一级，形成合力。将房（站）长制落到实处，对于终端的运行情况不能"只看数据、不看实际"，加大到现场检查的力度，只有让村里的主要干部真正重视垃圾分类这项工作，才能将源头分类、中端运输、末端处置各环节形成闭环，才能真正实现垃圾减量化、资源化。检查考核结果与村干部季度考评、年终考评挂钩，与村级奖补资金挂钩，对终端处置处于瘫痪的行政村考核奖补资金实行一票否决。

（二）优化布局，整合提升

按照"改造一批、停用一批、合用一批"原则，开展阳光堆肥房专项整治。加快推进大陈镇、廿三里街道省级资源化站点建设，同时科学测算人口，选择更高效的设备，加快资源化站点布局，最大程度实现农村生活垃圾的减量化、资源化、无害化。

（三）宣传引导，抓细抓实

加强垃圾分类处理宣传工作，通过宣讲垃圾分类处理要求、卫生文明习惯、村民参与义务等，不断激发村民清洁家园、建设美丽乡村的主动性和积极性。通过能人带动、政策推动、宣传发动、邻里互动，激发广大农民做好垃圾分类处理的热情。开展《金华市农村生活垃圾分类管理条例》宣传，引导群众自觉遵守垃圾分类有关规定。

| 永 康 市 |

着力破解农村生活垃圾分类四大难题

2017 年以来，永康市立足于"破难题、见实效、可坚持、抓长期"的目标，聚焦农村垃圾分类系统建设、循环利用、制度完善三大重点，在全省率先试点"垃圾分类回收利用及终端运行"政府购买服务模式，实行"组团式管理、网格化服务"，形成政府推动、市场运作、全民参与、城乡统筹的垃圾分类制度，破解分类、收运、处理和管理难题。目前，永康市农村生活垃圾分类处理覆盖率达 100％、无害化处理率 100％、资源化利用率 85％。

一、深化"两次四分"，破解村民"不会不愿"的分类难题

永康市在推进农村生活垃圾分类的实践中发现，让村民直接对垃圾进行四分类，难度很大，村民难以掌握标准、无法准确辨识，很容易分不对、分不了，最终不愿分。针对这一问题，永康市在源头上对垃圾实行二分法，以是否易腐烂为标准分为"可烂"和"不可烂"两类，配以两种颜色的垃圾小桶。因蓝色谐音"烂"，蓝色垃圾桶投放可腐烂垃圾，黄色投放不可腐烂垃圾。二分法简单明了，一学就会，减少了农户进行复杂分类的挫败感，为后续环节开展打下了良好基础。

根据村庄规模大小、垃圾量多少，因村制宜布置分类基础设施，杜绝千篇一律、流于形式，杜绝"高大上"、铺张浪费。有几种情况：一是给每户发放二分类的垃圾桶，设置在门口和家里，由保洁员上门收集；二是发放单体垃圾桶和分类垃圾袋，设置在家里，分好后按颜色和编号投放到村收集点；三是发放单体垃圾桶和发酵桶，可烂垃圾在家里进行发酵处理。

垃圾投放收集从充分照顾村民的生活便利、传统习惯、便于识别等方面出发，主要有几种情况：一是村里按区域设置若干个收集点，村民对应分类垃圾袋颜色一一进行投放；二是在村民集中点早晚定时收集，村民将分类好的垃圾进行投放，保洁员、网格管理员做好检查；三是保洁员或分拣员定时上门收集。

在村民二分类的基础上，村保洁员（分拣员）每天对农户门口或收集点的

垃圾进行收集，并分类运输至村分拣管理站，将"不可烂"垃圾再次分拣为可回收垃圾、有害垃圾和其他垃圾三类。部分试点村在二次分拣时的精细化分类已达到了十几种，并一一对应分类运输处理。通过二次分拣，分类的效率和准确性都显著提高，减量化、资源化效果更加明显。

二、布局收运链条，破解垃圾"混收混运"的收运难题

（一）实现垃圾分类收运

永康市全域布局建立 5 个垃圾处理链，即以工业垃圾为主的收运、中转链；以餐厨垃圾为主的收运、处理链；以建筑垃圾为主的收运、处理链；以普通生活垃圾为主的收运、处理链；以再生资源为主的分拣、回收链，合理规划回收路线，减少物流的环节及成本。

（二）深化"两网融合"模式

再生资源回收关键在前端，环卫系统着力于末端处理。考虑到生活垃圾与生活性废旧物品回收源头相同、过程相似、目标一致，将垃圾分类、资源回收有机融合，加强物流整合。由第三方再生资源公司配置专门的车辆，对全市低价值的回收垃圾统一处理；环卫中转站专门运输其他垃圾（俗称"不好卖"、没利用价值的垃圾），极大减轻了垃圾清运量。

（三）兜底回收低价值可回收物

由第三方再生资源公司针对农村生活垃圾分类减量过程中产生的可回收物定类定价、定时定点进行有偿回收，累计回收各类废玻璃类、废纺织物类等垃圾分类利用物 4 762 吨。第三方再生资源公司以便民为原则，在各村及时公布回收信息和动态价格表，统一安排回收车到村服务，激发村民对低价值物分类的热情。鼓励二次分拣精细化，精分后的可回收垃圾卖出的收益作为保洁员（分拣员）的奖励，提高保洁员（分拣员）开展精分的积极性。这就以正规的物流、公道的回收价格与周到的服务，淘汰掉一批低、小、散、乱的回收摊贩，有利于村庄环境治理。

（四）试点推行"绿卡一键通"

建立全市的垃圾分类"绿卡"网络，逐步实现可回收物统计管理信息化、标准化、科学化。给每户配置垃圾分类的"绿卡"账号，在各乡镇（街道）的华联配送点设置回收超市。对不同类别的回收物设定不同的兑换值，按类别称重，将兑换值充值到农户的"绿卡"上。农户可凭"绿卡"到超市购物消费，

且"绿卡"消费不受期限、商品类别限制。

三、着力终端建设，破解垃圾就地"三化"的处理难题

针对"可烂"垃圾的处置，永康市统一规划设计，建设了 21 个"三位一体"的农村生活垃圾多功能处理中心（资源化处理站点）。处理中心一般包括太阳能堆肥房、有机垃圾处理中心、其他垃圾处理中心、可回收垃圾堆放点、回收超市、毒害垃圾临时收集点、工人管理中心等，配备餐厨垃圾制肥机、磁性热解机等设备。引入第三方再生资源公司，对 21 个终端和部分太阳能堆肥房进行终端运维，运维资金由市财政包干，解决了各乡镇（街道）专业技术缺乏、终端运维不可持续的难题。

配置餐厨垃圾运输车，将农户收集的"可烂"垃圾运到资源化处理站点处置。一个多功能处理中心能将附近几个村的生活垃圾就地转化为有机肥料等加以回收利用，实现垃圾不出村、不出镇，从根本上减少了垃圾外运成本和外运产生的环境问题。按传统处理方式、以每个镇街运输距离的远近计算，填埋的成本为 181～333 元/吨。垃圾就地"三化"的机器处理成本为 125 元/吨，以21 个点覆盖的村庄计，一年可降处理成本 1 100 万元。

探索延伸垃圾处理产业链，将有机初肥制成商品有机肥。如与唐先镇堆肥中心合作，初级肥通过"秸秆还田"配比，制成肥料走向市场商品化；与农业基地合作，初级肥经检测合格后还田使用；与农户分类的好坏挂钩，初级肥作为奖励返还农户。农村的其他垃圾通过磁性热解机变成炉渣，用以铺路、制砖等。

四、完善体制机制，破解力量"缺失缺位"的管理难题

（一）压实责任

聚焦农村垃圾分类的不同环节分解具体任务，明确主要部门的分工。市综合行政执法局负责牵头城区生活垃圾、建筑垃圾、餐厨垃圾分类处理工作；市委农办负责指导农村生活垃圾分类处理工作；市环保局负责牵头指导全市工业垃圾分类处理工作；市供销社负责完善再生资源回收网络和运营体系；市财政局做好垃圾分类处理经费的保障；市水务局负责污泥的处理工作等。

（二）联户包干

以"党建＋"、网格化管理构建"分责联户、分层包干"的农村垃圾分类管理体系，做到不落一村、不漏一户。以"就亲就近就便"的原则，每名党员

联系 5～10 户农户，通过村干部、党员、村民代表、妇联队伍组成的"网格员"，将责任细化到每家每户，形成一个个以党员、村民代表为中心的"垃圾治理小网格"，负责网格内垃圾源头分类、分类投放、卫生费收缴等任务包干工作。在党员积分制管理中单列"垃圾分类"分，将党员积分与所联系户的垃圾分类工作捆绑考核，按月评分，月月公示。

（三）宣传培训

通过媒体宣传、户外宣传、活动宣传多重手段，充分营造出"以参加垃圾分类为荣、以准确分类为荣""垃圾分一分、环境美十分"的社会氛围，将垃圾分类的理念层层渗透。在各村庄主入口、公共广场以及黑板报、文化墙等主要位置，设置醒目的宣传标语，在村主干道、垃圾桶边、花坛内设置垃圾分类宣传栏。开展"四个十万"工程①行动，推动全员行动。开展"一镇一讲一培训"及垃圾分类现场教学，对保洁员（分拣员）队伍进行专业培训，确保每个人都能合格上岗。通过开展趣味游戏、有奖分类、文艺汇演等村民喜闻乐见的形式，对妇女和老人开展培训。例如永康市妇联充分发挥全市 400 多支"辣妈乡音宣讲队"的积极作用，用快板、三句半、古诗词等群众喜闻乐见的形式，深入街道社区、田间地头、文化礼堂、集市等，宣传垃圾分类。

（四）有效督考

通过优化、创新监督考核的形式、方法、机制，及时反馈工作成效，调动、激发各级组织的积极性、创造性。建立市级督查、镇级考评、村级考核的分级考核制度，完善市对镇、镇对村、村对农户的考核评价体系。推动村每日自查、市和乡镇（街道）不定期核查，公开考核结果，接受社会监督，对优秀的镇街、村、村民进行奖励，及时总结推广优秀经验；对不合格的镇街、村、村民逐级进行约谈、督导，形成不断暴露短板、不停解决问题的督考机制。

---

① "四个十万"工程行动由永康市总工会、市妇联、市教育局、市共青团联合开展，即组织全市 10 万工人及家属参与垃圾分类活动，组织 10 万妇女影响和带动家庭其他成员积极开展垃圾分类活动，组织 10 万在校的学生牵手家长开展垃圾分类活动，组织 10 万志愿者深入社区宣传垃圾分类工作。

| 浦 江 县 |

打造农村生活垃圾"大分类"格局

浦江县按照垃圾减量化、资源化、无害化要求，积极探索全社会动员、全区域覆盖、全链条处置、全方位监管的"大分类"格局，破解农村生活垃圾分类源头分类难、处理终端处置难、长效巩固难等问题。2021 年，垃圾分类覆盖率、垃圾资源化利用率、垃圾无害化处置率均达到 100％，回收利用率达60.3％，易腐垃圾分出率达 21.92％，位列全市第一。2017 年被住房和城乡建设部评为"第一批农村生活垃圾分类和资源化利用示范县（区、市）"，2017—2021 年连续 5 年获评全省农村生活垃圾分类处理工作考核优秀县。

一、全社会动员

浦江县充分发挥"党建＋法治"的优势，县主要领导亲自挂帅，党员干部率先垂范，自上而下引领和带动全社会参与垃圾分类，形成"人人清楚、人人参与、人人监督"氛围，家家户户比净比美的风尚。

（一）深化"党建＋"模式

2014 年，浦江县在宁波市率先开展农村垃圾分类工作试点，郑家坞镇在试点中探索"党建＋垃圾分类"模式。充分发挥党员先锋模范作用，按"就亲、就近、就便"的原则，建立党员联系户制度，每名党员包干联系住户 10余户，每个垃圾桶对应一名党员和一户住户，切实发挥党员干部垃圾分类领路人、宣讲人和责任人的作用。将垃圾分类工作纳入基层党建任务清单，推进垃圾分类再提档。

（二）广泛开展宣传活动

积极借助党日活动等载体，通过改编广场舞、编排小品以及发放宣传册、张贴标语、开展培训等形式，深入宣传贯彻落实《浙江省生活垃圾管理条例》，努力做到村村到位、人人知晓。联合县融媒体中心推出方言版"垃圾怎么分""垃圾去哪儿""三随机一公开环境卫生、垃圾分类检查"等垃圾分类宣传连续剧，普及垃圾分类知识。

（三）积极发挥志愿服务作用

全县1 172名县乡党员干部组成244个"4＋2"联心服务团，身穿红马甲进村入社指导，60余名党员组成流动垃圾分类宣讲团地毯式宣讲，老年协会、妇联、学生、共青团组建244支垃圾分类义务督导队常态化巡查。

二、全区域覆盖

2014年9月，浦江县以"五水共治"为突破口，倒逼环境整治与垃圾分类，从解决易腐垃圾等末端处置难题着手，率先在郑家坞镇全镇、檀溪镇大坎村、杭坪镇薛下庄村，分别以集中设备发酵催肥与分散阳光房两种不同模式开展了农村生活垃圾分类试点。经过一系列探索实践，目前垃圾分类已在全县15个乡镇（街道）409个行政村全面推开，并同"清三河""两路两侧""四边三化"整治以及"美丽庭院"创建等工作相结合，多线联合推进，相互协作开展，取得良好效果。

三、全链条处置

浦江县围绕"零增长"工作目标，持续提升农村生活垃圾分类处置收运体系，促进源头分类精准化、投放清运规范化、回收利用资源化、站点运维标准化、环卫保洁精细化，推进各品类垃圾"应减尽减、应分尽分、应收尽收、应处尽处、应用尽用、应纳尽纳"。

（一）"两次四分"实现前端分类应分尽分

浦江县优化投放收集模式，全域化推进撤桶并点，在农村采用"二次四分"模式，即农户配置2个分类桶，初分为"会烂""不会烂"；村收集点配置4个分类桶，保洁员二次分拣，"不会烂"再分为可回收物、有害、其他三类垃圾。全县共有1 500余名农村保洁员，每天定时、定点上门收集清运，并对农户初次分类后的垃圾再次进行分拣，提高垃圾分类的正确率和减量率。

（二）"两网融合"完善中端收运应收尽收

通过城乡一体化的清运处置模式处置各类垃圾，易腐垃圾运至各地生态处理中心机械化堆肥，可回收物网络式回收，对于不可再生利用的其他垃圾，则通过中转站统一转运后焚烧处置，实现垃圾闭环的终端处置。完善回收网络体系建设，推动环卫工作网络与再生资源回收网络"两网融合"，引入第三方专业公司参与全县垃圾分类城乡一体化清运和资源化处置，从而实现垃圾分类中端收运环节的规范化、高效率运作，做到物尽其用、应收尽收。全县建成投用1个再生资源大型分拣中心、4个回收站点、19个大件垃圾暂存点和282个再生资源预约回收点，推进再生资源多点回收、统一处置，实现小区居民预约上门回收和中低附加值可回收物托底回收，城乡生活垃圾回收利用率达60.3%。

（三）"设施提改"实现终端处置应处尽处

浦江县采取就地处置厨余垃圾模式，2014年以来投资2 000余万元，在全县15个乡镇（街道）和主城区建立机械成肥处置中心16个，实行属地收运集中处置。2020年末，总投资4.2亿元、总用地面积7万米^{2}的小黄坛垃圾焚烧发电项目建成并投入使用。开展对生态处理中心、阳光房、生活垃圾中转站的排查整治，对全县所有收集点进行提升改造，对所有资源化站点完成星级资源化培育创建。2021年资源化处置厨余垃圾5万余吨，产出有机肥约1.3万吨；处理餐厨垃圾1.1万吨；焚烧其他垃圾约28.8万吨，发电13 371万千瓦时；收集处置大件垃圾2万余件，资源化利用（造纸原料）木材100余吨；资源化处置（制砖、制砂）建筑垃圾340余万吨。

四、全方位监管

垃圾分类巩固难、易反复。为此，浦江县创新长效管理机制，构建村（社区）、乡镇（街道）、县全方位全领域的监管体系。

（一）推行网格化管理

结合县"四个平台"建立垃圾分类指导员制度，平台网格员就是垃圾分类指导员。每村至少设置一名垃圾分类指导员，分类不好直接拍照上传，由平台管理员交办整改，实现垃圾分类问题"随手拍、秒上传、秒受理"。同时，根据县政协"一村一委员"工作机制，每村配备一名政协委员，进村入户进行指导和全程监督。

（二）创新"双随机一公开"模式

推行"人员随机、地点随机、结果公开"检查和"红黄榜"月度评比，每月在全县各乡镇（街道）抽取行政村，全方位检查源头分类、垃圾清理、乱贴乱画、卫生死角、制度管理等工作开展情况，检查结果在县主要媒体进行公示曝光，并列为年度考核依据。2021年开展"双随机一公开"月度检查11期，累计评选出 9 个黄牌警告村、2 个黄牌警告社区，发放整改问题 3 640 个，持续推进城乡环境卫生长效巩固。

（三）推动严格执法

《金华市农村生活垃圾分类管理条例》的出台，是垃圾分类有法可依的重要保障。浦江县严格依照相关规定，明确部门职责，完善执法程序，通过动态巡查、重点督查、夜间抽查、群众举报等多种方式，严查严管不分类投放、不按规定运输、不履行垃圾分类管理职责等行为。2018 年 4 月 11 日，浦江县开出全省首张未按规定分类投放生活垃圾罚单；同年 6 月 5 日，浦江县依法开出全市首张农村垃圾分类罚单。

（四）实现智能化管控

不断完善垃圾分类综合管理平台功能，全面完成全县处置终端数据实时接入，2021 年接入监控摄像头 346 个，安装智能地磅 16 台，接入环卫作业车辆109 辆，实现垃圾分类数字化、智能化管控，推动垃圾总量控制智能可视。依托垃圾分类智慧监管平台，通过每个点位视频监控的实时查看、回放等功能，对垃圾不分类、乱扔乱倒垃圾案件取证。2021 年交办违法线索 994 条，曝光违规投放行为 45 期，查处相关案件 5 042 起，罚款金额 53.75 万元，有效破解垃圾分类管理难。

武 义 县

多措并举优化提升垃圾分类工作

武义县推行"户分类、村收集、镇集中、县处理"的农村垃圾收集处置模式，建立健全分类投放、分类收集、分类运输和分类处置体系，不断推动农村生活垃圾分类工作提质提标提档提效。2021 年，农村生活垃圾分类覆盖面、垃圾资源化利用率、垃圾无害化处理率均达 100％，农村垃圾分类处理市级优秀村达到 95％，垃圾回收利用率达到 60％以上。

一、主要做法

（一）提升源头减量能力

1. 推动习惯养成。 充分利用"报、网、端、微、屏"等各种媒介，宣传普及垃圾分类知识，培养全民垃圾分类意识，让垃圾分类成为文明风尚。充分发挥基层党组织战斗堡垒和党员干部先锋模范作用，推行"党建＋社会治理＋垃圾分类"制度，按照"就亲、就近、就便"原则，推行党员联系户和党员志愿者服务，带动和指导村民参与垃圾分类。县农村商业银行出台《武义县垃圾分类积分激励实施细则》，对每月评选出的垃圾分类优秀农户进行积分奖励，积分可向武义县农村商业银行兑换物品或享受贷款利率优惠，实现对农村生活垃圾分类工作的正向激励。

2. 开展源头减量。 超市、集贸市场等商品零售场所严格执行"限塑令"，推进净菜入市，提倡使用菜篮子、布袋子购物。餐饮企业、单位食堂等全面开展"绿色消费"宣传，积极推行"光盘行动"。酒店、宾馆、饭店等倡导限制使用一次性消费用品。倡导乡风文明，推行农村家宴标准餐。倡导公共机构、公共场所、企业、居民家庭减少废弃物的产生。做好园林垃圾、大件垃圾、装修垃圾的分流处理。开展快递业过度包装治理，推进绿色快递包装材料、循环中转袋、电子运单的应用。

（二）提升分类投放能力

1. 推行"两次四分"。 为每户农户配备分类垃圾桶，农户按照"会烂"和

"不会烂"先把垃圾进行初次分类,"会烂"的放到绿色垃圾桶,"不会烂"的放到灰色垃圾桶。村分拣员(保洁员)在农户分类基础上进行二次分类,从"不会烂"垃圾中将"可回收物"和"有害垃圾"分类出来,并及时对农户分类进行纠错反馈。"会烂"垃圾(易腐垃圾)就地堆肥,"可回收物"由可再生资源公司兜底回收,政府财政予以补贴;"其他垃圾"经乡镇垃圾转运站压缩后,转运进入城市垃圾焚烧发电厂处理;对"有害垃圾",委托有资质的企业进行无害化处理。

2. 规范垃圾分类投放点建设。 按照"便民、可控、合理、优化"的原则,在城镇居住小区、公共机构、相关企业按照《环境卫生设施设置标准》(CJJ 27—2012)和地方技术规范,设置垃圾分类收集和存储容器。城镇机关企事业单位、沿街商铺等应按照市容环境卫生有关管理规定,由业主负责做好垃圾分类工作,并配合环卫作业单位,做好上门收集工作。

3. 推行分类投放监管服务。 投放点应配置标准设施,配备巡检人员。发动基层党组织、物业公司、业主委员会、志愿者组织及其他社会力量参与垃圾分类投放的现场指导和督导,提高分类质量,实现规范分类、精准投放。积极探索市场化监管服务方式。

(三)增强垃圾运输能力

1. 完善垃圾分类转运体系。 科学规划建设城镇、村庄垃圾分类转运系统,合理布局、改造各类中转站,加强分类功能,确保精准分类、高效转运。

2. 规范垃圾分类转运流程。 由专业部门或委托有资质的企业负责做好垃圾分类运输工作,足额配备人员、车辆等,严格制定垃圾运输路线,运输车辆全面喷涂标志标识、监督电话,鼓励安装 GPS 系统,实行密闭化和防抛洒滴漏处理。

3. 推行多形式垃圾分类运输。 充分发挥市场优势,采取多种形式,建立生活垃圾、大件垃圾、建筑垃圾、有害垃圾、市政污泥、病死动物等全覆盖、标准化、规范化运输体系,实现全域垃圾分流分类运输。

4. 加强垃圾分类转运监管。 建立县级抽查、各乡镇(街道)和各相关部门监管、全社会参与监督的监管体系,严肃查处垃圾混装、混运、乱倒和跨境运输。

(四)增强终端处置能力

1. 实行垃圾分类处置。 农村易腐垃圾通过阳光堆肥房和机械高温发酵肥料化处理;城镇易腐垃圾进入餐厨、厨余垃圾处置中心处理;其他垃圾全部纳入垃圾焚烧厂处理;有害垃圾、建筑垃圾、市政污泥、危险固废等,按照国家有关规定和行业标准，采取"政府＋市场"运作模式处理；病死动物、农膜、农药包装物、种苗营养钵等，通过"政府＋业主"兜底无害化处理；无主垃圾由政府委托企业兜底处理。

2. 致力终端管理。全县共建成 403 座太阳能垃圾堆肥房、3 个有机垃圾机器处理站，日处理易腐垃圾能力 100 吨。终端站点推行堆肥房"房长制"，明确房长职责，要求记好房长周志，管好房、用好房，建立长效运行机制。

（五）加强监督考评

强化县、乡镇、村三级农村生活垃圾分类监督考评机制，层层落实责任、传导压力，形成垃圾分类工作比、学、赶、超的良好氛围。县级层面全面落实季度交叉检查、最美（最差）村庄评选等工作制度，把季度交叉检查作为年度考评的重要依据，对年度排名前三的乡镇分别给予年度卫生保洁和垃圾分类经费补助总额上浮奖励，年度排名靠后的乡镇扣除年度部分卫生保洁和垃圾分类补助经费。对获评年度最美村庄的行政村按照本村人口数分别给予 2 万元或 1 万元的资金奖励，对获评年度最差村庄的行政村扣除当年卫生保洁和垃圾分类经费补助。同时乡镇、村两级每月开展农村生活垃圾分类考核评分工作，每月评选垃圾分类"红黑榜"，并进行保洁员考核评比，以常态性督查抓牢垃圾分类工作不松懈。

二、存在问题

农村生活垃圾分类减量处理是一项覆盖面广、关联度大、综合性强的系统工程，工作千头万绪，任务十分繁重，存在的问题和困难也不少。

1. 垃圾源头分类有待提高。当前农户自觉参与垃圾分类的意愿还不强烈，源头分类正确率有待提高，部分农户家里分类垃圾依然存在混装现象，垃圾分类意识还有待加强。

2. 保洁员队伍素质不高。当前农村保洁员年龄结构偏大，工资待遇普遍较低，垃圾分类专业知识技能欠缺，分拣员队伍以兼职为主，整体素质有待提高。

3. 运维成本偏高。武义县农村生活垃圾处理终端主要采用阳光堆肥房，柳城畲族镇垃圾资源化处理中心和马口区域垃圾资源化处理中心于 2015 年下半年开工建设，2016 年上半年建成并投入运行。2 个站点共安装了 3 台快速成肥机器，每台设备设计日处理量为 1 吨，算上保洁工作人员工资、水电费及机器维修等费用，平均每台机器运维成本大概在 12 万元/年，资金压力较大。

4. 机器运行效果欠佳。农村易腐垃圾品种繁多，一些硬质蔬菜垃圾（如笋壳等）卡住机器时有导致机器损坏的情况；餐厨垃圾日益增多，大量的油脂类垃圾也影响机器处理中的干燥环节，进而影响了机器出料时间，导致机器运行一次后基本要隔一周左右才能再次正常运行。此外，由于产出物没有过滤高油高盐，比较油腻，成肥效果不是很好，对后续利用造成一定的影响。

三、对策建议

（一）强化要素供给

保障资金投入，落实硬件设施和管理运行资金，鼓励社会资本参与全链条垃圾分类。保障土地供给，落实垃圾处置设施项目用地指标。保障项目落地，加快项目立项、规划、环评等重点环节审批。强化政策扶持，加大再生资源回收利用企业的培育。

（二）强化监管执法

利用"互联网＋"、大数据、智慧城管、视频监控等信息化手段，建设覆盖垃圾分类投放、收集、运输和处置全过程的城乡智慧化监管平台。突出做好生活垃圾焚烧厂"装、树、联"工作，即装在线监测系统、树立烟气排放公示牌、联入环保互联网系统健全完善有害垃圾处置智慧监管。完善部门协同执法机制，建立生活垃圾处理收费机制和垃圾分类信用评价体系。

（三）强化督查考核

将垃圾分类工作纳入对县直属各部门单位的年度工作目标考核、生态建设考核。建立县、乡镇（街道）、村（社区）、居民四级联动考核制度。强化垃圾分类督查力度，对全县各乡镇（街道）、开发区、度假区实行每季交叉检查，结果在媒体公示并进行末位排名，倒逼责任落实。建立全民监督制度，开设社情民意监督平台和公众举报平台。实施人大专项监督、政协民主监督，鼓励社会组织参与监督评价。

｜磐 安 县｜

多模式并行　探索垃圾分类新方案

　　磐安县下辖 7 镇 5 乡 2 街道，有 216 个行政村、20 个居民委员会，人口 21.31 万，县域面积 1 195 千米²。磐安县始终坚持源头思维，按照"农民可接受、财政可承受、面上可推广、长期可持续"原则，连续多年将垃圾分类列入全县十大民生实事，不断创新工作机制，着力破解难点、打通堵点，扎实推进农村生活垃圾分类工作。

一、开展情况

　　磐安县共建阳光堆肥房 118 座、机械化成肥站 8 个（新建 7 个，扩建 1 个）。其中，建有省农村生活资源化站点 10 个，包括机械化成肥站 8 个，涉及 7 个乡镇 41 个村，总投入 454.5 万元；阳光堆肥房 2 座，覆盖 5 个村，县财政累计投入 70 万元。

　　从站点运行情况来看，118 座阳光堆肥房中运行较好的 57 座、运行一般的 32 座、运行较差的 29 座。省农村生活资源化站点 7 个正常运行，3 个未正常使用，其中，双峰乡生活垃圾资源化站点因涉及流岸水库建设，站点位于水库淹没区，现暂停使用，原覆盖村可腐烂垃圾运送到东坑村阳光堆肥房处置；万苍乡垃圾资源化利用站因全域土地综合整治已于 2019 年拆除，原覆盖村的可腐烂生活垃圾运至邻村阳光堆肥房处置；尚湖镇生活垃圾资源化站点因设施运行不正常、运行成本较高等原因暂停使用，原覆盖村的可腐烂生活垃圾运至大王村阳光堆肥房处置。

　　从出肥情况来看，机械化成肥站出肥率较阳光堆肥房高，基本在 1～2 天出肥，肥料含水率不高，主要用于茶叶地、水果基地；阳光堆肥房基本在 3～6 个月出肥一次，肥料含水率较高，肥料主要用于林地。农村生活资源化站点渗滤液经过前端压榨、中期烘干等程序后，余下部分通过管道收集至污水处理池集中预处理，再纳入污水管网。

二、主要做法

（一）明确分类要求，加强宣传引导

　　充分发挥党员干部、"山妹子"、志愿者等队伍的作用，开展发放宣传册、

组织培训、入户指导等形式的宣传教育，通过宣传指导、示范引领、监督反馈等方式，让村民知道垃圾为什么分、怎么分、去哪里等问题。一是发放全覆盖。全县印制垃圾分类宣传册 7 万余份，分发到每个村、每一户，做到"一户一册"。二是宣传多样化。开展"垃圾分类山妹子在行动"、全县垃圾分类大比武暨宣传月等大型活动，开展垃圾分类"进机关、进学校、进企业、进家庭"四进活动，营造"垃圾分类我参与，美丽磐安共行动"的良好氛围。三是培训多层次。采取专题学习、交流研讨、知识竞赛、专家培训等形式，加强对乡镇干部、村干部、村分拣员、监督员等的教育培训。村主职干部、垃圾分拣员、妇联主席等加入农民培训队伍，全县累计开展各类培训活动 106 场次，受众达11 000 多人次。

（二）总结分类经验，加快合力推进

持续推进"二次四分"法，即农户按"会烂"和"不会烂"标准进行一次分类，村分拣员（保洁员）在农户分类基础上进行二次分类，将"不会烂"垃圾再分为"好卖"与"不好卖"两类，并对农户分类及时纠错反馈。一是推行上门收集，实现"三员合一"。"三员合一"，即保洁员、分拣员、清运员同为一人。首创是在玉山镇的一个偏远小山村——上月坑。每日清晨 5 点，月坑村收集员推着手推车到每家每户收集垃圾。打开垃圾桶检查垃圾分类是否到位，如果分类不到位，收集员准确分类后投至相应的垃圾桶，从源头上解决了垃圾分类不到位问题，实现了农村卫生保洁无缝式管理。目前，全县共有 176 个村实行上门收集。二是将垃圾分类列为"十美村"评选前置条件，实行一票否决制。垃圾分类是"十美村"创建回头看必看之一，已创建村返潮现象严重的，取消"十美村"资格，目前有 2 个村因垃圾分类不到位被一票否决。三是通过"党建＋"引领，实行党员网格化管理。利用"党员干部五星十二分制管理制度"和"党员联系农户"制度，发挥党员干部的示范带头作用，将垃圾分类考核结果与党员干部的评优选先和报酬发放相挂钩。

（三）建立分类模式，促进长效管理

一是建立"县管、乡抓、村为主体"的管理模式。垃圾分类办（原县农办）作为农村生活垃圾治理工作主管部门，乡镇（街道）按照属地管理原则，明确分管领导和联络员具体负责，各村是垃圾分类的责任主体，充分发挥村民的积极性、主动性。二是形成"户分、村集、集中统一处置"的运营模式。农村坚持"二次四分"法，在此基础上，因地制宜，创新方式，探索"三员合一"模式、偏远山区终端就地处置模式，在示范村率先推行"上门收集法"，取消大垃圾桶集中投放点设置，每个村最多留一个垃圾投放点，且投放点设置不得影响环境视觉效果，不断总结"操作性强、农户易接受、财政可承受"的磐安经验。三是健全"考核、资金、综合行政执法"等保障体系。每年确定农村垃圾分类设施补助范围和补助内容；将垃圾分类列入乡镇、机关部门的年度考核，以"日常督查、专项督查、暗访督查"等形式，通过微信群、电视栏目进行曝光，全方位开展"每周督查，每月排名，每季考核，年度奖惩"；推行垃圾分拣员评优制度和网格化管理制度等。

三、存在问题

一是源头分类不精准。农户源头分类和分拣员二次分拣不够到位，部分站点有混合垃圾投入，影响发酵效果和肥料质量。二是站点长效管理不规范。表现为站点管理缺乏专业技术人员、机械化成肥站运行成本较高等。机械化设施经常出现故障需要专人专管，各站点年运营费用 4 万～8 万元。三是肥料销路不畅通。因长时间阳光堆肥房堆肥后，仓内环境较差，无人员愿意来清理，根据目前清理的费用来看，平均 4 000 元/仓。出料的有机肥普遍存在无害化程度低，堆肥产品杂质和含水量高，品质差、肥效低，难以符合市场要求，肥料市场去向难。机械化站点肥料含水率不高，农民普遍不接受，认为会烧苗。

四、对策建议

（一）有效调整站点负荷

按照"改造提升、整合使用、停用替换"的原则，对现有阳光堆肥房实行分类整治。根据行政村撤并情况，对垃圾量不足的阳光堆肥房实行整合使用；对损坏较大、村级积极性较差的实现停用替换；对垃圾量较为正常、村级积极性较好的进行技改提升。在机械化站点负荷承载范围内，将邻近村的阳光堆肥房处理覆盖村纳入覆盖村范围，扩大站点辐射范围。

（二）加强垃圾分类全程管理

加强源头分类管控，大力推广上门收集、"三员合一"制度，有效避免垃圾混运和混合处理等现象，严格把控入仓前二次分拣、堆肥条件控制等。加强房长制有效落实，加强垃圾分类终端进料、出料口量统计工作等。

（三）建立长效管理机制

加强垃圾分类资金保障，将农村生活垃圾分类收集处理工作经费纳入县、乡财政预算，由县、乡承担日常运行保障经费。加大对垃圾分类工作的督导检查考核，切实建立长效管理机制和检查考评机制，确保生活垃圾分类工作落到实处。积极探索政府购买服务方式、将终端设施委托第三方管理模式并将运行情况纳入考核。加大对有机肥料的宣传，让农户及时主动使用产出的肥料，真正实现资源化利用，同时减少农户购买肥料的支出。

衢 州 市

党建引领　助推农村"垃圾革命"

衢州市深入学习习近平总书记关于治理农村生活垃圾、推进垃圾分类的重要指示精神，贯彻落实党中央、国务院和浙江省委、省政府关于改善农村人居环境的决策部署，加快完善农村生活垃圾收运处置体系，建立健全治理长效机制，农村生活垃圾分类处理工作取得了明显成效，基本实现"零增长""零填埋"。

一、主要做法

衢州市农村生活垃圾分类处理各项工作有序推进，垃圾分类处理体系建设和运行总投入资金共计 13 671.69 万元。全市农村生活垃圾分类处理建制村累计达 1 258 个，覆盖率 84.9％，2020 年创建完成了 122 个省定农村生活垃圾分类处理任务村，完成率 81.3％；完成了 220 个省定任务巩固提升村建设，完成率 59.1％；完成了 7 个省级高标准农村生活垃圾分类处理示范村建设，完成率 35％。

（一）坚持党建统领，实行网格化管理

坚持党建统领，注重发挥农村党员先锋模范作用，组建党员联组包户网格化管理服务团队，号召党员干部带头整治庭院环境、带头落实垃圾分类工作。柯城区以网格为单位，建立"村、网格、微格、户"的网格化管理制度。依托党员联户建立垃圾分类微格，每名联户党员负责 10～20 户农户，实现了宣传动员全覆盖。网格长、专职网格员、兼职网格员和网格指导员定期开展垃圾分类的宣传资料发放、上门指导、巡查监督和考核评比。衢江区借助"周二无会日"组团联村、党员联户契机，组团联村成员、党员干部、乡村振兴指导员上门面对面和农户交流，对垃圾分类工作进行全方位指导。江山市共建立网格1 239 个，共督促整改问题近 3 万个。采取"上榜排名、督促整改、问责惩罚、资金奖励"的方式，鼓励先进、鞭策后进，结合美丽庭院、最美家庭评比，由

乡镇、村干部组成检查组，进村入户进行公开评比，全市共评比清洁户 5.33 万户、美丽庭院 1 500 多户，全面提高了投放正确率和户收集率。

（二）加强体系建设，完善设施配置

1. 因地制宜，完善分类体系和责任体系。在源头分类环节上，实行"两次四分法"，即由农户按"可烂"和"不可烂"两类标准进行初分，投放至有明显分类标识的垃圾桶，再由保洁员对"不可烂"垃圾进行"可卖"和"不可卖"二次分类。在分类运输环节上，保洁员将"可烂"垃圾运送至村阳光堆肥房或机器堆肥房，"不可烂"垃圾中的"可卖"垃圾则由农户在村垃圾兑换超市兑换日用品，"不可卖"垃圾运往乡镇垃圾中转站，再运至县级统一进行填埋等无害化处理。在分类处置环节上，采取"一村一建"或"多村合建"方式，科学规划布局终端设施建设，做到村村有效覆盖，建筑垃圾由乡镇（村）就近妥善处理，有毒有害垃圾由县（市、区）负责集中收集，并由市、县（市、区）统筹处理。

2. 加大资金投入，改造升级农村生活垃圾分类处理基础设施。柯城区每年安排补助垃圾分类和农村保洁资金 3 000 万元，建有乡镇垃圾中转站 12 个、农村生活垃圾资源化处理设施 60 处。衢江区建成 93 座阳光堆肥房、31 个资源化减量化处理站（微生物发酵快速成肥房）、81 个再生资源回收服务站。龙游县加大对垃圾治理和分类的财政资金投入，农村人均保洁经费增加到 70 元，同时，设立垃圾分类减量化资源化利用终端建设和垃圾资源化处理站运行维护管理资金补助两项专项经费，实行以奖代补，由乡镇（街道）统筹使用。江山市累计投入资金 2.56 亿元，共建设垃圾中转站 18 个，配备垃圾分拣员 1 007 人、分类垃圾桶 160 469 个、公共垃圾桶 9 185 个、普通清运车 252 辆、垃圾分类车 368 辆、大型垃圾清运车 27 辆，建成阳光堆肥房 119 座、乡镇垃圾资源化处理站点 2 个，配有高速堆肥发酵机器终端设备 10 台。常山县共有农村生活垃圾资源化站点 48 个，其中电力成肥站点 38 个、阳光堆肥房 10 座，基本实现了资源化处理站点行政村全覆盖。开化县有分类垃圾桶 141 384 个、大垃圾桶 4 509 个、村级清运车 661 辆、县级清运车 51 辆、垃圾兑换超市 255 家、垃圾收集点 446 个、垃圾中转站 27 个、垃圾资源化处理站点 109 个、沼气池 66 个、县级卫生填埋场 1 座、县级垃圾焚烧发电站 1 座。

（三）广泛宣传发动，营造良好氛围

各县（市、区）、乡镇（街道）通过乡村振兴讲堂、村情通、乡广播站广播等途径开展垃圾分类培训，积极宣传农村生活垃圾分类工作。柯城区成立美丽乡村骑行队，通过环保骑行活动，以骑行爱好者的宣传和监督为纽带，加强社会群众的垃圾分类意识和环境保护意识，助力推进环境综合治理工作，提高群众参与程度。在骑行过程中发现的环境脏乱差问题，由队长汇总反馈至区农业农村局进行统一交办，切实做到环境保护全民参与、全民监督。常山县建立2个农村垃圾分类学院，配备有会议室、智能分类兑换机、垃圾资源化站点、资源化兑换超市等，建成可看、可学、可操作的分类教育基地。江山市利用广播、黑板报、宣传橱窗、标语等进行发动，累计发放宣传资料1万多份，设立固定标语300多条。利用"三八"妇女节、"六一"儿童节等节日组织开展"小手牵大手、垃圾分类走"、垃圾分类趣味运动会等大型宣传活动，用寓教于乐的方式宣传、灌输垃圾分类知识和科学环保理念，营造"垃圾分类、人人参与"的浓厚氛围。

（四）探索机制创新，提高治理水平

衢江区通过分类源头党建引领、乡镇指导，企业资源整合、技术辅助，现已形成具有区域特色的党建引领"湖仁模式"、十美联创"举村模式"、第三方运维"全旺模式"。龙游县通过典型培育、示范引领，以点带面，全面提高垃圾分类示范村的创建水平，深化推进垃圾分类"贺田模式"2.0，突出垃圾分类长效制度建设，推行"门前四包"责任制、卫生监测考评、垃圾分类"红黑榜""党建＋垃圾分类"、垃圾收费等制度机制，促进垃圾分类长效运维。江山市结合垃圾治理PPP试点成功案例，鼓励乡镇开展第三方购买服务模式，重点推进贺村镇"政府购买服务＋第三方治理"试点，提高农村生活垃圾分类管理、设备维护服务市场化水平，提高镇村运维管理水平。常山县针对部分群众垃圾分类意识薄弱、农村保洁资金短缺等制约长效管理的问题，以"一元统筹"解决保洁经费难题，即以村为单位，按在册人口，每人每月缴纳一元保洁经费，并写入村规民约，至今已收缴1000余万元。开化县在全省率先开办垃圾兑换超市，目前全县共开设垃圾兑换超市255家，实现行政村全覆盖，通过"新鸡毛换糖"方式，激发农户垃圾分类的积极性和主动性。

（五）强化督导检查，保障工作成效

建立健全市督查、县检查、镇巡查的三级联动的督查机制，推动县（市、区）之间、乡镇之间、村之间互比互看互进。切实提高垃圾分类考核在市对县综合考核、乡村振兴考核、乡镇（街道）分类争先考核中日常督考的比重，对工作推进不力、问题整改不力等现象，严肃处理，及时扣分，倒逼各级提高垃圾分类工作执行力。柯城区制定并下发《柯城区农村环境卫生长效保洁督查考核办法》（柯创建办〔2019〕2号）《柯城区农村生活垃圾分类三年行动方案（2020—2022）》等文件，成立了由区委办公室、区政府办公室牵头，区农业农

村局等部门人员组成的考核小组，严格实行"每月一督查、年终总考评"的督查考核制度，每月对全区 30% 的行政村进行环境卫生和垃圾分类抽查。通过联合督查、重点督查、主管部门巡查、通报曝光等形式督促落实。衢江区每周定期在钉钉群、微信群等渠道播报垃圾分类工作开展情况，鼓励乡村干部、党员、村民代表甚至农户"随手拍"，曝光督查中发现的问题，促进整改。江山市出台《关于印发江山市农村环境整治长效管理考核办法的通知》（江村整建办〔2020〕7号），严格落实属地管理原则，对辖区内的行政村垃圾分类和环境卫生工作进行"网格化"管理，明确督查考核、资金激励等，努力实现农村环境整治常态化、精细化、长效化管理。龙游县从面上"洁净家园"创建和村庄"贺田模式"深化提升两条线入手，每月分别对乡镇、村开展暗访督查，暗访督查结果以简报形式全县公开通报，评分排名在《今日龙游》等媒体上公布，列入乡镇（街道）年度综合考核，并与评优评先、涉农项目申报、经费奖补、县对乡镇的新农村建设考核等相挂钩，"要么垃圾分类，要么一票否决"。开化县将垃圾分类工作列为县级综合争先考核的重要内容，进一步健全了督查考核机制，把其作为生态型乡镇的一票否决指标，与评优评先、涉农项目申报等相挂钩。县清洁办每月对农村卫生保洁和垃圾分类工作进行督查，督查结果进行排名通报，与以奖代补资金相挂钩，并在《今日开化》、开化电视台《直击》栏目进行曝光。

二、存在问题

（一）思想重视程度不够

部分乡镇、村对垃圾分类工作重视程度不够，宣传力度不够，氛围营造不够，发动农户参与垃圾分类工作的办法不多，效果不好。部分村垃圾分类的奖惩、评分、村规民约、门前三包等制度停留在纸上、墙上，未能有效落实。农户垃圾分类意识不强，随意丢弃、疏于分类的生活习惯短期难以改变。

（二）运维资金缺口大

垃圾分类工作覆盖到每个自然村，资金需求大。部分县山区面积大，村组分散，保洁队伍和清运车数量较多，且运输距离较远，运行维护成本高。虽然近年来市、县不断增加对农村生活垃圾分类的补助力度，但乡镇、村财力有限，配套资金不足，资金缺口比较大。

（三）长效管理机制不健全

垃圾分类是一项长期的系统的工作，需要长期的管理和维护。有的村庄由于缺乏行之有效的长效管理机制，垃圾分类工作出现反弹现象，比如垃圾分类不到位，有机垃圾处理站、阳光房等设施运行不正常等。

三、对策建议

（一）营造浓厚氛围

构建全民参与的格局，即党员干部当先锋，参照开化县"1＋8"党员联户制度，分片包干、捆绑推进；深化"百万妇女学贺田"和"小手拉大手"行动，加强培训力度，壮大垃圾分类的主力军；媒体宣传全覆盖，通过电视、报纸、微信、广播等渠道高频率报道动态信息，有效引导农民群众提高垃圾分类的自觉意识。

（二）抓好典型示范

扎实推进"县乡村"三级联创，即每个县（市、区）1个全域推进的示范乡镇，每个乡镇创建3个以上示范村，积极打造不同层面的可看可学可复制的典型样板。完成省下达"四分四定"垃圾分类村工作任务和无害化、减量化、资源化站点建设工作任务。

（三）探索创新机制

在群众发动环节上创新各类奖评制度，如通过建立村际联评制度、积分兑换制度、荣辱榜制度和卫生公益金制度等做法，激发群众积极性；在分类环节上探索如龙游"贺田模式"、常山"二分＋"模式、江山二维码源头追溯模式等简便易行、有效落地的方式。创新推广"路段长、网格化、五员一体、十户联动、保洁外包"等管理模式，实现责任到人、网格化管理、长效化运行。此外，还要加快推广行政化推动与市场化运作的模式，用好两只手；探索长效化运行与智慧化管理的办法，构建新平台；探索产业化跟进与专业化经营的路子，形成产业链；探索法制化保障与社会化参与的机制，实现规范化。

（四）加大资金保障

以多元化思路筹措资金，建立"向上争取一点、政府投入一点、社会参与一点、农民自筹一点"多元化资金筹集模式，解决资金不足问题。在长效运维方面，鼓励引进市场力量参与，提升运维效率。

柯 城 区

强化垃圾分类　解决农村脏乱问题

柯城区按照农村生活垃圾治理工作的有关要求，紧紧围绕"四分四定"体系建设，全面开展生活垃圾分类治理工作，扎实推进农村生活垃圾高标准分类，着力解决农村重点环境问题，不断提高农村人居环境质量，建设干净整洁、生态宜居的美丽乡村。目前，柯城区农村生活垃圾分类收集覆盖 214 个行政村，覆盖面达 100％；累计完成"四分四定"村 175 个，覆盖率达 82.16％；全区农村累计垃圾量约 2.42 万吨，其中可回收利用垃圾约 1.26 万吨，资源化回收利用 1.16 万吨，垃圾回收利用率占比 48％，资源化利用率占比 92％，无害化处理垃圾 2.42 万吨，占比 100％；10 个建成的垃圾资源化处理项目站点全部交由第三方正常运维。2021 年，入选全省农村生活垃圾分类处理工作先进县（市、区）。

一、主要工作

（一）创新宣传方式，营造优良氛围

除传统的媒体、报纸、培训教育及其他宣传手段，柯城区还成立了美丽乡村骑行队，通过环保骑行活动，以骑行爱好者的宣传和监督为纽带，加强社会群众的垃圾分类意识和环境保护意识，助力推进柯城区环境综合治理工作，提高群众参与程度。在骑行过程中发现的环境脏乱差问题，由队长汇总反馈至区农业农村局进行统一交办，切实做到环境保护全民参与、全民监督。

（二）优化投放过程，提高正确投放率

加强网格员队伍建设，积极引导群众转变生活方式，帮助群众提高垃圾分类正确率，使其共同参与到环境卫生的日常保洁和秩序维护中，自觉营造良好生活环境，逐步形成群众自治式保洁。利用好各村垃圾再生馆这个农村可回收垃圾、有毒有害垃圾收集大平台，设立每周兑换日和流动垃圾再生馆，对可回收和有毒有害垃圾进行全方位的集中处置，提高垃圾的资源化利用水平。除可

回收垃圾和有毒有害垃圾外,还按照村级网格划分,以 20～50 户为单位,设立定时定点投放点。投放点分别设置易腐垃圾、其他垃圾分类桶和网格花名册墙,每个点位安排一名有责任心的村民负责监督登记,对正确分类且投放的,以户为单位,给予一定的奖励,通过花名册墙公开,村民逐渐形成了每月"比学赶超"的良好氛围。

(三)严控运输流程,确保规范化运输

注重加强农村保洁员队伍建设,配齐配强保洁员队伍,加强行业规范化管理,建立符合农村生活垃圾分类的运输体系,建设与垃圾再生馆和定时定点投放相衔接的收运网络,完善生活垃圾运输车辆配置,落实专车专收。区级每年补助垃圾分类和农村保洁资金 3 000 万元,由乡、村两级进行公开招标确定保洁公司,并且实行保洁员动态管理,选优汰劣,竞争上岗。垃圾分类清运员必须接受垃圾分类知识教育,具有良好的职业道德和垃圾分类意识,避免出现前端分类、中端混运的现象。

(四)注重设施建设,提高治理水平

柯城区现有乡镇垃圾中转站 12 个,农村生活垃圾资源化处理设施 60 处。资源化处理设施对农村有机垃圾进行无害化处理和资源化利用,全过程实行密闭化、智能化管理,实现垃圾处理设施周边基本无恶臭排放。建成的设施,由厂家负责定期维护更新,确保设施运行良好,资源化处理到位。其余不可沤肥垃圾集中运送至垃圾中转站,由市级统一处置。

(五)健全工作体系,强化考核机制

夯实美丽乡村建设基础,加强垃圾分类示范村创建和环境卫生长效保洁督查考核。制定并下发《柯城区农村环境卫生长效保洁督查考核办法》《柯城区农村生活垃圾分类三年行动方案(2020—2022)》等文件。成立了由区两办牵头,区农业农村局等部门人员组成的考核小组,严格实行"每月一督查、年终总考评"的督查考核制度,每月对全区 30% 的行政村进行环境卫生和垃圾分类抽查。通过联合督查、重点督查、主管部门巡查、通报曝光等形式督促落实。

二、问题与对策

柯城区在农村垃圾分类工作上取得了较大的成效,但也存在一定的不足,如农户分类正确率有待提高、农村卫生死角有待整治、治理经费有待增加等,

下一步柯城区将对照问题，做好以下整改措施：

1. 思想认识再统一。采用各种形式加大宣传力度，进一步统一思想认识，使乡村干部认识到位，垃圾处理有关知识家喻户晓、人人皆知，切实提高广大农民群众参与农村生活垃圾的积极性，增强主人翁意识，切实由"要我管、我不管"转变为"我要管、是我管"，形成人人讲卫生、爱干净的浓厚氛围。

2. 农村垃圾处理设施再夯实。建设并投入使用减量化机器处理设施，配齐垃圾机动清运车、垃圾挂桶、保洁员工具、户用分类桶等设施，完善垃圾再生馆布局和定时定点投放点建设，为"四分四定"村建设打下扎实基础。

3. 长效保洁机制再健全。加大督促检查力度，严格奖惩，将检查结果与日常运行管理费用挂钩。积极探索城乡环卫一体和市场化保洁，完善"四分四定"治理体系，推动城市环卫设施、技术、服务等公共产品、公共服务向农村延伸覆盖，实现管理运行、设施建设、经费保障、作业标准的统一。

| 衢 江 区 |

推行农村生活垃圾资源化利用
第三方运维模式

衢江区以农村生活垃圾"减量化、资源化、无害化"为目标，立足地方实际，创新"三次四分法"，实行城乡保洁一体化，积极推进农村生活垃圾资源化利用第三方运维模式，农村生活垃圾分类处理工作取得了明显成效。2021年，全区新增省级高标准示范村 3 个，巩固提升村 70 个，农村生活垃圾分类处理建制村全覆盖，农村生活垃圾回收利用率达 59%、资源化利用率 100%、无害化处理率达 100%。全区已累计建成 93 个阳光堆肥房、32 个资源化减量化处理站、42 个压缩中转站、261 个密闭式地埋桶以及 83 个再生资源回收服务站。连续 4 年获评浙江省农村生活垃圾分类处理工作优胜县（市、区）。

一、采用第三方运维模式

探索推广农村生活垃圾第三方市场化运维管理模式。2018 年 6 月 1 日，衢江区以第三方——一清环境为实施主体，依托企业人员专业化、作业机械化、监管智能化、设备新能源化的市场优势，全面负责上方镇、峡川镇、杜泽镇、莲花镇、太真乡、双桥乡、周家乡、云溪乡、樟潭街道等 18 个乡镇（街道、办事处）248 个行政村的全域日常保洁与垃圾分类处理全过程，服务覆盖人口 382 715 人（在册登记人口，不包括流动人口），配备运维人员 1 600 余人。第三方主要从分类培训宣传体系、分类源头追溯体系、分类处理循环体系、智能监管考核体系四大体系，形成"一把扫帚扫到底"的农村生活垃圾分类闭环体系。

二、创新乡村治理机制

建立健全"党建统领＋基层治理＋垃圾革命"的垃圾分类衢江实践，充分发挥"党建统领、网格治理"的作用，将全区划为 769 个全科网格，由 3 815 名网格员管理。建立以行政村为单位，以联系领导及驻村干部为网格指导员、村主职干部为网格长、其他村"两委"干部为网格员的工作小组，结合保洁员"全域覆盖、包干到户"的特点，将农村生活垃圾分类作为网格每日工作的重点任务，实现责任到户到人、管理到边到角，覆盖全区 13.41 万户农村居民。以湖仁村为例，充分发挥村级党组织服务保证和党员示范带头作用，以党员联系农户的形式，大力推行垃圾治理"三全四包"机制，"三全"是全民保洁、全民分类、全面包干，"四包"是包卫生、包秩序、包房前屋后绿化管理、包家禽家畜圈养，全面实行"奖励为主、教育为辅、加强引导、注重沟通"的考评机制。以举村为例，以"十美家庭"创建为载体，通过落实"一户一牌、网格管理、星级达标、考评奖励"措施，乡、村、户三级责任串联，实现垃圾分类的有效激活。

三、推行"三次四分"法

"三次"指农户在家第一次粗分，清运员定时上门第二次细分，终端操作员第三次精分，确保分类准确。"四分"指将垃圾分为易腐垃圾、可回收物、有害垃圾和其他垃圾。在此基础上，实行"四分四定"收运体系，即分类投放定时、分类收集定人、分类运输定车、分类处理定位。配备 368 辆电动分类收集车，实行定时上门挨家挨户分类收集，清运员必须对每户垃圾桶进行再次细分，并按不同种类垃圾运送至相应的处理终端，收集全程杜绝混收混运。

四、突出末端处理资源化

针对易腐垃圾处理处置现状，以适度集中、共建共享为原则，选用智能化、减量化、无害化的设施设备。目前，全区共建成 93 个阳光堆肥房、32 个资源化减量化处理站。易腐垃圾运用微生物发酵快速成肥技术，额定日处理量 25.6 吨，年减量 7 500 吨以上，资源化产出有机肥 1 300 吨以上。同时研发出易腐垃圾高值化产品，建立示范点，为易腐垃圾高值化、资源化循环利用提供可复制的样板。建成 1 个 2 000 多米^2 的大型再生资源分拣中心，81 个再生资源回收综合服务站，14 个 AI 视觉识别智能回收箱，可回收物依托 1 400 余名保洁员作为流动收集点，形成"两网融合"体系。

五、坚持常态长效管理

明确"区级指导考评、乡镇责任主体、村级监督协调、农户积极参与"的长效管理体系，建立"财政补助、乡镇自筹、村集体补贴、社会资本参与"的经费保障制度，落实好"定期协调、双月督查、年度考评"的工作机制。一是强化监督考核。开展定期"互查互评"和不定期"现场抽查"，对乡镇和第三方公司实行双月督查考核排名和年度考核，结果作为绩效评价依据，与乡镇年度考核、第三方运维经费相挂钩。二是确保运维管理规范化。建立完善《农村生活垃圾资源化处理站管理办法》，全面实行县域农村生活垃圾资源化处理站点站长责任制，形成"政—村—企"联动考核、评价制度。推行站长"星级考评"和"标兵标杆"激励机制，强化对站点人员专项技能与安全作业的培训考核与激励，进一步激发各岗位履职能力和工作积极性。开展职业技能、职业素养、安全教育等培训，提升站点操作人员和管理人员的专业能力和管理水平。

六、优化分类智能化建设

研发并推广农村生活垃圾分类智能系统，实现垃圾分类监督模式从"人盯人守桶"到"智能无人督导"的智慧升级。一是实现农户源头分类智能管理。每户建立文明风尚信息管理牌，通过扫码溯源手段，对每户家庭每日生活垃圾分类投放率、准确率进行"一户一码"扫码评分，最终形成完整的垃圾分类家庭档案。截至目前，18个乡镇已建立 57 463 户二维码家庭档案，累计有效评价 207 396 次，农户分类正确率从原来的不足 30％提升至 85％以上。二是实现全程管控智能监管。遵循"定岗、定量、定车、定则"四定管理原则，运用移动互联网、GPS 定位追踪等技术，对垃圾资源化各节点全程追溯。中控台实时滚动更新各乡镇运维情况，对运维区域内的车、人、物、事件实现全视角、全数据监管。从作业轨迹、作业效率、出勤上岗等多维度，对保洁员实行红、黄、绿"三色管理"考核，全区农村保洁员违规操作率从 51％下降至 10％。

龙 游 县

做好农村垃圾分类　打造美丽清洁家园

　　龙游县地处衢州西部，总面积 1 143 千米^2，下辖 15 个乡镇（街道）263 个行政村，总人口 40.4 万。龙游县探索深化"贺田模式"，大力推进"洁净家园"行动，全面提升农村生活垃圾分类"三化"利用水平。目前，全县累计创建省级垃圾分类示范村 7 个，市级垃圾分类示范村 131 个，全县"村情通＋垃圾分类"关注人数达 34 万余人；农村生活垃圾分类覆盖面 100%，农村生活垃圾回收利用率在 58% 以上，资源化利用率、无害化处理率均达 100%。

一、深化推进"贺田模式"

（一）补齐垃圾分类设施短板

　　"贺田模式"，即细化完善垃圾分类操作标准，统一每个村垃圾分类"两个桶、两支队伍、两张网、两张榜"标准化运作，以保洁员（分拣员）上门收集二次分拣＋农户分类小桶倒分类大桶（池）并配备监管员等模式，提升"定时定点投放"机制。两个桶：每户统一配备 2 个编号垃圾桶，按"会烂""不会烂"分类投放。两支队伍：一支卫生测评监督小组，一支垃圾分类宣传志愿者队伍，分别开展卫生监督测评和垃圾分类宣传指导。两张网：一张垃圾分类党员（村民代表）＋妇女工作网格，迅速推进工作；一张村微信工作群网，形成"3 分钟工作推进圈"，即时沟通信息。"两张榜"：一张评分榜，卫生测评结果定期公布上墙；一张红黑榜，评选公示先进户及促进户，接受群众监督。

　　进一步完善农户分类垃圾桶、公共投放点、分类清运车辆等基础设施建设。逐步将之前的会烂垃圾桶和不会烂垃圾桶标识更换为易腐垃圾和其他垃圾桶，往四分类标识靠拢。在公共区域投放点按"两分法"或"四分法"要求，规范设置分类投放容器，做到易腐垃圾（绿色桶）、可回收物（蓝色桶）、有害垃圾（红色桶）、其他垃圾（黑色桶）分类标识清晰规范，进一步规范化垃圾分类基础设施。

　　设立农村生活垃圾分类减量化资源化利用终端建设专项经费，对于乡镇（街道）建设有机垃圾资源利用站或村级建设太阳能垃圾减量化处理设施的，实行财政以奖代补补助。通过"一村一建"或"多村合建"的模式，投资2 000余万元建设太阳能或机器堆肥房等终端设施，覆盖全县90%以上村庄，以"专设终端＋就地减量综合利用模式"升级"就地还山还田简单利用模式"。

针对垃圾分类后不会烂垃圾中可回收垃圾资源化利用水平低的现状，大力推进垃圾兑换超市建设，实现行政村全覆盖。保洁员上门收集、判定农户分类的准确度，对分类不到位的二次分拣，将易腐垃圾运送到资源化处理站点进行处理；其他垃圾，由乡镇统一运送到焚烧场进行处理；建筑和有害垃圾，指定场所处理；可回收物及可循环使用的物品，进入垃圾循环超市再利用，并以兑换积分的方式进行积分兑换，有效地解决混装混运等现象。

（二）搭建智能垃圾分类平台

全县域推广东华街道张王村"村情通＋垃圾分类"经验做法，每个村每户农户实行二维码评分制度，每一桶垃圾都有了自己的"第二代身份证"，二维码统一张贴在农户"编号分类垃圾桶"或"门前四包"责任制牌上，实现以"编号分类垃圾桶＋二维码评分上网"拓展"源头分类可追溯机制"内涵。村民通过手机下载安装村情通。村情通设置红黑榜、随手拍、扫一扫、排行榜、垃圾分类宣传等板块。红黑榜板块，村干部、村网格员对农户庭院环境开展不定期的明察暗访，每次督查后各选几户"干净户"和"不整洁户"；以照片加户名形式在网上或村公开栏同步公布"红榜""黑榜"户，让评比栏成为环境整治的一面"镜子"，在农户中形成"比学赶超"的良好氛围。随手拍板块，村民看到村庄环境卫生"脏、乱、差"等情况，可随时用手机拍下照片并上传到村民信箱，村干部须在3个工作日内整改完毕并向村民反馈，得到村民的好评。排行榜和扫一扫板块，村卫生和垃圾分类监督员通过扫一扫垃圾桶二维码累计积分功能，对农户每天或每周垃圾分类按"好、中、差"进行评价并自动产生积分和排名，每月对积分高的农户进行评比奖励，对积分低的农户进行教育引导。在宣传学习板块，不仅可以查看村垃圾分类领导小组成员、巾帼联户、制度建设情况，还不定期推送垃圾分类相关政策文件。

（三）突出垃圾分类长效制度建设

一是以"路长制＋宣传培训"引导发挥群众主体作用。推行垃圾分类"路长制"，村主干支道沿线卫生保洁及农户垃圾分类的到位情况由村党员干部及管理员认领包干。同时，以创建垃圾分类达标村（示范村）为载体，结合"十万妇女学贺田""小手拉大手"等行动，"白＋黑""5＋2"广泛组织党员、村民代表、家庭主妇、保洁员、志愿者等对象开展"巡回"垃圾分类宣传培训，做到"乡镇不漏村、村不漏户、户不漏人"；创新宣传方式，通过多种媒体平台、宣传物品、标志标牌橱窗等，多渠道、多形式、全方位地强化垃圾分类宣传，营造浓厚的农村生活垃圾分类宣传氛围，逐步引导群众养成垃圾分类的良好习惯。

二是推行"门前四包"责任制度。签订"门前四包"责任书，将"四包"要求（包卫生、包秩序、包绿化、包圈养）制成门牌，在农户门前统一上墙。

三是推行卫生监测考评制度。成立村卫生督查测评小组，开展日常卫生督查测评，督查测评结果在公开栏或党员干部会议上公开，接受群众监督，根据日常测评结果评选出"洁净家庭户、垃圾分类示范户"等并给予一定奖励。

四是推行党员干部包片联户网格化管理制度。将整个村分成若干个责任片区，明确村"两委"干部包干负责制，党员根据与农户位置远近和关系好差分别联系相关农户，所联系农户的环境卫生、垃圾分类的好差直接与该党员的实事积分、党建考核挂钩。每月开展党员志愿义务清扫垃圾等活动。

（四）抓特色创新深化完善运作机制

以省、市、县级垃圾分类示范村创建为抓手，下达创建目标任务，制定考核评分标准，县农业农村局和妇联分工协作，分别开展创建指导和督查验收等工作，通过典型培育、示范引领，以点带面，全面提升垃圾分类示范村的创建水平。开展农村保洁和垃圾分类市场化试点工作，推进溪口镇、詹家镇、罗家乡及龙洲街道寺后片开展以"政府主导、公开招标、合同管理、评估兑现"为特点的市场化保洁和分类一体化试点工作，实行"政府考核监督、公司专业管理、垃圾分类运输、保洁员责任到人"的四位一体考核管理模式，开展市场化试点绩效评估，确保试点成效。在学习金东区垃圾分类工作模式基础上，大街乡新槽等村开展垃圾分类创新试点，着力打造"零废弃"村庄；溪口镇创新"龙游通＋有礼积分"运行管理机制，将垃圾分类、乱排乱放、环境卫生等纳入评分标准，积分可用于荣誉评选、社区服务优先享受、奖品兑换等；湖镇地圩村结合乡村振兴综合体建设，开设垃圾分类教育学院，建设垃圾分类体验馆、垃圾分类教学基地等。

（五）抓"长"抓"常"强化保障升级

一是强化组织保障。成立县洁净家园领导小组和办公室，制定整体工作方案，负责面上推进。乡镇（街道）由乡镇主职挂帅，分管领导具体抓，"一村一名乡干部"点上抓。行政村主要领导抓，村妇代会主任具体抓，党员、村民代表分解任务网格抓。二是强化资金保障。县财政加大对垃圾治理和分类资金投入，农村人均保洁经费增加到 70 元，同时设立垃圾分类减量化资源化利用终端建设和垃圾资源化处理站运行维护管理资金补助两项专项经费，实行以奖代补，由乡镇（街道）统筹使用。三是强化督查保障。从面上"洁净家园"创建和村庄"贺田模式"深化提升两条线，每月分别对乡镇、村开展暗访督查，暗访督查结果以简报形式在全县公开通报，评分排名在《今日龙游》等媒体上公布，列入乡镇（街道）年度综合考核，并与评优评先、涉农项目申报、经费奖补、县对乡镇的新农村建设考核等相挂钩，"要么垃圾分类，要么一票否决"。

二、问题与对策

　　龙游县垃圾分类工作尽管成效明显，但仍存在一些问题有待进一步解决。比如一些村农户源头分类意识还有待进一步提升；在落实推进垃圾分类"四分四定"上，有些村各环节之间还有衔接不到位的地方；在执行落实垃圾分类各项长效运维制度上还有缺失；农村垃圾回收末端处置体系有待进一步健全完善；农村垃圾分类处理经费需求越来越大等。针对这些问题，建议采取以下对策：

（一）在推进落实垃圾分类"四分四定"制度上下功夫

　　着力研究加强垃圾前端投放、中端收运、末端处置等专项措施。一是加大分类宣传发动工作。围绕农户源头分类，强化垃圾分类宣传发动和指导，通过各种媒体、渠道，全方位、多层次地广泛开展宣传培训等工作，营造垃圾分类浓厚氛围，提高农户垃圾分类的参与率、正确率。二是提升完善垃圾分类基础设施建设水平。围绕农户源头分类，切实完善规范农户两个分类垃圾桶、公共投放点垃圾桶等分类设施，及时检查更换破损或标志不清晰的分类垃圾桶；围绕分类收集、分类运输，切实配齐分类清运车辆，拆除或规范改造提升农村主要道路、河道、公共场所等处的简易垃圾池（投放点）、中转站（房）的建设；围绕分类处理，继续谋划建设分类处理终端，争取实现终端全覆盖。三是建立健全分类回收处置体系。围绕分类回收，督促各村抓好垃圾兑换超市的正常运营，探索"垃圾兑换超市＋互联网＋再生资源回收"模式，健全可回收垃圾回收体系，有效促进垃圾分类。四是加大督查考核力度。围绕垃圾分类投放、收集、运输、处理等环节，通过持续深入推进县、乡、村三级常态化督查考核、评比排名、通报反馈、落实整改等工作，促进比学赶超，推进农户前端分类精准化，抓好垃圾中端清运保洁人员责任落实，切实做到分类收运，杜绝"混装混运"，抓好垃圾分类终端常态化使用，确保垃圾分类末端处置到位，提高垃圾分类处理"四分四定"整个工作运作水平。

（二）在健全垃圾分类长效机制上下功夫

　　继续深化落实"村情通＋垃圾分类"工作模式，深化推进垃圾分类日常扫码评分、"红黑榜"、评比奖惩等长效运行机制，激发群众的荣辱感和垃圾分类的积极性，助推垃圾分类长效运维；建立健全"党建＋垃圾分类"制度，促进党员干部在垃圾分类中起到引领带动作用；探索建立垃圾分类后进户教育引导、垃圾分类不到位保洁员拒收等制度，鼓励先进，鞭策后进，推动农户源头分类；继续试点推行垃圾收费制，因地制宜地探索社会帮扶、乡镇和村自筹、村民适当缴费等多元化筹资方式。在借鉴先进地区垃圾分类工作模式基础上，积极开展"零废弃"村庄试点，探索推进垃圾分类新模式，打造"贺田模式"3.0。

（三）在加强垃圾分类工作合力上下功夫

继续加强和深化垃圾分类示范村创建，以示范村特别是省、市级高标准示范村创建为抓手，进一步强化组织保障，建立健全垃圾分类工作领导小组和各类监督、测评、宣传指导等队伍建设，明确责任分工，落实工作责任；强化对村主职干部等对象的考核奖惩、约束激励，注重发挥村妇联等基层群众主体作用，不断提高村党员干部对垃圾分类工作的认知度和参与度；要加强从制度上进行科学设计，严格明确农村保洁（分拣、清运）人员的"二次分拣"、分类收集、分类清运职责，探索严格日常监督管理和考核新模式，确保责任到位，促进齐抓共管，形成工作合力。

| 江　山　市 |
上下联动解决垃圾分类难题

江山市以创建全国首批"垃圾分类和资源化利用示范县"为抓手，实行网格管理，创新技术支撑，实现垃圾无害化处理全覆盖、垃圾分类行政村全覆盖、垃圾分类处理终端全覆盖、垃圾兑换超市全覆盖的"四个全覆盖"。2017年全国首批"垃圾分类和资源化利用示范县"顺利通过省级验收，农村人居环境整治的"江山经验"在2019年全国深入学习浙江"千万工程"经验、扎实推进人居环境整治工作培训班上作专题交流。

一、开展情况

（一）持续发力，实现设施体系高效支撑

1. 完善分类处理体系。结合"四分四定"工作要求，在设立垃圾兑换点进行可回收垃圾收集，以及建立农药瓶等危害物回收体系基础上，充分考虑基层意见，推行"可烂、不可烂"简易二分法，明确分类类别与品种、投放、处置等要求，推动实现农村生活垃圾就地转运、减量处理。根据各村财力、人口、垃圾量不同，每村配备2～3名垃圾分拣保洁员，定时定点收集可回收垃圾，切实减少农村垃圾总量。根据人口密集、交通便利条件等因素，合理布局多村联建或单建太阳能堆肥房。为攻克有机垃圾堆肥时间长、臭味大等问题，与浙江大学合作设计阳光堆肥房，在一代阳光堆肥房的基础上，完善倾倒、通风、补水等系统，同时，编制《阳光堆肥房操作规范手册》，引进浙江大学微生物菌剂辅助技术，堆肥周期由6个月缩至2个月，从根本上解决了垃圾末端处理难题。

2. 基础设施建设到位。2014年至今，全市累计投入资金2.56亿元，共建设垃圾中转站18个，配备垃圾分拣员1 007人、分类垃圾桶160 469个、公共垃圾桶9 185个、普通清运车252辆、垃圾分类车368辆、大型垃圾清运车27辆、建成阳光堆肥房119座、乡镇垃圾资源化处理站点2个，配备高速堆肥发酵机器终端设备10台。科学有效的硬件设施为垃圾分类奠定了扎实基础，全市281个行政村（不包括11个城中村）全面实施垃圾分类，创建成功45个江

山市级示范村、7 个省级高标准示范村（2018 年开始创建）。2020 年 1—6 月，全市累计更换垃圾分类桶 5 000 多个，设立垃圾兑换机器 2 台，新购垃圾分类清运车辆 10 辆，增设一次性口罩回收桶 700 多个。

3. 试点项目稳步推进。 2019—2020 年，江山市共有 64 个村被列入省农村生活垃圾分类处理试点补助项目，涉及大陈乡、廿八都镇等 6 个乡镇（街道），共争取省级补助资金 1 920 万元，其中 2020 年度有 49 个村列入试点村项目，共争取补助资金 1 470 万元，约占全省资金总额的 10%。多次与省厅沟通对接，试点项目采取乡镇为单位的联建方式，共建设 6 个多功能垃圾分类处理站点，并允许将新建乡镇垃圾中转站纳入建设范围，为廿八都镇、新塘边镇、塘源口乡解决了 600 多万元中转站建设资金难题。

（二）上下联动，实现督查评比长效推进

1. 完善督考机制。 出台《农村环境整治月度互查考核办法》，在行政村进行自评打分、互查互推的基础上，由乡镇对辖区各村进行考核排名，依据乡镇考核排名情况，市级组织人员分组到村实地开展落实抽查，对抽查发现的问题及乡镇排名情况以书面形式进行反馈，并作为乡镇年终考核以及下一年度补助资金安排的重要依据。

2. 深化网格管理。 出台《关于印发江山市农村环境整治长效管理考核办法的通知》（江村整建办〔2020〕7 号），严格落实属地管理原则，对辖区内的行政村垃圾分类和环境卫生工作进行"网格化"管理，明确督查考核、资金激励等，努力实现农村环境整治常态化、精细化、长效化管理。全市共建立网格 1 239 个。采取"上榜排名、督促整改、问责惩罚、资金奖励"的方式，鼓励先进、鞭策后进，结合美丽庭院、最美家庭评比，由乡镇、村干部组成检查组，进村入户进行公开评比，全市共评比清洁户 5.33 万户、美丽庭院 1 500 多户，全面提高了投放正确率和户收集率。

3. 建立长效机制。 以行政村为单元，设置乡镇垃圾分类联络员、村级巡查员、垃圾分拣员，将基层网格落到村民小组一级，"一村一网格"，户户见干部。由垃圾分拣员对分类情况进行登记并反馈给村级巡查员汇总，由联户党员上门督促整改，促使农户主动开展分类。出台一系列规范性文件，将垃圾分类作为新时代中国幸福乡村创建及"美丽乡村示范村""A 级景区村""AA 级景区村"评选的重要内容。对江山市市级示范村开展复评，实行动态管理，对通过复评的村根据优秀、良好、合格等次分别给予 5 万元、4 万元、3 万元资金补助，对没有通过复评的村给予一个月整改期，未整改到位将予以摘牌。

4. 修订完善村规民约。 将农村环境卫生整治要求纳入村规民约，对村民门

前三包、垃圾固定投放、垃圾分类等进行明确，进一步加强村民自觉性和荣誉感。

（三）创新模式，实现资金投入多元并举

1. 开展农村保洁资金自筹试点。江山市自 2016 年起开展农村保洁资金自筹试点，筹集资金 350 多万元，收缴率均达 90％以上，有效破解了农村保洁资金短缺和村民卫生意识淡薄两大瓶颈，为自筹保洁资金乡镇试点提供经验，相关做法受到多位省、市农业农村局领导点赞。

2. 探索市场化运作模式。启动农村垃圾分类工作市场化 PPP 运作模式试点，以"政府花钱买服务"的形式，通过政府采购，构建投资、建设、运营维护城乡环卫一体化综合运营服务。试点乡镇环境卫生面貌大幅改善，初步建立了"政府主导、统一管理、市场运作、管干分离"的长效机制。

3. 借力农村信贷机构。联合江山农商银行在峡口等乡镇，开展将垃圾兑换纳入农户信用体系建设试点工作，对垃圾分类到位、分类正确率高的优秀农户，探索建立"信用门牌"等信用制度，加大信用贷款额度等优惠激励。

（四）强化责任担当，全员开展行动

1. 专人负责抓落实。各乡镇（街道）配备镇村两级垃圾分类工作联络员，指导督促垃圾分类工作正常开展。各村在原来配备保洁员的基础上，按照人口总数比例，合理增加业务精干的垃圾分拣员，定时将农户投放在家门口的分类垃圾进行二次分类，并收集定点投放到村集中清运点，最后由清运员三次分类清运到指定垃圾处理终端，确保垃圾正确归位。

2. 党员带头做表率。坚持党建统领，注重发挥农村党员先锋模范作用，组建党员联组包户网格化管理服务团队，把党员干部带头整治庭院环境、带头实施垃圾分类工作落实情况纳入党员"优学优做积分法"考核，以典型示范推动全面开展。

3. 全民行动美家园。将垃圾分类工作纳入村规民约管理，与农户签订垃圾分类处理协议、"门前三包"责任书。在人员流动集中地设立垃圾分类"红黑榜"，对当月垃圾分类先进户和后进户进行张榜公开亮晒，以"比学赶超"的形式，引导村民自觉参与垃圾分类，建好建美自家庭院。

（五）宣传引导，营造浓厚氛围

1. 有效结合进行广泛宣传。积极利用乡镇干部周一夜学、周二集中办公、村民代表会议等，多形式开展工作布置、宣传发动。

2. 发挥传统宣传模式作用。利用广播、黑板报、宣传橱窗、标语等进行

发动，累计发放宣传资料 1 万多份，设立固定标语 300 多条。同时，发放《致村民的一封倡议书》，号召村民积极行动起来，自觉维护农村环境卫生，积极营造"保护环境，人人有责"的社会氛围。

3. 高效利用自媒体平台。 通过村民微信群、钉钉工作群、抖音小视频等多种渠道，以群众喜闻乐见的方式，累计推送微信宣传、小视频等 20 多条。

二、存在问题

1. 后续运维压力大。 按照各村当前实际运维情况，1 000～1 500 人口的行政村，每年至少需要资金 10 万元，才能确保做好垃圾清扫、清运等工作，各村、乡镇（街道）在环境卫生、垃圾分类经费方面压力较大。

2. 智管体系未覆盖。 垃圾分类智能管理平台作为农村垃圾分类的新方式、新方法，江山市因资金不足等问题，目前仍处于峡口镇、大陈乡等试点阶段，尚未全面推广运用。

3. 源头分类不扎实。 从目前垃圾分类工作推进情况来看，农户源头分类意识提升明显，但与工作要求仍有较大差距，在日常生活中，特别是山区村，可腐烂垃圾已由农户自行上山归田消化，能统一收集到的可腐烂垃圾较少，因此部分群众对垃圾分类工作比较难理解。部分行政村存在可腐烂垃圾与不可腐烂垃圾混装现象，公共大垃圾桶未开展分类，特别是集镇垃圾桶。阳光堆肥房及垃圾处理设备仍存在未正常运行、菌种未正确使用等问题。

三、对策建议

（一）主抓源头分类，提升工作绩效

按照衢州有礼"八个一"指数要求，持续开展"烟头不落地、家园更美丽""百日攻坚"等主题活动。联合市妇联、教育局等部门，持续推进全域宣传工作，增强农户垃圾分类自主意识，逐步转变二次分拣的依赖性，做到垃圾源头减量。进一步提高阳光堆肥房及机器设备使用率，借鉴试行阳光堆肥房"房长制"，加强督查力度，让分类工作落到实处。

（二）加强网格建设，提高落地能力

坚持党建统领，持续发挥农村党员先锋模范作用，进一步细化党员联组包户网格化管理服务机制体制，强化党员干部在整治庭院环境、带头实施垃圾分类工作方面的领头雁作用，进一步树典型示范，推动工作全面开展。加强监督考核，坚持定期进行各项检查评选，对成效好的乡镇、村、户给予一定的物质

奖励，不好的则上后进榜，督促改进。

（三）探索多元模式，提高治理水平

结合垃圾治理 PPP 试点成功案例，鼓励乡镇开展第三方购买服务模式，重点推进贺村镇"政府购买服务＋第三方治理"试点（贺村镇自筹资金 1 700 万元），深化与中航美丽城乡环卫集团有限公司、农商银行等工作互动，提高农村生活垃圾分类管理、设备维护服务市场化水平，提高镇村运维管理水平，形成多元化管理新格局。扎实推进智能管理平台试点工作，将所有数据纳入平台管理，实现科学化管理。

（四）依托试点项目，提高运管能力

以廿八都、大陈乡等 6 座多功能垃圾分类处理站点为依托，进一步提质扩面，深化适合江山市分类体系的保洁制度，从粗分向精分迈进，坚持常态化分类；进一步健全农村生活垃圾资源化处理站点管理办法等制度，探索建立"站长制"，以可靠的机制保障分类处理设施运行规范化、常态化。

常山县

精准施策　实现处理站点全覆盖

常山县按照农村生活垃圾治理工作"四分四定"体系建设有关要求，狠抓农村生活垃圾分类规范。目前，常山县农村生活垃圾分类收集覆盖 180 个行政村，覆盖率 100％。累计完成"四分四定"建制村 140 个，垃圾分类覆盖面 77.8％，全县累计产生垃圾约 2.54 万吨，回收利用垃圾 1.12 万吨，占比 44％，其中资源化利用 1.02 万吨，占比 91.1％。无害化处理 2.54 万吨，无害化处理率 100％。全县有垃圾资源化处理站点 48 个，基本实现资源化处理站点行政村全覆盖。

一、主要工作

（一）"学院＋示范"，打好宣传战

农村生活垃圾分类的源头分类是关键，针对农村居民分类意识不强、主动性差的问题，常山县主要采取以下措施：一是建立 2 所农村垃圾分类学院，配备有会议室、智能分类兑换机、垃圾资源化处理站点、资源化兑换超市等，建成可看、可学、可操作的分类教育基地。二是开展农村生活垃圾分类示范村建设，每月评选最脏村、最美村，每年评选出 1～3 个垃圾分类示范村，给予相应奖励。通过学院＋示范的宣传引领作用，增强村民的分类意识，极大地提高了源头分类参与率和投放精准率。

（二）"终端＋兑换"，打好阵地战

一是按照省、市两级部门要求，精心规划、精细摸底、精确布置、精选工艺，积极开展农村生活垃圾资源化站点建设。全县共有农村生活垃圾资源化处理站点 48 个，其中电力成肥站点 38 个、阳光堆肥房 10 座，基本实现了资源化站点行政村全覆盖，垃圾资源化利用率达 91.1％。二是做好"兑换"文章。垃圾兑换超市是可回收垃圾、有害垃圾等回收的重要渠道，目前全县共有垃圾分类兑换超市 185 家，已实现行政村全覆盖，垃圾分类回收利用率达 44％。

（三）"机制＋规范"，打好运维战

运维及长效管护是垃圾分类工作的重要一环。针对长效管理乏力的问题，常山县以建立健全垃圾管理工作机制为落脚点，建立了"三定机制"，即：定效——实行主体考核机制、定标——探索市场运维机制、定补——产业联动机制。确定机制的同时，还制定出台了垃圾资源化站点管理细则等相关规范，全面确保人有事做、活有人担的高效运维体系。

二、问题与对策

（一）源头分类意识不够

农户主体的分类意识仍然处于"要我分"的认识阶段，分类的习惯未完全养成，部分农户存在不理解、不配合的情况，农户源头分类还需要各方面继续强化。要采用各种形式加大宣传力度，进一步统一思想认识，切实提高广大农民群众参与农村生活垃圾分类的积极性，同时强化"一元保洁经费"制度，增强主人翁意识。

（二）垃圾分类终端运行不稳定

常山县有 60％的垃圾分类处理终端是电力的餐厨垃圾处理机器，耗电量较大，运行成本较高，乡、村两级资金压力较大，且大多数站点为村自主运行，运行效率不高。下一步将积极探索垃圾资源化站点和垃圾分类兑换点盈利造血模式、第三方运维模式，激活站点活力，保障其可以正常有效运行，从而提高垃圾减量化、资源化利用率。

（三）长效保洁机制不健全

目前，14 个乡镇（街道）保洁制度虽各有千秋，但缺乏整体协调性，长效管控不足。下一步将加大督促检查力度，将结果与运管费用和乡镇考核挂钩。同时积极探索城乡环卫一体和市场化保洁，完善"四分四定"治理体系，与住建分类办一起商讨制定一套管理运行、设施建设、经费保障、作业标准，建立县级统一的、切实可行的长效保洁管理机制。

开 化 县

多渠道推动农村垃圾分类

开化县扎实推进农村生活垃圾分类处理体系建设，2020 年，全县 255 个村共配备保洁员 1 421 名、分类垃圾桶 141 384 个、大垃圾桶 4 509 个、村级清运车 661 辆、县级清运车 51 辆、垃圾兑换超市 255 家、垃圾收集点 446 个、垃圾中转站 27 个、垃圾资源化处理站点 109 个、沼气池 66 个、县级卫生填埋场 1 座、县级垃圾焚烧发电站 1 座，垃圾分类行政村覆盖率达到 82%，创建省级高标准农村生活垃圾分类示范村 6 个。

一、主要做法

开化县垃圾分类工作可以总结为 30 个字：农户源头分类，分片包干劝导，统一上门收集，终端无害处理，村规民约规范。村里给每户家庭发放 2 个分类垃圾桶，农户在源头上将垃圾分为有机（可烂）和无机（不可烂）两种，有机垃圾还山还田、养鸡喂鸭，或者由保洁员定时上门收集运送至有机垃圾处理站或阳光房进行资源化处理。无机（不可烂）垃圾又分为可回收和不可回收 2 种，可回收垃圾由农户自行售卖或拿到垃圾兑换超市兑换物品，不可回收垃圾由保洁员定时上门收集统一处理。

开化县撤掉了村里大垃圾桶，砸掉了大垃圾池并对其进行填土绿化，既避免垃圾长时间堆放后产生的腐烂气味，减少各种霉病菌的滋生，又倒逼农户主动开展垃圾分类。创新性地将义工积分奖励制度引入农村生活垃圾处理工作中，鼓励村党员干部、妇代会、退休人员或志愿者组成保洁义工队伍，义务对公共场所进行定时清扫，对河道沟渠定时清理。将村域分成若干卫生责任监督区，由义工队分组进行卫生监督和劝导。同时建立评比奖励机制，年终进行评比，对义工服务队和"清洁户"给予一定的物质、精神奖励。将垃圾分类作为村庄治理的重要内容，纳入村规民约。

（一）广泛发动，全员参与，凝聚农村垃圾分类合力

县委、县政府高度重视垃圾分类工作，在成立由县政府主要领导任组长的

工作领导小组的基础上，建立了"美化公园垃圾分类"微信工作群，县主要领导、乡镇、村领导及各级妇联干部都加入其中，工作动态实时播报、进展实时汇报、经验实时交流。建立"1＋X"网格模式，加强网格入户宣传，村妇联主席、党员、网格员等主动上门，发放《垃圾分类指导手册》，实现宣传进村入户到人，入耳入眼入心。县妇联专门创作了关于垃圾分类的排舞、小品、顺口溜等节目，乡村妇女更是将竹竿舞、跳竹马等自编自导的歌舞搬上了乡村大舞台。开化县还组织妇女干群传唱《垃圾分类歌》，组织群众观看并参与垃圾分类小品表演、垃圾分类排舞、垃圾分类竞赛等喜闻乐见的活动，寓教于乐，让垃圾分类理念深入人心。县、乡镇、村三级联动协作，充分利用"全民清洁日""五五生态日""十万妇女清洁国家公园"行动等载体，组织党员、干部和群众开展环境卫生大扫除、垃圾分类等，做到全民动手，清洁家园，营造浓厚的垃圾分类氛围。

（二）规范模式，强化运行，提高农村垃圾分类效率

在借鉴各地经验的基础上，结合本地实际，开化县创建了"农户源头分类，分片包干劝导，统一上门收集，终端无害处理，村规民约规范"的农村生活垃圾处理"开化模式"。源头上，由村集体统一给每个农户配足2个分类垃圾桶，引导农户按有机（会烂）、无机（不会烂）进行分类；环节上，每个自然村落实1～2名保洁员，配齐必要设施，撤掉村里大垃圾桶、垃圾池，由保洁员定时统一上门收集，督促农户垃圾分类到位。终端上，积极开展农村垃圾减量化资源化处理试点，全县农村累计建设有机垃圾处理站45个、磁性热解垃圾处理站5个、阳光堆肥房59座，实现垃圾资源化处理设备中心村全覆盖。积极争取中央财政资金投资，发展沼气工程还田，全县共66个沼气池投入有机垃圾降解使用。积极引进浙江省能源集团有限公司，耗资2.4亿元建设绿色能源发电厂，有效破解垃圾终端处理瓶颈。

（三）创新载体，搭建平台，激发农村垃圾分类活力

针对农户保洁意识不强、垃圾分类不到位的问题，在全省率先开办垃圾兑换超市，积极引导村民把烟蒂、酒瓶、牛奶盒等拿到"垃圾兑换超市"兑换牙膏、肥皂、黄酒、盐等生活用品。截至目前，全县共开设垃圾兑换超市255家，实现行政村全覆盖。在实物兑换的同时，又创新建立了"积分制"，明确生活垃圾可先兑换成积分，积分可累加，再用积分兑换商品；根据村民"门前三包"落实情况、农村保洁参与情况等适当给予奖励或扣取一定积分。引入第三方市场机制，探索了"垃圾兑换超市＋便民服务废品收购站"的路子，每个村每周都有"垃圾赶集日"，为村民和回收商搭建了定期上门、就近交易的平台。通过这种"新鸡毛换糖"方式，农户垃圾分类的积极性、主动性得到有效激发，垃圾回

收率、资源化利用率大幅度提升，既为村里节约了保洁经费，又可为农民增收。

（四）健全体系，完善机制，实现农村垃圾分类长效

将垃圾分类工作列为县级综合争先考核重要内容，进一步健全了督查考核机制，把其作为生态型乡镇的一票否决指标，与评优评先、涉农项目申报等相挂钩。县清洁办每月对农村卫生保洁和垃圾分类工作进行督查，督查结果进行排名通报与以奖代补资金相挂钩，并在《今日开化》、开化电视台《直击》栏目进行曝光。进一步健全了财政保障机制。全县清洁工程专项资金从2010年的200万元增长到2020年的2 200万元，增幅达1 000%。进一步健全了部门联动机制。明确县农业农村局牵头做好岸上区域保洁，县水利局做好河道保洁，县妇联发动广大妇女做好房前屋后的保洁。创新性地将义工积分奖励制度引入农村生活垃圾处理工作中，鼓励村里党员带头组建保洁义工队伍，义务对公共场所进行定时清扫，对河道沟渠定时清理。将垃圾源头分类明确写入村规民约，帮助农户养成垃圾分类习惯。

二、存在问题

1. 思想认识不足。一是部分乡镇、村对垃圾分类工作重视程度不够，宣传力度不够，氛围营造不够，发动农户参与垃圾分类工作的办法不多，效果不好。二是农户垃圾分类意识不强，随意丢弃、疏于分类的生活习惯短期难以改变。

2. 资金压力大。垃圾分类工作覆盖到每个自然村，资金需求大。开化县山区面积大，村组分散，保洁队伍和清运车数量较多，且运输距离较远，运行维护资金压力大。

3. 后期管护难度大。垃圾分类是一项长期的系统的工作，需要长期的管理和维护。有的村庄由于缺乏行之有效的长效管理机制，垃圾分类工作出现反弹现象，比如垃圾分类不到位，有机垃圾处理站、阳光房等设施运行不正常等。

三、对策建议

1. 加大宣传力度。要拓宽垃圾分类宣传渠道，多形式、多途径、多层面开展宣传，提高广大干部群众对垃圾分类的认识，引导全社会积极、主动参与其中，形成共建共享的氛围，让农户自觉、自愿分类。

2. 保障经费投入。要让垃圾真正减量化、资源化，关键在于垃圾分类。

为此，下一步要保障经费投入，及时加强配套设施建设，各村要配齐分类垃圾桶、垃圾车等设施，一些老旧、破损的桶和车要及时更换。

3. 建立专业队伍。 配齐农村生活垃圾分类"四大员"，即宣传指导员、上门收集保洁员、村级集中分拣管理员和成肥技术员，规范每个岗位的工作标准和要求，确保垃圾分类有效落地。其中，保洁员是垃圾分类和资源化利用的关键，要加强对保洁员队伍的培训和管理，逐步提升业务技能，确保垃圾有序分类、日产日清。

4. 加强运维管理。 进一步强化农村生活垃圾处理设施日常运维管理，加强垃圾处理设备操作人员的培训，提高操作工的技能水平，强化日常督查指导。

5. 强化考核力度。 完善考核办法，将垃圾分类纳入乡村振兴考核及县级综合争先考核内容。做好日常督查结果的转化与运用，每次督查结果作为年终考核依据，与以奖代补资金相挂钩。

舟 山 市
打造海岛农村生活垃圾分类样板

　　舟山市渔农村生活垃圾分类处理工作起步于 2014 年，目前，累计完成渔农村生活垃圾分类处理村 238 个，实现建制村基本全覆盖，其中省级试点村 79 个，省级高标准垃圾分类示范村 20 个，打造出了定海马岙街道、普陀桃花岛、岱山岱东镇、嵊泗五龙乡、花鸟岛等一批垃圾分类处理示范镇、示范岛。

一、开展情况

　　根据舟山市渔农村生活垃圾分类处理三年行动实施方案工作要求，全市渔农村生活垃圾分类采用"2＋N"分类模式，要求渔农民群众把生活垃圾至少分成可堆肥、不可堆肥两类。鼓励渔农民群众对"不可堆肥垃圾"深入分类为可回收物、有害垃圾、其他垃圾，进一步减少生活垃圾收运处置量，提高生活垃圾资源化利用水平。从 2018 年 9 月起，按照全市城乡一体化推进生活垃圾分类处理的部署要求，各县（区）、功能区综合考虑区域位置和分类成本等因素，对 30 个乡镇（街道）的渔农村生活垃圾分类处理模式作了调整。其中，定海区 11 个镇（街道）、新城（2 个街道）、普陀山-朱家尖（2 个街道）全域调整为按城镇生活垃圾"三分法"模式进行分类；普陀区六横镇、虾峙镇、东极镇、东港街道、沈家门街道、蚂蚁岛管委会和登步岛管委会等 7 个镇（管委会），岱山县高亭镇、东沙镇、岱西镇、秀山乡等 4 个乡镇，嵊泗县菜园镇、洋山镇、嵊山镇、枸杞乡、黄龙乡等 5 个乡镇同样调整为城镇分类模式；除此之外，普陀区桃花镇、展茅街道、白沙岛管委会（柴山岛除外），岱山县岱东镇、衢山镇、长涂镇，嵊泗县五龙乡、花鸟乡等 8 个乡镇（街道、管委会）仍实施渔农村生活垃圾"四分法"分类模式。

　　全市共建成 22 个省级资源化处理站点，其中有 1 个站点因为管理房被部队收回而停用，还有 9 个站点因为纳入城乡一体化处理体系而依法闲置（生活垃圾经分类后，有毒有害垃圾进入专门的环保处理体系，可回收垃圾则进入回收体系，其他垃圾统一运到团鸡山进行焚烧发电资源化处理），其余 12 个站点正常运行，且都是机械快速堆肥模式，这 12 个终端的污水均经过有效处理后排放（有的是接入污水管网处理，有的则是就地自建污水处理终端进行处理），而产生的有机肥，由于数量少、指标不稳定、运输成本高等种种原因无法实现商品化，目前全部无偿赠送给附近的居民使用。

二、主要做法

（一）宣传发动形式多样

自 2014 年启动渔农村生活垃圾分类处理工作以来，全市各地开展了各式各样的垃圾分类宣传活动，累计召开各级渔农村生活垃圾分类处理工作推进会（现场会）11 次，村民代表大会、党员大会 720 余次；市、县两级累计举办渔农村生活垃圾分类处理培训班 40 期；设置各类垃圾分类宣传牌 4 000 余块，累计发放生活垃圾分类处理宣传册（单）36 万余册。普陀区桃花镇制作生活垃圾分类动漫宣传片，在墩头码头和桃花岛之间岛际渡船上播放，起到了非常好的宣传效果。

（二）财政资金优先保障

市委、市政府把渔农村生活垃圾处理工作列入政府民生实事项目、五大会战重要内容和乡村振兴基础工作。坚持主要领导亲自抓，分管领导直接抓，各级财政资金予以优先保障。2014 年以来，全市累计投入渔农村生活垃圾分类处理工作资金 1.05 亿元，其中市级财政安排专项补助资金 2 410 万元。

（三）激励机制不断创新

各地因地制宜采取各种措施，鼓励群众参与生活垃圾分类。如定海区的"一约二分三定四查五评六进七手"分类机制、普陀区的"以量换物、以物代币"激励机制、岱山县的乡镇"1＋1"联系机制、嵊泗县的"绿色账户"奖惩机制等受到群众普遍欢迎。

三、存在问题

（一）顶层设计不完善

1. 缺少完善配套的政策法规。目前，舟山市尚无生活垃圾分类处理的专项法规，缺少刚性的分类投放、收集、运输、处理和监管等权利义务规定，可回收物回收利用的鼓励政策和补贴措施还不完善，机关企事业单位、社会组织、个体工商户和居民从源头上分类减量的调控政策尚未建立，违反垃圾强制分类的责任追究措施还不健全。

2. 缺少有效推动的奖惩措施。 各县（区）生活垃圾分类处理进展不平衡，有的地方推进速度相对较快，有的地方工作则比较缓慢。除主要牵头部门外，有的部门认识不足，甚至不知道在生活垃圾分类处理工作中的职责，一些干部对这项工作缺乏必要的责任担当。在推进过程中，对渔农民群众的生活垃圾分类投放大多以奖励为主，对不按规定投放的缺少必要的惩戒手段。

（二）分类处理不规范

1. 源头分类不到位。 经过试点推进，部分居民分类意识有所增强，能够自觉按要求进行分类投放，但总体而言，由于缺乏有效的抓手和措施，分类效果还不够理想。究其原因，主要有三个方面：一是居民长期形成的生活习惯尚未改变。二是行政村、物业指导监管不到位。三是城乡垃圾分类标准不统一，如城区推行的是"四分法"（有害垃圾、餐厨垃圾、可回收物和其他垃圾），而渔农村推行的则是"二分法"（可堆肥垃圾、不可堆肥垃圾），使部分居民造成误解。

2. 收集运输不规范。 在垃圾收集、清运环节虽有定人收集、定车运输等具体的操作规范，但部分渔农村没有配置符合要求的垃圾分类收运车，垃圾收运工把群众已经分好的垃圾又进行混装，不仅影响了生活垃圾分类处理效率，也挫伤了群众参与的积极性。生活垃圾定点定时投放、收集、运输、处理等环节的规范化、精细化程度有待提高。

3. 设施体系不健全。 随着社会经济的快速发展，舟山人口不断增加，生活垃圾分类处理能力不足的问题逐步显现。如团鸡山餐厨垃圾处理厂目前能力不足，急需扩容；老城区部分垃圾转运站规模小，设备落后，不具备垃圾分拣条件，且对周边环境造成影响，居民意见较大；全市没有专门的有害垃圾处理中心，有害垃圾处理问题较为突出；舟山市特殊的海岛地理条件，导致部分偏远小岛渔农村可回收物分拣、回收体系尚未完全建立，一些可回收物混在其他垃圾中焚烧处理，尤其是玻璃在焚烧处理时对炉体造成较大损害。

（三）社会参与不充分

1. 宣传发动有待加强。 一是宣传精准度低，橱窗、横幅等宣传多，倡导式标语、口号多，直接推送给目标人群的具体垃圾分类方法等精准宣传少。二是宣传实效性差。一方面群众参与度不够，另一方面城乡分类标准不统一，居民在不同途径接受的垃圾分类知识不同，导致听不懂、搞不清、分不好。

2. 市场参与急需调动。当前，舟山市生活垃圾分类处理工作主要由政府主导，市场参与度不高，企业培育不足。除餐厨垃圾和废油脂外，废金属、废纸等可回收物的回收利用主要靠市场自发完成，但因缺乏引导和优惠政策，加上回收成本高、用地难，目前，灯管、含汞电池、水银计等有害垃圾的回收处理及玻璃等低价值可回收物的回收利用还没有企业愿意涉足。服务生活垃圾分类处理的保洁公司、物业公司等技术力量薄弱，产业化程度低，运行成本较高，终端处理能力跟不上市场发展的步伐。

四、对策建议

（一）强化政府主导

1. 加强组织领导。成立统筹城乡生活垃圾分类处理工作的领导小组，下设办公室，落实人员编制和工作经费，明确工作职责，指导协调全市生活垃圾分类处理工作，研究解决工作推进中遇到的突出问题。调整充实成员单位，进一步明确工作职责、任务清单，层层压实责任。按照属地管理、部门联动、条块结合的原则，逐级建立行之有效的工作机制，上下同心、持之以恒、久久为功。

2. 落实主体责任。尽快出台全市城乡生活垃圾分类处理工作行动方案，明确生活垃圾分类处理的近期及中长期目标和具体工作要求。进一步落实各级政府在生活垃圾分类处理工作中的主体责任，实行目标责任制管理，将其作为各级政府、各功能区及有关部门领导班子和领导干部政绩考评的重要内容，特别是纳入县（区）党政领导班子实绩考核的重要指标，加大权重占比。加大各级财政投入力度，重点保障设施建设和长效运维，满足垃圾分类处理工作需求。切实保障垃圾分类处理基础设施和配套设施等建设用地，解决设施"落地难"问题。对工作推进不力的严格实行问责制。

（二）加大推进力度

1. 注重宣传引导。统筹宣传资源，形成由宣传文化部门主导、业务部门配合、各类媒体参与的宣传工作机制。丰富宣传内容和形式，如制作垃圾分类手册，组织拍摄公益宣传片，利用好网站、微信等新型载体等，突出宣传垃圾分类减量主体、责任、利弊，使垃圾分类处理工作入耳入脑入心。强化生活垃圾分类的社会协同机制，充分发挥社会组织志愿者孵化、行业协会引导、企业工会动员以及学校"小手牵大手"等作用，建立全面覆盖学习、生活、工作、户外等场所的生活垃圾分类减量宣传员、志愿者队伍。建议建立若干垃圾分类处理教育基地，手把手向居民传授生活垃圾分类知识，营造共同参与、人人有责的良好氛围。

2. 扩大试点范围。建议有关部门在不同类型的乡镇（街道）、行政村、学校、单位等开展分类试点，摸索经验，分类指导，以点带面。对通过试点考核的单位分别给予命名授牌，并给予适当的奖励。将垃圾分类纳入村规民约、社区公约，定期通过宣传栏、"红黑墙"等载体公示居民生活垃圾分类投放情况，表扬先进、鞭策后进，并与"最美家庭""美丽庭院"等评选挂钩，引导和激励居民主动自觉分类。要在总结完善各地试点经验的基础上逐步推行分类积分制和积分兑换制。

3. 严格强制措施。按照先易后难、循序渐进的原则，重点对党政机关、企事业单位、社团组织和公共场所管理单位等实施生活垃圾强制分类，探索将上述单位垃圾分类工作纳入信用体系和考核内容，对不分类或分类不规范的单位，给予教育警告，屡教不改的，进行媒体公示，以形成强大的倒逼氛围。尽早探索开展有害垃圾强制分类，逐步积累处理经验。

（三）注重工作统筹

1. 统筹工作推进。制订农村生活垃圾分类实施方案，全市范围内农村生活垃圾全部实现强制分类。农村生活垃圾分类工作实行年度计划，工作任务城乡统一下达，督查考核城乡统一开展。建议设立城乡生活垃圾分类工作专项资金，城乡统一使用。

2. 统筹资源利用。按照整体设计、全域推进、适度超前、分批建设的工作思路，尽快出台舟山市生活垃圾分类处理规划和舟山市危险废物处置专项规划，实现生活垃圾处理设施设备、收运队伍、处理经验等共享，实现效益最大化。近期可先考虑将定海、普陀城区附近部分乡镇（街道）纳入城市垃圾分类处理体系，中远期则实行本岛全域统筹。外岛地区可考虑几个乡镇（街道）联片定点建设垃圾终端处理站点，科学选择符合当地实际和环保要求、成熟可靠且经济实用的终端处理工艺。

3. 统筹制度建立。建议尽快研究出台指导垃圾分类处理的相关政策措施，明确企业准入条件、监管标准、土地供给、税收减免、政府补贴等优惠政策，并充分发挥社会和民间力量在推进垃圾分类处理工作中的作用。既完善废金属、废塑料、废纸等常规可回收物回收体系，更要健全灯管、含汞电池、水银计等有害垃圾处理引导性优惠政策；既考虑"两非车辆"整治和废品收购站整治，也要统筹研究垃圾分类收运车辆、垃圾分类回收企业布点和垃圾分类收运交通管理等规范。要积极落实垃圾源头减量，有物业管理的小区对居民可逐步试行按重量计量收费，机关企事业单位、社会组织及个体工商户可实行垃圾收运登记和收费。

（四）狠抓运作规范

1. 规范设施配置。 在分类投放环节，要在每个行政村配备全市统一样式和颜色的分类垃圾桶；在分类收运环节，要加快普及密闭的垃圾分类运输车辆，实行定时、定点、定车、定位运输；在分类处理环节，要确保各类垃圾都有专业规范的处理设施。尤其要加快团鸡山垃圾焚烧发电厂餐厨垃圾集中处理设施的升级改造，将其建设成舟山市重要的垃圾处理教育基地；尽快建设舟山市有害垃圾处理中心。进一步建立、完善与垃圾分类清运体系相配套的再生资源回收体系，重视解决部分企业在生存发展中遇到的突出矛盾和困难。

2. 提高科技含量。 结合智慧舟山建设，建立全市统一的垃圾分类处理信息平台。在符合条件的居民小区和人口聚集地放置智能化分类投放垃圾桶和印有二维码的塑料垃圾袋。在垃圾分拣中心、中转站引入智能化分拣设备，提高垃圾分类的准确性。利用科技手段对垃圾运输全过程实行信息化跟踪监控，全面实时掌握垃圾分类投放、收集、运输和处理大数据，并进行统计分析和研判，为政府决策和科学高效管理提供服务。

3. 严格终端监测。 有关部门要加强对垃圾处理重点终端设施运行情况的全面实时监测，做到仪器设备实时监测与派员查看有机结合，发现问题立即整改。要督促有关垃圾处理企业增强责任心，加强对员工的教育培训，加强对垃圾处理设备的检修保养，确保设备运行良好。对管理不力造成环境污染的企业要进行严肃查处。

（五）发挥市场作用

1. 探索特许经营制度。 要深化市场化运作，发挥好政府和市场"两只手"作用，吸引更多社会资本进入垃圾分类处理领域。探索特许经营制度，鼓励符合条件的企业参与可回收物回收处理，逐步建立规范、完善的回收利用体系，努力控制垃圾增量。同时，加强对垃圾分类回收、处理企业的服务监管，积极探索部门主管、协会引导、区域布点、特许准入的新路子。

2. 培育壮大市场主体。 培育龙头企业，对舟山市现有垃圾分类处理企业进行摸底筛选，选择资质良好、管理规范的企业给予重点扶持，促使企业做大做强，回报社会。培育农村垃圾再生资源回收公司，由公司负责全市可回收物和有害垃圾的回收处理，可回收物利用率和有害垃圾处理率显著提高。引入第三方参与，如针对渔农村终端设备出肥质量较差的现状，引进符合资质的第三方公司收购肥料，再进行深加工，以解决有机肥出路"最后一公里"的问题，推动舟山市渔农村垃圾分类处理从松散粗放型向集约效益型转变。

┃定 海 区┃

多措并举推进渔农村生活垃圾分类处理

2014 年以来，定海区按照农村生活垃圾减量化资源化无害化分类处理要求，加快建立生活垃圾"四分四定"处理体系。定海区共有 80 个行政村，全域推进农村生活垃圾分类，所有已开展的农村生活垃圾分类处理村常住农户覆盖率达到 80％以上，人口集中地区实现全覆盖。其中 5 个城中村和东湾村、城北村、大洋岙村纳入城镇生活垃圾分类收运体系。市团鸡山垃圾焚烧发电厂原拥有焚烧处置能力 1 050 吨/日，2019 年新扩建的三期项目新增处理能力 600 吨/日，也已建设完成并投入运行。团鸡山餐厨垃圾处置中心拥有处置能力 60 吨/日。

一、主要做法

（一）强化组织保障

定海区将农村生活垃圾分类"三化"处理作为重点工作之一。为有效推进农村生活垃圾分类处理工作，在成立"定海区农村生活垃圾分类工作领导小组"的基础上，出台《定海区 2018 年农村生活垃圾分类处理实施计划（试行）》并给出指导意见，各镇、街道相应成立农村生活垃圾分类工作领导小组并出台工作实施方案，明确了工作职责和任务，区委、区政府及牵头部门多次召开定海区农村生活垃圾分类处理工作动员会。通过召开现场会的方式，各镇（街道）和村负责人现场观摩，学习如何指导和推进农村生活垃圾分类。

（二）构建分类体系

定海区采取城镇模式推进农村生活垃圾分类处理工作，解决了城乡分类标准不一的矛盾，并将"农村生活垃圾分类处理"纳入洁净乡村十大标准，作为洁净乡村创建的重要内容。将农村生活垃圾分为有害垃圾、易腐垃圾、可回收物、其他垃圾四类，建立了由镇（街道）负责分类投放、分类收集、分类运输管理工作，定海区环境卫生管理处统一进行分类处置的体系。向每户农户发放小型户分垃圾桶，公共区域放置红色有害垃圾、蓝色可回收物、灰色其他垃圾

（含易腐）三种垃圾桶。其中居民生活区的其他垃圾与易腐垃圾合并收集后统一进行焚烧发电；行政村单建或联建可回收物和有害垃圾存放点，集中收集、存放后，由定海区环卫处定期上门收集纳入回收系统或由有资质的企业进行定向无害化处置。

（三）强调督查评比

结合"洁净乡村（整洁村庄）"工作擂台赛和全国文明城市创建对开展情况进行督查评分。各镇、街道结合实际，通过对网格、村评比等方式推进农村生活垃圾分类工作，对积极参与的农户给予一定的生活用品奖励。探索积分兑换办法，鼓励农户自主自觉分类，兑换生活用品，以此激励农户的分类积极性，营造良好的舆论氛围。

（四）做好宣传平台

农村生活垃圾分类要做到位，宣传到位是关键。各地组建队伍，开展"深入式"宣传。通过广泛动员，组建垃圾分类监督员队伍，挨家挨户上门分发垃圾分类倡议书、垃圾分类指导手册，向村民推广垃圾分类理念；活用平台，开展"滚动式"宣传。充分运用社区宣传橱窗、LED 显示屏等宣传平台，定期更新、滚动显示以垃圾分类为主题的展板、海报、宣传标语，让居民能及时接收垃圾分类方面的资讯，增强居民自觉分类的意识；各镇（街）邀请成校老师对各社区农户开展培训，可采取有奖问答发放小礼品的形式，进一步普及分类知识；利用文明城市创建、学生社会实践等契机，加大宣传力度。

（五）注重管理实效

依托市团鸡山垃圾焚烧发电厂，建立"户分、村运、镇集中、区处理"模式，全区所有行政村实现生活垃圾城乡一体化处置，每个乡镇（街道）均聘请了第三方保洁公司，通过 4 个农村生活垃圾中转站，每日将农村生活垃圾统一转运至市团鸡山垃圾焚烧发电厂，实现农村生活垃圾零填埋。积极创新体制机制和载体手段，深入开展"新时代洁净乡村"长效管理，各乡镇（街道）因地制宜，丰富工作形式，引入"颜管家""小红帽""桥家人"等志愿管理模式，建立"一把扫帚大家扫""门前三包"等微民约，有效推进村民自治。

二、存在问题

（一）源头分类不到位

尽管生活垃圾分类宣传已开展多年，但群众分类意识和意愿仍然不强，农村居民相较于城镇居民分类意识更为滞后，很多群众对有关的宣传视而不见，不少人存在事不关己高高挂起的心态，甚至存在抵触心理。目前对群众的分类投放行为缺乏行之有效的强力约束手段。近几年虽投入大量资金开展垃圾分类宣传，发放分类垃圾桶，但除去居民自行投售的可回收物，分类垃圾桶内仍然普遍存在混装混投的情况。这对后续的分类收集和分类运输造成了巨大的困难，也进一步打击了愿意分类的群众的积极性，不利于全民分类的氛围营造。

（二）分类收集运输体系不完善

目前定海区所有农村镇（街道）建成区生活垃圾基本已实现第三方一体化清运，但由于源头分类不到位和资金上的压力，所有镇街均未与第三方明确分类责任，致使垃圾分类工作难以进一步深入。同时，很多农村社区特别是偏远地区垃圾清运体系尚未完善，依然较多使用拖拉机进行清运。原来的水泥垃圾池全部换成分类垃圾桶后，需要保洁人员将桶内垃圾倒出后再装车，不仅效率低下，且易造成二次污染。

（三）末端处置体系不完善

定海区农村生活垃圾虽由区环卫处统一负责处置，但居民日常生活产生的零碎可回收物和有害垃圾末端处置难的问题依然突出，特别是玻璃等低值回收物以及废电池等有害垃圾。目前，可回收物主要还是依靠捡垃圾或收购废品为生的人群，贡献能力有限，未形成一个有效的体系，未实现全面产业化，难以推动整个垃圾分类回收体系的发展。同时，再生资源回收企业经营能力羸弱，盈利水平低，产业链残缺，通过市场机制带动回收产业效果不显著。

三、对策建议

（一）宣传先行，引导垃圾分类

各乡镇、村通过入户走访、悬挂横幅、发放宣传册等多种形式，全方位发动渔农村居民参与垃圾分类，提高渔农村居民对垃圾分类的参与度和支持度。全面推行"党建＋"模式，深化网格化管理。建立党员联系渔农户制度，构建"分责联户、分层包干"的垃圾分类全域网格体系。每名党员就亲就近就便联系5~10户渔农户，以村干部、党员、村民代表、妇联队伍为节点组成一个个"垃圾治理小网格"，负责网格内垃圾源头分类、分类投放的宣传、引导、监督工作。

（二）终端处理，护航垃圾分类

为确保渔农村有序开展垃圾分类，积极探索多元化生活垃圾终端处理方式，改变以往单一的填埋、焚烧、堆肥、外运模式，采取以焚烧发电为主、堆肥模式为辅的模式。

（三）激励监督，倡导源头分类

为了鼓励村民源头分类的积极性，提高源头分类正确率，可建立可回收垃圾处置点，由专人负责，村民定期直接到回收点进行换购；对于其他垃圾，按照定时定点投放要求，建立检查登记制度，通过张贴"红黑榜""积分榜"等方式做好源头分类监督。

普 陀 区

加强农村生活垃圾分类项目建设

普陀区按照省、市要求，基本建立了渔农村生活垃圾分类处理"四分四定"管理和运行体系，取得了一定成效。目前，除城中村、拆迁村，全区 61 个行政村的渔农村生活垃圾分类处理项目已全部建设完成，其中建成 20 个省级项目村，完成 8 个农村生活垃圾资源化处理中心（站点）建设，所有垃圾资源化处理站点全部建有垃圾渗滤液（污水）处理设备设施，配置资源化处理设备（终端）9台，受益渔农户 56 014 人，投入资金 3 000 余万元；结合海岛实际科学选择处理终端，实行渔农村生活垃圾分类、城镇垃圾分类和焚烧处理生活垃圾分类 3 种分类处理体系；实现了渔农村生活垃圾分类处理行政村全覆盖。

一、开展情况

目前，全区 8 个渔农村生活垃圾资源化处理中心（站点）配置的 9 台微生物发酵快速成肥设备（包括省级项目村 7 个站点的 8 台设备），除虾峙镇 1 台、东港街道 2 台停用（只作一些季节性厨余泔水垃圾处理），其他各垃圾处理站点运行正常。生活垃圾资源化处理产出物全部用于当地农村土地肥力提升及绿化施肥。

按照普陀区委、区政府《关于进一步做好普陀区渔农村生活垃圾分类处理推进城乡一体化工作的通知》（普党政办〔2018〕168 号）精神要求，根据普陀区实际，因地制宜，为减轻海岛乡镇生活垃圾处理运维资金投入压力，自 2018年 9 月开始，普陀区对部分镇（街道）、管委会的农村生活垃圾分类处理模式作了调整，全区 10 个镇（街道）、管委会，其中桃花镇、展茅街道、白沙岛管委会（除柴山外）仍实施农村生活垃圾分类"四分四定"减量化资源化处理模式，东极镇实施高温无害化焚烧处理模式，六横镇、虾峙镇、东港街道、沈家门街道、蚂蚁岛管委会和登步岛管委会均实行生活垃圾城镇（城乡一体化）处理模式。

二、主要做法

（一）推行"2＋N"源头分类

为方便渔农户对生活垃圾进行源头分类，普陀区推行"2＋N"垃圾分类，即按可生物堆肥利用（厨余垃圾）与不可堆肥利用（其他垃圾），将垃圾分为易腐烂与不易腐烂两大类。对其他垃圾，分"好卖"和"不好卖"两类。"好卖"的，由再生资源利用公司上门有偿回收；"不好卖"的，统一压缩打包外运处理。以有偿回收引导群众主动分类垃圾，实现垃圾总量源头减量。

（二）实行保洁、清运定员分岗

落实"四分四定"的垃圾处理机制，实行厨余垃圾与其他垃圾收集清运定员分岗，每组收集清运人员配备专用垃圾运输电瓶车、分拣垃圾钳子、磁力棒等专用工具，提高工作效率。保洁人员实行全日制保洁，每日清扫不少于2次。

（三）实施"联村联建"处理中心建设

根据海岛渔农村生活垃圾属性及村落区域范围，以建制村为单位，通过资源共享，在渔农村采用"联村联建"形式建设生活垃圾处理中心，负责辖区内生活垃圾资源化处理。

（四）实现多样化处理终端模式

全区根据海岛实际情况，统一规划，合理布局，科学配置和建设垃圾处理终端，采取以机械快速成肥处理为主的处理终端模式，全区共购置了9台机械快速成肥机器，合计日处理垃圾32吨，累计投资800余万元。同时，考虑偏远海岛交通不便，采用焚烧处理生活垃圾模式。如东极镇推行以不可焚烧和可焚烧分类模式处理生活垃圾，共配备了2台焚烧终端设备。

三、存在问题

（一）乡镇（街道）、村级领导重视度不足

个别乡镇、街道、村领导由于主体责任不够明确，在处理垃圾的问题上，未能意识到处理不当的严重后果，局限于资金不足等原因，对渔农村生活垃圾处理的工作尚停留在设想上、形式上，对渔农村生活垃圾处理的管理、投入力度明显不足，存在一定的畏难情绪。

（二）资金严重缺乏，投入压力大

全面实行渔农村生活垃圾分类后，资金投入压力大大增加，远远不能支撑垃圾处理工作庞大的运行维护费用。受经费制约，相关的设施设备建设不够完善，保洁人员数量偏少、年龄偏大且工资偏低，在一定程度上影响了保洁质量

和垃圾处理效果。

(三) 运行机制 (制度) 尚未完善

镇、街道一级政府对渔农村环境卫生及垃圾分类减量化处理的组织管理、指导监督、考核奖励等制度尚未全面建立，村级组织的自我管理、自我监督、自我教育的作用没有得到真正发挥，村级的环境卫生管理制度、保洁经费筹措机制等都尚未建立或落实，群众自觉进行垃圾分类的习惯还未形成，从而造成垃圾随处可见的现象。

四、对策建议

(一) 立足体系建设，强化资源利用

一是建立资源利用体系。积极推进有机垃圾堆肥利用，优化政策鼓励，加快发展饲料、有机肥料、生物能源等产业。二是建立回收体系。鼓励渔农村便利店等就地设立便民回收点，鼓励采用押金、以旧换新等形式回收可再生资源。

(二) 立足机制创新，强化要素保障

一是落实资金保障。加大财政投入，加强资金调度。扩大资金来源，鼓励镇、街道自筹资金。探索垃圾收费制度，按照"谁生产、谁负责、谁付费"原则，建立住户付费、村集体补贴、财政补助相结合的机制。二是实行齐抓共管。明确镇、街道为渔农村垃圾分类工作和实施主体，做好统筹协调、群众发动、落地实施等工作；区属相关部门各司其职，各负其责，密切配合，主动服务，形成共同抓好垃圾分类工作全域有序推进的良好氛围。

(三) 立足示范引领，强化精细实施

一是抓好源头分类。抓好前端渔农民分类精准化关键环节，规范海岛生活垃圾分类标准，培养渔农民的自觉分类意识和良好习惯，逐步实现垃圾正确分类和源头减量。二是加强宣传和舆论引导。利用各种媒体和传播手段，播放垃圾分类宣传教育片和公益广告片等，实现宣传"进岛入户到人"。

(四) 立足系统管理，强化运行模式

一是积极探索建立公司化运管模式。引进第三方具备资质的企业，采用政府购买服务方式，组建设立"公司化"垃圾分类处理管理站，健全环卫保洁、清扫清运队伍，完善工作制度，统一管理辖区内的垃圾分类指导、垃圾

运输、终端运行、管护。二是建立渔农村生活垃圾分类监管体系。委托第三方软件公司建立普陀区渔农村生活垃圾分类监管平台，借助"互联网＋"模式，采用分类实名制形式监控渔农户生活垃圾分类准确率，完善垃圾分类投放、收集、运输、处理全程责任包干制度，实现渔农村生活垃圾管理信息化、数字精准化、运用实时化。三是建立健全渔农村环境长效管理机制。专门成立一支长效管理队伍，明确考核内容、评比办法和奖补政策，加强业务指导和检查巡查。

岱　山　县
因地制宜推进农村生活垃圾分类

岱山县自 2015 年开始实施渔农村生活垃圾分类处理工作，按照"四分四定"的要求以及"全域推进、本岛先行、分年实施"的思路，推进渔农村生活垃圾分类处理减量化、资源化、无害化。

一、开展情况

2015 年，率先在秀山乡秀东村实施垃圾分类处理试点工作。2017—2019 年，完成岱东镇、岱西镇、东沙镇、长涂镇、秀山乡、衢山镇、高亭镇（拆迁村高亭一村、大峧二村、山外村、官山村、鱼山村暂不列入分类计划）7 个乡镇 69 个行政村以及东沙社区的垃圾分类处理工作。目前，全县共完成渔农村生活垃圾处理村 69 个，实现分类处理乡镇覆盖率 100%，行政村覆盖率 93.2%，渔农户覆盖率 85% 以上。

从终端处理模式看，由于岱山县地处海岛，各行政村所辖区域较小，在具体实施农村生活垃圾处理过程中，根据县情因地制宜实施了联村、联镇推进垃圾分类的处理模式，共建成农村生活垃圾分类处理终端 7 处，主要采用两种终端处理模式：一是机械快速成肥模式，分别为秀山乡日处理量 0.5 吨的机械化高温发酵处理机器终端、岱东镇龙头村日处理能力 1 吨的机械化高温发酵处理机器终端、岱西和东沙二镇联建日处理能力 5 吨的机械化处理中心、衢山镇 2 台日处理能力 5 吨的机械化高温发酵处理机器终端。二是太阳能沤肥模式，分别为岱东镇北峰太阳能处理终端、长涂镇隔江建设的 2 处太阳能处理终端。每处终端都设置有排污水系统，确保无渗漏污水二次污染现象。

从人员配备和资金投入看，目前全县渔农村配备保洁人员 428 人，垃圾处理终端工作人员 12 人，分发入户分类垃圾桶 56 000 余套，累计投入资金约 1 800 万元。组织开展了垃圾分类志愿者活动和各类培训班；组织相关工作人员，包括垃圾收集人员、垃圾运输车驾驶员、设备操作人员等进行工作培训。

二、主要做法

(一)明确目标，理顺体制

完善责任机制，建立"县—镇—村—单位（个人）"四级管理层级。明确属地管理原则。县农业农村局作为牵头单位，具体实施以镇为主，县、镇、村三级都成立了领导小组，制定了经费投入长效保障机制，建立检查评比考核机制，建立保洁队伍和保洁制度，指导各村社把垃圾分类纳入村规民约，签订"门前三包"责任书。通过一系列的制度建设，要求各乡镇、村社细化措施、明确责任、落实人员，做到了任务明确、责任明确。制定《岱山县渔农村生活垃圾分类处理三年行动实施方案（2017—2019）》（岱党政办发〔2017〕234号），7个乡镇分三年按先小后大、先易后难的顺序递次推进。

(二)因地制宜，各显特色

垃圾分类，终端处理是基础。岱山县按照不同乡镇不同的主导产业、不同的生活垃圾主要来源途径，因地制宜，指导乡镇建立机械化高温处理和阳光房处理2种处理模式终端。按地域相近节约集约原则，引导乡镇共建处置终端，如岱西镇8个村和东沙镇3个村联合建立机械化处理终端厂房。同时根据不同乡镇、村的财力，因地制宜配置一批硬件设施，截至目前，共配置各类垃圾运输车196辆、垃圾分类桶2 800余个、入户小桶56 000余套，渔农村垃圾分类的基础设施建设基本到位，垃圾分类的框架已搭建完成。

(三)试点先行，以点带面

渔农村垃圾分类作为一项牵涉面极广的系统性社会工程。岱山县积极开展试点工作，借鉴金华市金东区等先进地区的做法，先后在秀山乡秀东村、岱东镇北峰村开展了渔农村垃圾分类试点，探寻适合岱山县的渔农村垃圾分类方式。为鼓励村民源头分类积极性，提高源头分类正确率，在具体制度上，先后在岱东镇龙头村试点了积分兑换法，在岱西镇俞家村实施了三色分类法，在长涂镇实施了联户互查制度。在具体终端处理方式上，试行了机械化处理及阳光房处理2种终端处理方式，通过各种试点，为岱山县下一步工作打下了坚实基础。

(四)加强宣传，增强意识

岱山县始终把抓好渔农村垃圾分类处理的群众知晓率和分类知识普及作为一项重要工作。一方面，利用多种载体开展宣传。通过短信、微信等新传媒宣传渔农村垃圾分类知识，做到让群众家喻户晓；通过在人群集聚点布设大型墙绘、张贴精美垃圾分类海报、在村宣传栏张贴宣传报以及向村民发放宣传小手册等方式，进一步普及渔农村垃圾分类知识。2017 年以来，全县累计发放各类宣传资料、宣传品 45 000 余份，倡议书 5 000 余张。另一方面，充分调动妇联、团委、老年协会等力量，通过"小手拉大手""青年志愿者"等活动倡导垃圾分类、绿色低碳生活。如东沙成校举办了 9 期垃圾分类培训班，大大增加了村民垃圾分类的相关知识。

（五）聚焦难点，规范处置

针对各乡镇目前存在的建筑垃圾、大件垃圾随意倾倒、填埋等现象，岱山县出台相关文件，压实工作职责，指导和督查各乡镇难点问题处置情况，进一步增强处理能力。一是大件垃圾处置。县农业农村局指导各乡镇自行设立大件垃圾回收利用中心。目前，长涂镇已自建完成大件垃圾回收处理中心，对可修复的大件垃圾进行修复，让群众免费领用；不能通过翻新再使用的大件垃圾进行整体拆分，对其中的木料、玻璃、塑料等再生材料进行回收利用。二是建筑垃圾处置。岱山县已出台《关于印发岱山县建筑垃圾（渣土）管理实施意见的通知》（岱政办发〔2020〕29 号），县综合行政执法局出台了《岱山县建筑垃圾非法倾倒专项整治行动实施方案》（岱综执〔2020〕8 号），文件中对各有关部门、各乡镇的职责进行明确，规定废弃渣土运到板井潭的宏波新型墙体材料公司，废弃泥浆运到岱西的宇泰新型墙体公司进行回收利用。县农业农村局指导各乡镇根据实际需要设立建筑垃圾临时堆放点（临时堆放点场地设置需提前向县综合行政执法局备案，并承诺限时清理）。

三、存在问题

（一）思想认识不够统一

渔农村垃圾分类处理工作是亟须解决的民生工程，在具体实施中，岱山县各层级尚存在观望情绪，对如何分类、怎么处理、城乡一体等问题存在一定争议；同时，存在部分渔农村把垃圾分类工作作为突击性任务来抓的现象，部分干部认为工作推进比较难，精力牵制大，管理成本高，导致实际成效打折扣。

（二）难点问题处置尚不规范

目前针对建筑垃圾、大件垃圾处置已出台相关文件，如《关于印发岱山县建筑垃圾（渣土）管理实施意见的通知》（岱政办发〔2020〕29 号）、《岱山县建筑垃圾非法倾倒专项整治行动实施方案》（岱综执〔2020〕8 号），但非法填埋现象依旧存在。部分乡镇将大件垃圾用压路机或挖掘机进行粉碎、压缩后、运往填埋场进行填埋；绿化垃圾通过人工压缩之后，运往填埋场进行填埋。

（三）分类意识有待增强

虽然前期岱山县通过张贴宣传画、印发分类宣传册等方式进行宣传，但宣传方式不够生动，宣传面不够广泛，居民对为什么要分类、怎样分类等内容了解不深，导致居民源头分类意识淡薄。由于受长期以来垃圾袋装化生活习惯的影响，群众对垃圾分类投放的自觉性和执行力还不强。源头分类的不规范、不到位导致了二次分拣工作量较大。

（四）运维机制尚不健全

1. 基础设施配置不到位。岱山县自推进渔农村垃圾分类以来，要求全县各行政村都要做到分类小桶入户、大桶合理配置，但是因损坏、部分村不重视等原因，尚有个别村未完全配置分类垃圾桶。部分大分类垃圾桶的点位设置也不够合理。

2. 相关制度不健全。做好垃圾分类工作，需要多方合力，而目前市、县均尚未出台相关的法律法规来规范和指导垃圾分类收集，无法对居民规范投放垃圾的行为进行有效的约束，仅仅依靠居民个人的环保意识和道德水平，无法保证完全做到对垃圾进行分类。

3. 运维资金压力较大。全县 4 处机械化快速成肥终端年运维费约 58 万元，目前，渔农村生活垃圾分类工作资金以财政投入为主。岱山县渔农村绝大多数村集体经济收入有限，调研中普遍反映，实行垃圾分类后，村保洁员（分拣员）人数增加（有的村不增加人数，但增加工作量），相应的人工工资支出增多，再加上积分兑换礼品，很多村表示难以承受资金压力，希望政府加大财政支持。再加上终端设备的运维费用（包括购买菌种、日常维修、电费等），后期的资金压力会不断加大。

（五）利用回收体系滞后

目前岱山县没有专门的检测监管机构，可腐烂垃圾通过终端处理产出的肥料，其肥力和物质含量如何，缺少数据支撑，影响了其利用和推广度。初步统计，岱山县 4 处机械快速成肥装置年产出物 174 吨，基本上免费送给蔬菜果农，缺少商业价值。另外，渔农村历来有回收废旧物品的习惯，村民在垃圾丢弃前进行分选，将其中可以卖钱的部分保留下来。但近年来，随着渔农村城镇化建设的加快、农民生活水平的提高，再加上废品价格呈现出逐年下降的趋势,"废品换钱""废品换物"的观念被冲淡,致使很多废旧轮胎、玻璃瓶等可回收垃圾处置困难。

四、对策建议

针对存在的困难和问题,下一步需要着眼于"长效",围绕渔农村生活垃圾减量化、资源化和无害化,打好渔农村生活垃圾分类处理这场攻坚战和持久战。

(一)继续推进实效试点

从目前岱山县渔农村垃圾分类的实际运行情况来看,在终端建设和运维车辆等基础设施配置上已基本完善(高亭镇和岱西镇尚需进一步调整部署),但群众实际分类率和分类水平较低,因此如何实质性推进渔农村群众垃圾分类工作,尚需结合岱山县实际进行试点。下一步计划在长涂镇港南村实施渔农村垃圾分类实效推进试点,试点成功在全镇铺开。

(二)继续推进分类城乡一体

目前岱山县城乡垃圾分类的处理方式尚有轻微区别,城区垃圾分类普遍以三分法为主(可回收垃圾、其他垃圾和有毒害垃圾),收集后除可回收垃圾、有毒害垃圾,其他主要运至团鸡山焚烧厂发电。岱山县渔农村垃圾分类以四分法为主(可腐垃圾、不可腐烂垃圾、可回收垃圾、有毒害垃圾),在分出可腐垃圾后予以终端制肥资源化利用,其他垃圾(除可回收垃圾、有毒害垃圾)运至市团鸡山处理。城乡垃圾处理的区别导致乡镇在垃圾处理时出现混乱,下一步将按照县垃圾分类领导小组办公室要求统一城乡垃圾分类模式和处理模式。

(三)继续完善管理机制

在各乡镇成立由主要领导任组长的工作领导小组基础上,切实加强对渔农村生活垃圾分类工作的组织领导。建立领导小组会议等实体运作机制,针对群众反映的各类问题,认真倾听,迅速落实,把问题解决在萌芽状态。进一步理顺垃圾分类工作的环节及相互关系,做到分工细致、流程简便、条理缜密、管理有序。注重垃圾分类全程监管体系建设,源头分类管理做到"不分类、不清运",中间收运杜绝混装混运,末端成肥坚持定期检测。加强垃圾分类奖惩制度建设,实施"积分兑换超市""红黑榜""聚焦最脏渔农村"等奖惩措施,开展生活垃圾分类示范镇、示范村、示范家庭等系列创建,夯实渔农村生活垃圾分类处理工作基础。

（四）继续加强队伍建设

岱山县将按照渔农村生活垃圾分类专业化队伍建设要求，加大财政投入，加强乡镇生活垃圾分类宣传指导员、上门收集保洁员、集中分拣管理员和成肥技术员"四大员"队伍建设。完善工作细则，进一步明确每个岗位的标准和要求，同时，通过集中辅导培训、现场讲解示范、建立激励考核机制等措施，使渔农户和"四大员"懂得如何对不同垃圾进行收集、回收和处理，确保垃圾分类长期有效地落到实处。

（五）继续强化督考

岱山县将把渔农村生活垃圾分类处理工作纳入政府实事项目、领导班子实绩、新渔农村建设、美丽乡村建设等考核体系。组织建立督查小组，定期或不定期开展督查工作，对工作落实不到位的部门和领导采取通报、约谈等措施，确保生活垃圾分类处理工作顺利推进。

| 嵊 泗 县 |

以"一岛一策"创新农村生活垃圾处理方式

嵊泗县积极探索渔农村环境综合治理长效机制，初步建立生活垃圾分类"三四五"的工作推进机制，即以减量化、资源化、无害化"三化"为导向，积极推行"四分四定"垃圾分类处理机制，落实有机构、有队伍、有经费、有设施、有督查的"五有"措施。截至目前，全县3镇4乡29个村共建有4个垃圾快速成肥站点（菜园镇、五龙乡、枸杞乡、花鸟乡各1个），1个低温热解垃圾处理站（花鸟乡），1个热解气化垃圾处理站（嵊山镇），除空心村、搬迁村，全部开展生活垃圾分类工作，实现生活垃圾收集处理行政村覆盖率100%，渔农村生活垃圾回收利用率达40%以上，资源化利用率达85%以上，无害化处理率达100%。

一、主要做法

（一）创新垃圾处理方式

海岛的空间容量有限、生态环境比较脆弱，且岛与岛之间相隔遥远，其垃圾处理不能简单仿效陆地的集中处理模式。嵊泗县以各海岛为单位建立了独立、综合、多方法并用"一岛一策"垃圾处理系统，量身定制各乡镇垃圾终端处理方式。比如泗礁本岛和靠近上海的洋山，区位相对集中，离大陆较近，所以均采取了减量化、无害化处理之后"外运"的方式。泗礁本岛共计投入3 200余万元完成垃圾外运设施、设备更新，每天有6辆载重12吨的垃圾压缩车通过舟桥5号客滚轮从李柱山码头运至三江码头到定海，最后驳运到团鸡山进行垃圾终端处理，每年垃圾外运费用约1 500万元。相较于泗礁本岛，洋山土地资源稀缺，腹地有限，所以"外运"之余的垃圾需要采取"低温热解"，而泗礁本岛则可采取"堆肥"方式。又比如有"蓝海牧岛"之称的嵊山枸杞和百年花鸟岛远在东部，随着近年旅游产业发展，人口流量迅速增大，给该地的垃圾处理带来了严峻的考验。通过调研和考察，鉴于嵊山枸杞人口密度较大，渔业产业发达，最终确定"热解气化焚烧＋堆肥"的垃圾无害化处理方式。而生态更为薄弱、人口稀少的花鸟岛采用"低温热解＋堆肥＋外运"的方式，寸土寸金的黄龙则采用"外运"方式。

对垃圾处理产生的渗漏液，菜园镇、嵊山镇、洋山镇建有专门的渗漏液处理站，专业处理，达标排放；五龙乡、黄龙乡、枸杞乡、花鸟乡垃圾渗漏液经过三格式处理池初步处理后，进入乡镇、村污水处理厂（设施）处理后，达标排放。将"堆肥"方式产生的肥料，作为一种有机肥料无偿赠送给村民滋养农业用地和种植花草树木。

各岛屿通过购买服务的手段，积极推行生活垃圾分类市场化运行，加大对资源化利用企业的政策支持力度。通过政府补贴，收购单位和个人与岛屿签订协议，设立回收点"定时，定点，定人，定车"回收废品制度，为群众解决垃圾回收工作的"最后一公里"。应收尽收再生资源，变废为宝，促进垃圾资源化利用，构建系统的资源回收网络。提高垃圾分类处理专业化水平，鼓励社会力量参与渔农村生活垃圾分类处理，探索特许经营、承包经营、租赁经营等形式，通过公开招标引入专业化服务公司，推进专业化建设。

（二）夯实垃圾分类机制

以"人居优美"为出发点，大力构建渔农村生活垃圾分类长效管理机制。成立生活垃圾分类领导小组，下设办公室，并抽调各乡镇和县属部门精干力量，成立工作专班，下设综合、宣传、举报受理和督考四个专项工作组，强化对工作的统筹协调。制定了垃圾分类监督、考评、奖惩等制度，建立联席会议制度，实行县处级领导干部联系包干乡镇、"第一书记"及团组成员联系包干行政村制度，从机制上保障生活垃圾分类处理工作的顺利推行。建立"以县乡为主、群众为辅、部门支持、社会参与"的投入保障机制，采取县财政保障、向上争取、乡镇配套、村集体筹资和环卫保洁费个人缴纳的资金筹措机制。除县财政和乡镇财政的经费配套，各行政村由村民和本村范围内企事业单位、工商经营户、农家乐、民宿等适当筹集长效管理经费，各行政村常住人口每月缴纳一定的环卫保洁费。各乡镇严格执行垃圾分类、源头追溯、村民自律、规范投放、分类收集等制度，同时注重调动群众积极性，在"生活垃圾积分抵偿兑换"的基础上大力推行"绿色账户"机制，遵循"分类可积分、积分可兑换、兑换可获益"的原则，鼓励群众从源头上对生活垃圾进行减量分类。全面推行"党建＋"模式，深化网格化管理。充分发挥党员模范带头作用，建立党员联系渔户制度，构建"分责联户、分层包干"的垃圾分类全域网格体系。以"就亲、就近、就便"原则，每名党员联系5～10户渔农户，通过村干部、党员、村民代表、妇联组成的"网格员"队伍，将责任细化到每家每户，组成一个个"垃圾治理小网格"，负责网格内垃圾源头分类、分类投放的宣传、引导和监督工作。注重与最美家庭、文明家庭的评比挂钩，强化乡风文明建设，引导更多群众参与垃圾分类。

（三）探索构建"清单"销号制度

嵊泗县创新农村环卫机制，制定环境卫生重点点位销号办法，提升各乡镇、村（社区）环境综合整治问题的自我发现、自我整改能力，突出抓好环境综合治理工作重点、难点和突出问题，确保环境卫生治理取得实效。

一纸"清单"找差距。以村口、干道、房前屋后、背街小巷、农田山塘等为重点，开展拉网式全方位排摸，针对长期遗留、反复性强的难点顽疾，整理形成重点点位销号清单并制定月度销号计划。原则上各村（社区）年度销号点位不少于 5 个且每月都要有销号点位，点位难易程度比例一般为 1：2：2（易销号：较难销号：难销号），鼓励扩大较难和难销号点位比例。

一张"照片"见实效。城乡一体办对各乡镇上报的重点点位和难易程度进行实地调查、审核。剔除不符合要求的点位并根据点位实际情况对点位进行难易程度调整，最终汇总全部重点点位销号清单后反馈给各乡镇。所有重点点位均拍照后登记保存建档，使点位销号工作实景化、具体化、数据化。

一幅"画卷"连成片。注重在细节上下功夫，把"绣花"功夫用到点位销号各环节，把每项任务细化到现场，每项职能细化到个人。将重点点位销号攻坚和整村连片整治相结合，以净化＋绿化、美化、文化的人居环境综合治理替代单一的垃圾清理，融点位整治与休闲景观建设于一体。

一个"办法"督到位。制定下发《嵊泗县 2022 年度渔农村环境综合治理考核办法》，成立全县渔农村环境综合治理督查组，由督查组每季度深入到各村（社区）开展抽查检查工作。实行季督查、季通报、年终考核制度，建立起长效化的巡查督办机制。督促乡镇、村（社区）按时、保质保量完成点位销号任务，逐步形成巡查、监督、整改的良性互动机制。

一套"机制"管长久。总结提炼有效工作经验，把整治实践固化为制度成果，确保常态长效，完善精细化、常态化、实效化管理体系。重点加强各村监督管理队伍和保洁队伍建设，确保各村环境卫生有专人对已整治的点位进行日常巡查及日常保洁，实现常态化管控，确保环境卫生点位整治不反弹。

二、存在问题

随着垃圾分类工作的深入，渔农村面貌得到显著改善，然而由于经济状况、地理位置、生活习惯等种种原因，全县渔农村在垃圾分类处理问题上还存在一定问题。

（一）设施建设和资金投入存在短板

目前，嵊泗县渔农村生活垃圾分类减量处理资金缺口较大，尚未形成多元化投资机制，存在渔农村生活垃圾基础设施建设资金投入不足、站房设施建设和用地等资金缺口、设施维护缺资金保障等问题，从而导致渔农村生活垃圾分类减量处理试点站房建设，分类、运输、处理标准不高。部分特种垃圾处理设施数量不足，比如，玻璃、针织物等低价值再生资源的可回收体系尚未建立，灯管等有毒、有害垃圾缺乏特定的收集、处置设施，建筑垃圾、大件垃圾和装修垃圾的处置设施也不完备等。同时由于海岛特殊的地理交通环境，生活垃圾的收集处理场地选址难度较大，资金投入成本也远远高于大陆地区。

（二）分类培训和宣传教化存在短板

村民在生活垃圾分类工作中的参与度有待进一步提高，"政府着急、群众不急""干部在干，群众在看"的情况依然存在，分类准确率有待进一步提高。同时，惩戒机制的缺乏加剧了这一状况。

此外，调研中还发现很多问题，如，垃圾循环再利用的激励机制缺失，渔农村生活垃圾专业管理维护人才短缺，垃圾终端处理技术不成熟等。

三、对策建议

（一）加强宣传教育，强化源头分类

建立渔农户分类体系，因地制宜区分垃圾类别，建立渔农户源头分类可操作、能评估、有奖惩的模式；全方位、多角度开展形式多样的宣传活动，通过开展主题党日、宣传演讲、知识竞猜、小品演出等渔农民喜闻乐见的文娱活动，进一步普及垃圾分类的知识，激发群众主人翁意识。在每年培训资金中，专门切出一定比例用于生活垃圾分类处理素质培训。

（二）制定配套政策，构建循环经济

转变政府职能，由政府主体逐步向政策引导和市场监管转变，制定促进垃圾处理产业化的法规、政策，引导形成"垃圾形成者付费、恶化环境者赔偿、回收利用者得利、政府扶持和赞助"的良性循环机制。发展"垃圾经济"，鼓励回收行业和回收人员有序发展，建立统一、完整、竞争有序和开放的回收市场体系，最终形成垃圾处理的产业化，取得社会、生态和环境的综合效益。

（三）强化监督考核，健全考评体系

运用"互联网＋"模式，推行生活垃圾分类智能化、规范化管理，建立健全考核工作成效评价机制。积极推广垃圾分类实名制、编码识别、智能投放、智能巡检、在线监控等运维方式，建立源头追溯制度。完善垃圾分类投放责任包干制度，将具体责任落实到人，加强卫生保洁分类巡查，定期公布垃圾分类考核绩效。逐步推行环卫保洁收费制度，充分调动村民参与垃圾分类工作的积极性，加强对保洁员队伍的监督管理。

（四）强化信息运用，落实长效管理

探索可视化监管平台建设，通过大数据监控和智能分析，实现渔农村生活垃圾管理信息化、数字精确化、运用实时化。利用"考垃"App，实现从垃圾产出到处理完成各个环节的各项数据收集，对照标准，对各个角色职责完成情况逐项量化分析和考核。创新"智能＋"回收方式，实行按需、定时、定点上门回收，对旧衣服、玻璃瓶等低附加值可再生资源和有毒有害垃圾进行兜底回收。同时，积极落实运维资金，鼓励支持积极构建第三方运维工作系统，激励和引导乡镇做好长效管理工作，全面夯实长效治理基础。

台 州 市

高质量推进农村生活垃圾分类

台州市农村生活垃圾分类工作历经三年试点后，于 2017 年在面上铺开，通过努力，实现全市农村生活垃圾分类处理常态、规范、高质量运行。全市聚焦源头分类和终端处理能力精准发力，不断强化政策保障、加大要素投入、创新管理模式，持续开展源头减量、回收利用、处置能力强化、标准和制度建设、文明风尚等五大专项行动，农村生活垃圾"四分四定"工作体系初步建立。

目前，全市用于农村环卫保洁和生活垃圾分类工作专项资金达 4.8 亿元，建成市级农村生活垃圾分类"三化"处理示范村 100 个、省级高标准示范村 20 个、省级项目村 60 个、资源化处理站点 32 个，累计建成市级示范村 206 个、省级高标准范村 39 个、省级项目村 235 个、资源化处理站点 142 个。截至目前，全市农村生活垃圾分类处理建制村覆盖率已达 84%。

一、开展情况

2014 年以来，全市共建成 142 个省级农村生活垃圾分类资源化处理站，处理模式以机器快速成肥为主，阳光房发酵、沼气发电、生物燃气为辅，设计日处理能力为 689.7 吨，平均日处理吨数 279.63 吨，受益人口达 450 万。全市共有站点工作人员 370 人，人员工资支出约 2 020 万元/年，占站点运维总费用（4 700 万元）的 43%。

全市资源化站点的建设方式比较多样，以钢筋砼结构为主。临海市、温岭市等部分站点采用如彩钢房或简易钢棚等钢结构。该建造方式施工工期短、建筑难度低，但保温保暖效果相对较差，抗风能力弱，特别是夏季台风多发，需要采取相应防台措施。

目前全市资源化站点管理方式可分为政府统一管理和第三方运营。政府统一管理从管理部门看，可分为综合行政执法局管理和农业农村局管理，例如黄岩区 2017 年的两个项目村（西城街道倪桥村和横河村）资源化处理站点现已改名为黄岩区易腐垃圾处理中心，由行政执法局管理运行。从管理主体看，可分为乡镇管理和村级管理。由于资源化站点辐射多个村，特别是后期以多村联建方式布局的站点，多由所在乡镇统一管理。村级管理多适用于阳光堆肥房或者早期的"一村一站"，如天台县的小型资源化站点即以村级管理为主。

第三方运营方式以椒江区、温岭市等城市化程度较高的县（市、区）为代表，例如 2018 年椒江区出资 1 000 多万元对 10 个省级试点村和当年任务村及 5 个农村生活垃圾资源化处理站点的运维统一打包，以购买服务的形式，委托国内知名的专业保洁公司实施农村生活垃圾资源化分类处理。温岭市站点全部由所在乡镇采用政府购买服务运营模式，引进 3 家第三方企业负责站房及附属设备建设，政府则提供用地和用电设施。部分中大型资源化处理站点也采取该种运维方式，如平桥镇金岭资源化处理站点由平桥镇政府购买服务，引进第三方运维管理，年度运维费用 75 万元。

目前，易腐垃圾资源化产品的利用主要有 4 种方式：一是村民或个体种植户免费领用。附近村民或各种植户根据自身的需求，直接到资源化处理站点登记备案，免费领取成肥。二是线下销售。极个别大型站点与种植大户签订供销合同，以较为低廉的价格销售。三是用于农村生活垃圾分类宣传配套使用。临海市汛桥镇建立首个乡镇级农村生活垃圾体验馆，将附近站点的资源化产品分装成小包装成肥或小瓶装酵素厨房洗涤液，配合各类花果蔬菜种子，作为参观纪念品，宣传农村生活垃圾分类。四是免费送给园林业。部分资源化站点经终端处理后的成肥含盐碱较高，无法直接利用或利用范围有限，目前仅有免费送给园林业，混合其他肥料使用。

二、主要做法

（一）强化政策保障，明确工作方向

1. 健全组织机构。专门成立以市长任组长、常务副市长和分管副市长任副组长、相关部门主要负责人为成员的"垃圾革命"工作领导小组，领导小组办公室设在市综合行政执法局，初步形成了市综合行政执法局牵头规划建设、执法管理，市农业农村局负责农村区域生活垃圾源头分类的全市城乡统筹推进生活垃圾分类处理格局。进一步明确县（市、区）为农村生活垃圾分类处理实施主体，乡镇（街道）为业主单位，村级为受益和参与主体。

2. 细化政策方案。制定出台全面深化农村垃圾治理的实施方案、《台州市农村生活垃圾分类处理三年行动计划方案》以及考核验收办法、资金管理办法等配套政策意见，全面发动"垃圾分类革命"。各县（市、区）也相继制定出

台了一系列农村生活垃圾分类"三化"处理的制度文件和实施办法，调整和规范垃圾分类管理行为。

3. 分解压实责任。 下发《垃圾分类全覆盖工作任务书》，将农村生活垃圾分类减量处理写入年度工作报告，纳入对县（市、区）经济社会发展目标责任考核内容。

（二）突出工作重点，夯实工作基础

1. 加大要素投入。 把"有人干事、有钱办事、有章理事"的"三有"机制作为农村生活垃圾有效集中收集处理的破题之举。明确将保洁员工资报酬纳入各级财政预算，并要求按时足额发放，各地根据实际相应增加了财政预算用于垃圾分拣员工资报酬支出。

2. 完善体系建设。 坚持把源头分类作为农村生活垃圾分类减量处理的重点和关键。结合实际捋顺工作机制，椒江区按照城市发展要求，实施全域保洁及垃圾分类一体化工作，以街道为单位统一由一家专业公司整体负责，通过招投标方式引入社会资本进行管理，实现"一把扫帚""一个主体""一体实施"的目标。高度重视环卫基础设施建设，科学布局区域终端处理站点，合理选择分类处理模式和技术工艺，综合考虑发酵成肥时间、垃圾产生量及设备维护保养需要，实行"一站多台"，即每个机器快速成肥处理站配置 2～4 台处理设备，轮流运行，确保垃圾处理效率最大化。

3. 创新管理模式。 依托互联网、移动互联网、大数据等技术手段，统筹推进数字化建设，通过安装地磅和电子监控系统等，建立农村生活垃圾综合监测平台，实时远程管理，确保资源化处理站点常态化运维。温岭市在中端探索激励措施，对分拣员试点可腐烂垃圾分拣收集奖补激励，提升二次分拣成效；在终端处理细化了垃圾分类补助标准，试行人口数和处理量相结合的奖补方法，设立补助门槛，对机器终端可腐烂垃圾收集处理，合格的每日人均不少于 0.14 千克，良好的每日人均不少于 0.16 千克，优秀的每日人均不少于 0.18 千克。全市可腐烂垃圾日处理量突破 120 吨。

（三）强化督查考核，狠抓工作落实

1. 加强日常督查。 坚持每月书面督查通报、季度督评进度实效，确保各地把工作落到实处。充分发挥督查考核的指挥棒作用，检验和评价垃圾分类处理工作成效。市里专门抽调县（市、区）相关业务人员，分别于年中、年末举行专项交叉督查，既加强了学习交流，又巩固了工作成果；玉环市每月组织相关部门、"两代表一委员"、农村工作指导员进行不定期、常态化督查。

2. 深化分级管理。 构建市、县、乡、村四级联动，层层落实。路桥区通过区级层面以考核监督促进主体责任落地，镇（街道）层面以制度监督促长效机制落地，村（居）层面以媒体监督促前端分类落地，抓两头、促中间，提高农村生活垃圾分类成效。

3. 联动党建跟进。充分发挥党员干部在农村生活垃圾分类工作中的带头表率作用，让党员成为冲锋在一线的指导员和监督员。临海市以"不忘初心牢记使命"主题教育为主轴，创建垃圾分类管理责任人制度，串联农村生活垃圾分类处理工作，凝聚基层党员的星星之火。仙居县结合"党员十二分制"设立监督考核机制，对分类不到位的村报镇政府予以曝光，约谈监管不力的村干部，甚至免职。

（四）努力营造氛围，形成工作合力

1. 科学设置载体。将"物联网＋"应用于垃圾源头追溯系统、车辆定位和实时作业系统、垃圾终端处理监控系统，推进农村生活垃圾分类处理规范化作业、标准化处理。如天台县平桥镇垃圾分类工作推行"一平台三中心"模式。玉环市依托"互联网＋二维码"管理平台建立"一户一码"源头追溯机制，村级督查员每周扫描农户分类垃圾桶上的二维码，打分评级并实时上传，作为农户奖惩依据，通过数据分析，进一步掌握农户家庭的垃圾分类成效，及时发现并解决问题，目前已完成近9万户分类垃圾桶二维码绑定工作。

2. 广泛宣传发动。充分利用电视、广播、报刊、互联网等媒体，积极深入宣传、普及垃圾分类"三化"处理的目的和意义、分类标准、途径方法。黄岩区多点开展宣传发动，宣传进家庭，发挥妇女的先锋作用；宣传进校园，从小培育分类意识；宣传进村镇，强化家园"主人翁"意识。天台县后岸村依托垃圾分类学院，培养一批垃圾分类讲师，通过农家乐、民宿等垃圾分类微课堂，每年带动20万游客参与垃圾分类，该村创新的垃圾分类"猪定律"得到有关领导点名表扬，在新华社、《浙江日报》、浙江卫视等各大主流媒体得到报道。

3. 强化业务培训。借鉴并推广省内各地推进农村生活垃圾分类减量处理的一些好做法、好经验，逐级开展农村生活垃圾分类减量处理工作业务培训，实现市、县、乡三级相关部门单位和全市所有建制村培训全覆盖，全面普及农村生活垃圾分类减量处理知识。

三、存在问题

（一）源头分类机制不完善

农户长期养成的垃圾混投混弃的习惯短期内无法从根本上得到改变，由于缺少法律法规强制约束，主动分类意识不强。村级层面，由于集体经济收入不

足，以积分奖励等形式推动农户参与分类的模式难以持久。保洁员因为缺少激励措施，"二次分拣"不到位，影响源头分类效果。

（二）终端处理运维有待进一步提升

前端分类不到位、不彻底，导致部分终端处理设施存在"吃不饱"现象。目前省级资源化处理站点平均日处理量不到设计能力的一半。由于水电、人工等运维成本较高，个别站点未能开展常态化运行。此外，易腐垃圾资源化利用产品标准缺失，产业化路子还未走出来，运维全靠财政负担。

（三）工作推进存在不平衡

建制村之间不平衡，省、市级示范村工作开展规范，总体水平较高，但面上的大多数村离"四分四定"的要求仍有差距。区域之间不平衡，由于经济发展水平不同，各地财政资金投入差距较大，如保洁员保底工资相差可达3倍以上。

四、对策建议

（一）加强要素保障

加大人力、物力、资金投入，拓宽资金筹措渠道，整合相关专项资金，保障垃圾收集、转运、再生资源回收、处理设施设备的建设费用和保洁员工资专项费用，进一步配强农村生活垃圾工作力量，加强保洁员队伍建设，适时提高工资待遇，调动工作积极性。

（二）推动源头精准分类

充分发挥广大农民群众的主体作用，增强宣传发动，加大培训力度，推动垃圾分类理念入脑入心，提高分类准确度和主动性。要完善、落实垃圾分类监督考核制度，探索实施垃圾收费制度，规范积分、绿币等福利体系。对省、市级农村生活垃圾分类示范村，要认真对照标准，提高验收要求，紧抓质量不放松，切实为面上其他覆盖村树立示范标杆。

（三）推动终端常态运维

落实资源化站点运维经费，完善运维管理办法，推动农村生活垃圾处理终端标准化运行，以终端处理能力提高倒逼前端分类。探索设立"公众开放日"，主动邀请民众于节假日实地参观参与生活垃圾分类处理全链条，公开接受监督，促进资源化站点透明化运行。探索开拓易腐垃圾资源化产品市场应用渠道，形成处理终端良性运行循环。

椒 江 区
垃圾"三化"处理助推生活垃圾分类

椒江区农业农村和水利局通过实地走访询问、现场操作运行、查看资料台账、座谈讨论等形式，对省级农村生活垃圾资源化处理站点运维情况进行全面调查。目前，建成农村生活垃圾资源化处理站点 8 个，省级农村生活垃圾分类试点村 10 个，省级高标准农村生活垃圾分类示范村 4 个，市级生活垃圾分类示范村 16 个；完成农村垃圾分类任务村 155 个，覆盖率达 76.35%。2021 年获评浙江省生活垃圾治理工作优秀单位。

一、主要做法

（一）明确标准，实施精细分拣

椒江区采取农村生活垃圾"干湿二分类法"，将生活垃圾分为易腐垃圾和其他垃圾两类，并结合试点行政村的实际情况，对农村生活垃圾进行三次分拣，达到干湿分离更彻底。第一次源头分拣，在每家每户门口摆放二分类桶，由村民将家中的生活垃圾进行分类投放；第二次收运分拣，由分拣员一天两次（清运时间分别为 6:00—10:00、14:00—17:00）上门收运垃圾，分拣员在将农户垃圾桶里的垃圾收集到垃圾车的时候进行二次分拣；第三次处置分拣，经过两次分拣后的可腐垃圾，在进入终端处理设备前，由中转站设备操作人员再次细分，进行第三次分拣。

（二）规范运行，严格操作程序

每个农村生活垃圾资源化处理站点配置 2 名操作员，每天严格考勤、执行流水作业。操作员要检查并记录收运到站的分类垃圾，正确操作机械设备，对可腐垃圾实施上料、均匀摊开、进行第 3 次分拣；待可腐生化机械处理设备通过粉碎、添加菌种、加热发酵等程序后，生成有机肥料，发酵仓满后及时进行肥料清仓；每天记录数据，完善台账资料。

（三）严密管理，明确岗位职责

每个站点实行项目责任制，明确站点人员岗位职责，并上墙公示。站点人员负责检查运送到处理站的可堆肥垃圾,不符合标准的,要重新进行分类;负责规范填写日常维护、可堆肥生活垃圾生产情况、有机肥使用情况、户积分记录本并及时抄送;负责将分类完成的可堆肥垃圾投入机械设备中,若可堆肥垃圾量不足,要主动与上级联系,添加废弃果蔬、农业秸秆、畜禽粪便等其他来源的有机废弃物;负责机械设备规范性操作和维护工作,若遇到故障要及时上报,因不规范操作导致机械设备损坏的,应负相关责任;负责将处理完毕的有机肥定时出清,并及时清理有机废弃物出料仓;负责将出仓的有机肥定时出清,并保持周边环境整洁;负责垃圾处理房室内整洁,每日按时关门上锁。

(四) 培训上岗,严格实施奖罚

由承包的第三方选择精干操作员,实施岗前培训,学习垃圾分类的相关知识,熟悉设备的操作规范和注意事项,明确奖惩措施,自觉接受相关职能部门和公司的监督管理。

二、问题与对策

目前存在的问题,一是农村生活垃圾资源化处理终端设备功能不齐全、不完善。主要有设备无法自动生成台账、无法自动计量、含水量大的厨余垃圾处理不理想、出肥含水率高、用电量损耗大等问题。二是产出物发酵不完全。不能在仓内长时间完成发酵,影响了设备每日运行处理的要求,实际日处理量与设备标注的处理能力还有差距。三是源头分类不精准。农村生活垃圾需要花费大量时间在二次、三次分拣工作上,造成垃圾分类处理设备效率不高。

作为台州市主城区,椒江区将实施全域保洁及垃圾分类一体化工作,对不同区域范围原由区环卫、街道、交通、水利、园林等部门负责的清扫保洁、垃圾收集转运、垃圾分类处置工作进行整合,以街道为单位统一由一家专业公司整体负责,通过招投标方式引入社会资本进行管理,负责所有设施设备的投资、技改升级、建设和运维工作,形成覆盖全区域的城乡一体化环卫体系。一是全面启动高标准垃圾分类全域治理。参照三甲街道高标准全域化生活垃圾分类处理模式,全面启动各街道(镇)全域环卫保洁一体化,将卫生保洁、垃圾分类、河道保洁、公厕运维等工作统一打包,以街道(镇)为主体进行公开招标,全面建立第三方专业机构为服务主体的长效运维管理机制,做到"一个主体""一把扫帚""一体实施"目标。二是加强农村生活垃圾生态处理能力。着手谋划扩容现有易腐垃圾处理能力,建设大型垃圾分拣中心、厨余垃圾减量资源化处理中心，采购处理能力更强、性能更加完善的处理设备。三是加大农村生活垃圾分类宣传力度。加强督查考核，建立区、街道、村三级的垃圾督导员队伍，完善考核评比制度，并将垃圾分类和生活垃圾资源化处理站运维等相关工作纳入区对街道（镇）两个社会考核指标体系。

黄 岩 区

分片布点推进资源化处理站点建设

黄岩区积极探索农民可接受、面上可推广、长期可持续的农村生活垃圾分类"三化"处理模式和机制，扎实推进农村生活垃圾分类处理工作。目前，全区农村生活垃圾分类处理行政村覆盖率达96%，建成农村生活垃圾分资源化处理站点23个，累计创建市级农村生活垃圾分类处理示范村23个、省级高标准示范村2个。全区投入2 100多万元，建设项目村资源化处理站点21个，覆盖17个乡镇（街道）208个行政村34.4万人口；设计日处理能力84吨，日均处理农村易腐垃圾50.8吨，实现全年处理农村易腐垃圾约1.8万吨，出肥约1 400吨。

一、主要做法

（一）强化组织体系建设

黄岩区印发了《黄岩区农村生活垃圾分类"三化"处理实施方案》，组建区农村生活垃圾分类减量化资源化无害化处理工作领导小组，由区政府主要领导任组长，区农办、区财政局、区环保局等15个区级部门和19个乡镇街道形成合力，区、乡、村三级联动，着力构建横向到边、纵向到底的工作网络。区里将农村生活垃圾分类处理工作纳入对部门和乡镇（街道）的综合目标责任制考核、乡村振兴考核、民生实事项目以及全面深化改革考评指标，2018年，确定垃圾分类为所有乡镇（街道）本年度十件大事的固定项目。定期开展督查，并进行排名通报。同时，按照属地管理原则，充分发动乡镇、村一级力量参与垃圾分类处理工作，由各乡镇（街道）开展日常检查指导、分类监管，充分发挥党员、妇女的作用，并以村规民约的形式引导村民积极参与垃圾分类。

（二）加强分类设施建设

按照《浙江省农村生活垃圾分类处理规范》提出的"四分四定"要求，配齐分类收集桶、分类运输车和资源化处理设备。近两年来投入资金1 500万元,由区级统一采购户用分类垃圾桶 15 万个、收集点分类垃圾桶 1 万个、分类运输车 19 辆、宣传栏 475 套。同时,按照"分片集中处理"模式,每个乡镇(街道)建设 1～2 个生活垃圾资源化处理站点,各村通过分类运输车将可腐烂垃圾就近运送到资源化处理站进行堆肥处理。全区共投入 2 133.8 万元,建成使用 21 个资源化处理站点,每个资源化处理站日处理量 3～5 吨。

(三)配齐垃圾处理队伍

根据生活垃圾分类、收集、运输、处理的工作方式,在原先每个行政村按照 500 人或 150 户配 1 名保洁人员的基础上,进一步配足垃圾分类收集和处理人员。分类处理覆盖村因地制宜,采用多种分类收集方式。保洁员上门收集可腐烂垃圾的行政村,每 150～200 户再配备 1 名分类收集人员;实施定点投放的行政村,在收集点落实人员再进行二次分拣。同时,每个资源化处理站配备 2～3 名工作人员,负责处理设备的日常运行维护和可腐烂垃圾的运输。目前,黄岩区农村共配备保洁和分类处理人员 1 500 余名。

(四)探索完善运行管理机制

2018 年,黄岩区制订了《黄岩区农村生活垃圾分类处理日常运维工作管理与资金补助办法(试行)》,根据受益范围和管理实效等因素,给予覆盖村每人每年日常运行管理经费 40～50 元。按照该补助办法,2018 年,全区 58% 的覆盖村共拨付了 1 278.17 万元运维资金。2019 年,按 75% 的行政村覆盖率,需拨付运维资金 1 700 万元。同时,鼓励各乡镇(街道)因地制宜探索管理办法。如一些试点村、示范村与中国联通黄岩分公司合作,建设管理平台,配备智能设备,农户统一到分类收集点投放垃圾或保洁员上门收集垃圾时,直接通过二维码对农户垃圾分类情况进行打分,积分可兑换相应商品。

(五)多点开展宣传发动

一是宣传进家庭,发挥妇女的先锋作用。结合"三八"妇女节,组织全区各村的妇女代表,开展以垃圾分类等为内容的"垃圾分类巾帼先行""巾帼助推乡村振兴"专题活动,充分调动妇女的参与热情。二是宣传进校园,从小培育分类意识。积极开展"小手牵大手"活动,将垃圾分类知识带入中小学生教育活动中,培养学生树立"垃圾分类从小做起"的理念。三是宣传进村镇,强化家园"主人翁"意识。通过设置垃圾分类宣传栏、宣传画和宣传标语上墙,发放分类倡议书、分类指导手册,设立宣传告示牌,普及垃圾分类的意义。部分村的文化站还制作了方言宣传广播,通过乡村大使宣讲、宣传车巡回播放,提高村民对分类知识的知晓率。

二、存在问题

1. 乡镇间工作推进不平衡。目前全区各乡镇（街道）发展不平衡，个别乡镇（街道）还没有形成系统的工作机制和有效的管理手段，收集、运输、处理各环节没有完全衔接，仍较为粗放，源头分类减量没有达到预期效果。

2. 后期运维资金压力较大。尽管近年来各级财政不断加大对农村生活垃圾集中处理工作的补助力度，但与实际的资金需求仍存在较大差距。按照省里制定的农村生活垃圾分类"三步走"工作计划，到2022年基本实现全覆盖后，每年至少需投入 2 000 万元资金，用于日常运行、维护维修、升级改造等费用。

3. 源头分类质量有待提高。农户对生活垃圾分类处理的认识不够到位，根深蒂固的垃圾处理观念难以在短时间内完全转变，源头分类的质量参差不齐，增加了后期分拣、利用的难度。

4. 运行管理体系有待完善。大部分村宣传入户工作还不够，培训指导缺乏持续性，党员联系户、"红黑榜"等制度没有真正落实到位。智能化管理尚处于试点阶段，如向整体推进还需提升技术手段。

三、对策建议

（一）深化组织领导，明确责任主体

完善区级主要领导挂帅、多部门统筹的推进机制。在逐年提高农村生活垃圾分类行政村覆盖率的基础上，做好"回头看"工作和"补短板"工作，引导各乡镇（街道）和各部门形成合力，咬定目标不放松。通过定期召开农村生活垃圾分类处理工作推进会、制定"重点问题清单"等方式，查漏补缺，督促解决问题。

（二）发挥主体作用，多维宣传发动

一是抓培训。强化农户作为参与主体的积极作用，培育自觉分类的意识和习惯。构建区、乡、村三级宣传培训网络，以走村入户宣传、专项培训、现场分类演示、面对面指导等方式，全方位发动农户参与。二是抓宣传。充分发挥团区委、区妇联等区级各部门和新闻媒体的作用，大张旗鼓地开展高频度宣传，营造浓厚的农村生活垃圾分类氛围。在村内成立"巾帼"宣传队，充分发挥妇女的作用，带动全村开展垃圾分类工作。三是抓课堂。与教育部门合作，把垃圾分类知识送进中小学生校园，培养从小进行垃圾分类的好习惯。

（三）拓宽筹资渠道，多元投入参与

探索"向上争取一点、政府投入一点、社会参与一点、农民自筹一点"的资金筹措"四个一点"模式，拓宽资金来源，完善资金保障。此外，鼓励社会资本参与可回收物与废品回收利用、有害垃圾回收与危险废物收运、餐厨垃圾回收与资源化处理利用等业务环节，加快生活垃圾处理市场化、产业化进程。积极探索第三方专业运维，将垃圾收集、运输、处理、运营等业务，委托专业机构整体运作。

（四）坚持智能引领，创新运行手段

通过"互联网＋"，探索垃圾分类智能管理模式。如在前端分类阶段，探索推行积分兑换体系。在后期投放、收运阶段，建设物联网监管平台，推行垃圾源头追溯、清运车辆定位和实施作业系统等，确保实现工作全程可追溯可统计。同时，根据监管平台数据，为解决分类质量差、收运无监管、肥料质量和去向等问题提供有力支撑。

（五）强化督查考评，落实长效管理

一是强化督查考评。将农村生活垃圾分类处理工作纳入综合目标、乡村振兴、民生实事等考核体系，对各部门、乡镇（街道）工作开展情况进行常态化督查、暗访、排名，适时对工作开展不力的单位启动追责程序。并将督考结果与年终以奖代补资金及下年度涉农项目的安排挂钩，倒逼农村垃圾分类减量资源化工作效果稳步提升。二是完善奖励措施。对表现优秀的模范家庭和个人进行表彰，适当给予物质奖励，提高村民参与分类的积极性和分类的准确性。设立"红黑榜"，通过电视、微信、村口布告牌等渠道和场所，对未做好垃圾分类的行为进行曝光。

路 桥 区

点面结合开展农村生活垃圾分类

为全面推进农村垃圾分类处理工作，路桥区实施农村生活垃圾分类试点工作，印发了《路桥区农村生活垃圾分类处理工作实施方案》，建立起科学、规范、高效的农村生活垃圾分类政策体系。区、镇、村（居）层面，分别成立了由主要领导亲自挂帅、有关部门（单位）负责人为成员的农村生活垃圾分类"三化"处理工作领导小组，进一步规范、指导农村环卫保洁、生活垃圾治理工作。按照省农村生活垃圾减量化资源化处理项目村（试点村）和市农村生活垃圾"三化"处理示范村建设标准，实行"以点带面、整体推进"，积极开展项目村（试点村）和示范村创建工作。2020年，开展了27个村的垃圾分类处理工作及44个巩固提升村建设。

一、开展情况

（一）加强设施建设，夯实收运基础

按照"群众受益全面、设施覆盖到位、处理运行常态、减量效果明显、资源循环利用"的要求，统筹推进农村垃圾处置设施建设。目前，全区建成17个微生物发酵资源化处理站点等生活垃圾资源化处理终端，配备垃圾分类专用运输车264辆。加大农户"一户两桶"配备力度，按照每户配置一组垃圾分类桶（小桶）和按照10～15户为一组配备2个以上垃圾分类桶（大桶）的标准，共配置集中收集的小桶9.3万个、大桶2.9万个。

（二）完善人员配备，规范队伍建设

根据生活垃圾分类投放、收集、运输、处理的工作方式，以及农村环卫长效管理机制建设标准要求，每村（居）至少配备2名保洁员（兼垃圾分拣员）。户籍人口数1 000人以上的，按户籍人口每增加500人再配备1名。目前，全区共有村级保洁分拣员队伍226支、1 200多人。

（三）广泛宣传培训，营造浓厚氛围

为普及垃圾分类知识，以梯次推进为模式，对一线工作人员及广大基层民

众开展垃圾分类知识培训。首先，分批次组织环卫保洁人员、分拣员、村监督小组成员进行垃圾分类专业知识培训，着力提高一线工作人员的业务水平。再以"包户"分工的形式，组织环卫保洁人员、村监督小组成员等群体对所属农户进行"入户"指导培训，普及垃圾分类的方法，宣讲垃圾分类的意义，让广大群众了解分类、学会分类、主动分类。同时，采用多种形式开展宣传教育，如在学校开展"小手拉大手"活动、在村居开展垃圾分类文艺演出等，带动全民参与垃圾分类。农业农村局联合妇联、团委、镇（街道），组织驻村干部、村居干部、党员干部、广大妇女、环卫保洁人员逐村逐户发放垃圾分类倡议书、垃圾分类知识宣传手册。目前，农村 7 个镇（街道）共有固定宣传告示牌 350 余处，区级发放宣传手册 3 万余份、宣传扇 2 万余把、宣传围裙 1.5 万余条。各镇（街道）也自行在村居、集市等地开展宣传，加强群众的垃圾分类意识。

二、主要做法

（一）发挥试点带动作用，探索市场化运行机制

2018 年底开始，路桥区选择横街镇为试点单位，采取政府整体购买服务方式，开展农村生活垃圾分类处理市场化管理和运作，由中鸿金株环境科技有限公司负责该镇的垃圾分类工作。每个村配备 6～8 名巡查人员，每两人为一组，每天早上 6—8 点、傍晚 6—8 点在村、农户家开展垃圾分类督导工作，并巡查垃圾分类情况。对于垃圾分类工作落实不够到位的村户，进行现场督导，指导其正确分类，力争各村各户的垃圾分类投放率、分类率达 100%。对垃圾分类较好的农户，由督导员在积分本上盖章奖励。月底村民可凭积分到村部兑换相应的小礼品，每月可兑换一次。目前，横街镇每天收集到 5 吨厨余垃圾，经生物发酵后，产生 300 千克无害化产物。在横街镇的典型示范带动下，其余镇（街道）部分村居聘请督导员，推进垃圾分类指导、宣传等工作。

（二）发挥村规民约作用，构建"德治＋自治"制度

结合自治、法治、德治"三治融合"基层乡村治理体系建设，探索建立"德治＋自治"制度。将农村生活垃圾源头分类、定点投放的准确率作为村民实行垃圾分类行为"好"与"差"的标准，以"德治"的形式将落实好的村民在村务公开栏的红榜上公布，落实不好的则在黑榜公布。发挥党员联系户作用，将全村村民按片区划分，每个党员联系一个片区人员，定期走访、宣传，并将农村生活垃圾源头分类、定点投放等行为要求纳入村规民约内容，以"自治"形式推动村民养成生活垃圾分类投放的良好生活习惯，推动垃圾从"扔进桶"向"分好类"转变。

（三）发挥督查考评作用，倒逼垃圾分类工作见实效

强化责任考核的激励导向作用，实行区对镇（街道）考核，将农村生活垃圾分类处理工作纳入"两抓"年、为民办实事考核，每月组织暗访，并对省、市任务村进行排名；实行镇对村（居）考核，每月对各村垃圾分类工作进行检查，考核结果列入年终考核，与村干部绩效考核奖挂钩；建立"红黑榜"制度，对农户进行打分评比，每月每村各评选出 3～10 户先进户和促进户，对先进户给予一定物质奖励。

三、存在问题

1. 思想认识不够到位。镇（街道）对垃圾分类工作的认识还有待加强；群众分类意识尚未形成，分类知识匮乏；分拣人员分类不够规范。

2. 部门职责交叉重叠。路桥区生活垃圾分类工作主要由两个区级部门牵头，行政执法局牵头开展城镇区域的工作，农业农村局牵头开展农村区域的工作，在一定程度上存在区域交叉，且两个部门标准不一，不可避免地出现重复投入，造成行政资源浪费、经济成本增加。

3. 运行维护成本过高。路桥区农村生活垃圾分类处理终端主要采用中高温好氧发酵＋机械制肥技术，耗电量较大，平均每年支出约 160 万元，加上人工工资、维修等，一年运行总费用约 524 万元，负担较重。

4. 成肥达不到标准。由于厨余垃圾含油、盐量较高，收集到的易腐垃圾又以厨余垃圾为主，经终端处理后的产物含盐、碱较高，无法直接利用或利用范围有限，目前仅有免费供园林业混合其他肥料使用。

四、对策建议

1. 成立工作专班，完善组织机构。建议成立路桥区农村垃圾革命工作领导小组，研究解决面上工作推进过程中的重点、难点问题。下设领导小组办公室，具体抓好相关工作的牵头协调、计划任务落实、督查指导考核等，不断巩固深化工作成效。充分发挥基层工作优势，各镇（街道）成立相应的组织领导机构，落实专人负责环卫保洁和垃圾分类工作；各村居（社区）成立卫生管理领导小组，做好垃圾分类工作的宣传、推广和引导。

2. 整合各方资源，落实资金保障。将农村垃圾分类处理工作和美丽乡村精品村、重点村、美丽庭院、生活污水治理、清洁家园、河道保洁、公路保洁等工作有机结合，充分利用资源，发挥资金的最大效益。根据"属地管理、分

类保洁"的原则，以镇（街道）为一个实施主体，按照一体化分镇（街道）运行的模式，将各镇（街道）辖区内的社区（城市小区）、行政村保洁（环卫、河道、公厕、公路等）及垃圾分类合并为一个标的，按照前端分类、清扫收集、分类运输、分类处置四个环节进行具体实施，实现各镇（街道）保洁及垃圾分类"一把扫帚""一个主体""一体实施"的目标。

3. 加强宣传，动员全员参与。采用多种形式开展宣传教育，带动全民参与垃圾分类，如媒体公益广告推送、"妇女巾帼爱卫"活动、"小手拉大手"活动等，充分发挥农户主体作用，尤其要发挥农村妇女的家庭骨干作用，激发村民建设美丽乡村的主动性，动员村民美化庭院，清洁房前屋后，维护公共环境，在全区营造人人知晓、人人参与的浓厚氛围。

4. 寻求各方合作，提高产物利用。加强与研究院等机构沟通合作，寻求解决厨余垃圾油盐过高的解决办法，提高成肥质量，拓宽产物利用渠道。

| 临 海 市 |

五大举措助力农村垃圾分类

临海市下辖 5 个街道、14 个镇，行政村 628 个，农村人口 105 万。临海市按照"年度目标方案要务实、城乡一体化要持续、基础设施建设要长远、宣传培训着手要深入"的总体思路开展垃圾分类工作，积极推动全市生活垃圾分类处理"城乡一体化"，在投放、收集、运输、处理四大环节向科学分类转变，扎实推进农村生活垃圾分类处理工作。目前，建成 5 个省级农村生活垃圾分类高标准示范村、30 个省农村生活垃圾分类处理项目试点村、31 个台州市级农村生活垃圾分类"三化"处理示范村，完成 565 个农村生活垃圾分类"三化"处理村，分类处理覆盖率达到 90％以上。

一、领导重视，完善制度保障

市委、市政府高度重视，成立了以市委书记和市长为双组长、市委副书记兼任常务副组长、市政府分管领导为副组长、相关职能部门负责人为成员的"垃圾革命"工作领导小组；出台了《临海市"垃圾革命"（生活垃圾分类）工作实施意见》（临市委办〔2018〕17 号）和《临海市 2019 年"垃圾革命"（生活垃圾分类）工作实施方案》（临政办发〔2019〕55 号），按照城乡垃圾处理一体化的原则，明确任务和职责，全面推进城乡生活垃圾分类处理工作。结合"不忘初心、牢记使命"主题教育开展农村人居环境大整治行动，市委主要领导提出了"房前屋后无垃圾、杂物堆放要整齐、公共场所有人管"的工作要求，将农村人居环境大整治作为主题教育的主要内容，定期组织对人居环境整治工作进行督查指导。

二、财政出资，加强经费保障

为了保障农村生活垃圾分类处理工作有序开展，出台了《临海市农村生活垃圾减量化资源化处理项目实施细则（试行）》，在资金上做好保障。2019 年 7 月，出台了《临海市"垃圾革命"（生活垃圾分类）补助资金管理办法（试行）》（临政办发〔2019〕56号），进一步增加了农村生活垃圾分类处理相关项目所需资金，2019年，全市共投入6155万元以上用于农村生活垃圾分类处理工作，预计2020年农村生活垃圾分类处理投入经费将再增加。

三、完善设施，建立处理体系

按照"一年见成效，三年大变样，五年全面决胜"要求，建立健全农村生活垃圾分类投放、分类收集、分类运输、分类处理的常态化运行体系，加快实现生活垃圾处理无害化、减量化、资源化。截至2021年12月，全市已建成投用镇级农村生活垃圾"三化"处理中心10个、生态堆肥房15座，聘用保洁员2700多人，统一购置发放户用分类垃圾桶30多万个、分类收集垃圾桶37550多个，采购镇级垃圾分类收集车25辆、大型可腐烂垃圾压缩车5辆，并逐步更换村内收集垃圾车为电动分类收集垃圾车。2019年，完成475个农村生活垃圾分类"三化"处理村，分类处理覆盖率达到75%以上；2020年，将按照建制村覆盖率90%以上的要求推进农村生活垃圾分类。同时，临海市正积极推进农村垃圾分类处理市场化运作，委托第三方专业保洁、垃圾分类公司负责农村生活垃圾分类处理工作，目前永丰、大田、杜桥等镇街逐步引入市场化运作。

四、加强宣传，营造全民氛围

充分做实农村生活垃圾分类的宣传工作，对生活垃圾分类的"家庭源头"进行强有力的宣传发动，让垃圾分类理念真正家喻户晓、深入人心，实现群众自我教育、自我管理。全市各行政村设立了垃圾分类收集点、宣传窗、宣传广告牌等。通过加强垃圾分类业务培训、建立垃圾分类指导员队伍、结合党建工作创建垃圾分类管理责任人制度等方式，积极引导广大市民从家庭生活入手，进行正确的垃圾分类，做到精准分类。如汛桥镇建立了垃圾分类"桶长制"，设立督导员50多人，建设了台州市首个镇级垃圾分类体验馆，集展览、宣传教育、互动、实践于一体，通过VR实景体验等，打造垃圾分类宣传教育的前沿阵地和参与平台。

五、整合资源，树立示范引领

在建设省、台州市农村生活垃圾分类示范村、项目试点村过程中，将美丽乡村、美丽庭院建设与之相结合，全面改善村庄基础设施建设、美化村庄环境。结合美丽乡村、美丽庭院建设，创建省高标准生活垃圾分类示范村 5 个、台州市级农村生活垃圾分类示范村 31 个，树立示范典型作用，全面优化村庄环境，效果明显。

| 温 岭 市 |

全力打好农村生活垃圾分类攻坚战

温岭市按照省农村生活垃圾分类处理试点工作的决策部署，科学顶层设计、加强政策保障、坚持行政推动、构建全民动员机制，农村垃圾分类处理连续三年获省通报表彰。全市非城镇村 404 个，建有机器快速成肥处理站 17 个、阳光堆肥房 14 座，基本覆盖全市农村；371 个村开展生活垃圾分类处理工作，实现行政村覆盖率为 92%。全市终端可腐烂垃圾平均单日处理量突破 145 吨。

一、主要做法

（一）科学顶层设计，加强制度管理

1. 建立政策机制。 科学顶层设计，强化政策机制保障，牵引农村生活垃圾分类处理工作。制定了《温岭市农村生活垃圾治理补助资金管理办法（试行）》《温岭市农村生活垃圾分类处理工作标准暨考核办法（试行）》《温岭市农村生活垃圾分类减量化资源化无害化示范村验收标准与程序》和《温岭市农村终端处理站建设规划》等政策。

2. 落实资金保障。 2018—2020 年，每年分别安排财政资金 4 320 万元、4 725万元、4 690 万元，有效发挥奖补政策的牵引作用。对采用机器微生物发酵资源化终端处置模式运营的，最高每年按户籍人口 50 元/人标准予以补助；对采用太阳能堆肥技术终端运行的，每年按户籍人口 25 元/人标准予以补助。每座阳光堆肥房处理点最高补助 25 万元，同时村级按照人均 30 元标准补助户用垃圾分类桶等配套设施建设。

3. 科学选择工艺。 结合温岭地域特点、人口密集、生活垃圾体量大等实际情况，科学选择机器常温生物菌减量发酵成肥为主要处理工艺，个别地方根据实际情况采用机器加热加发酵菌处理成肥工艺。边远海岛、山区小村庄等，采用阳光房沤肥处理工艺。

（二）聚集关键环节，健全工作体系

1. 前端突出源头分类。 构建全民参与机制，市、镇、村三级联动培训，

突出源头分类宣传。开展"乡风文明＋垃圾分类"积分引导制度；全市组建21支共321人的农村垃圾分类志愿者队伍，通过上门宣讲、集中志愿服务等，让分类知识进家庭；组织乡村分类主题文艺演出118场、入户分发宣传册34.8万册，并组织宣传车每日进村广播；依托村邮站等，建立村级"积分兑换"超市，设立"红黑榜"等评比促进措施。

2. 中端建立分拣制度。为激励二次分拣，在新河镇、城南镇、坞根镇等地，试点可腐烂垃圾分拣收集奖补办法。如试行保洁员分拣收集易腐垃圾，120升垃圾桶易腐垃圾占比90％以上的，每桶奖励15元，未分拣的不予奖励。推行保洁员奖励工资制度，每村二次分拣易腐垃圾累计达到人均0.15千克以上的，分拣员每月工资奖励300～600元；二次分拣成效不到位，扣取相应奖励工资。

3. 终端复数配置设备。根据人口密集、生活垃圾体量大的现状，终端站房"一站多备"。根据生物菌发酵成肥时间（24～48小时）、垃圾产生量以及设备维护保养需要，机器快速成肥处理站分别配置2～4台处理设备，共有成肥设备38台，轮流作业确保持续运行。针对资金技术力量缺乏现状，17个机器快速成肥处理站和石桥头镇9座阳光沤肥房，采取"政府购买服务、企业运作、财政补助"的运维模式。

（三）创新管理路径，夯实工作基础

1. 探索回收模式。市政府印发《温岭市再生资源回收体系建设规划》《温岭市再生资源回收体系建设实施方案》，着力提高循环利用覆盖率。为强化群众树立垃圾是资源的意识，引导回收企业在温峤镇、箬横镇、石塘镇等，试行"环卫物业、垃圾积分收购、再生资源回收"三位一体产业链市场化运作，所有生活垃圾分门别类有偿回收，加快拓面推广建立生活垃圾回收网点。

2. 实行等级认定。强化考核牵引，市对镇考核农村生活垃圾分类处理工作，分为优秀、良好、合格三个等级，经考核认定，工作经费奖补，每年每人分别奖补50元、45元、40元补助，按终端处理站覆盖非城镇人口数累计；同步设立终端站房易腐处理量前置限量条件，激励各地加强源头精准分类：合格的每日人均不少于0.14千克，良好的每日人均不少于0.16千克，优秀的每日人均不少于0.18千克。

3. 建立监管机制。探索落实市、镇、村三级监管责任。市级加强垃圾分类针对性监督检查，采取月暗查、季督查、通报排名等措施，邀请人大代表作为市、镇两级督查考核监督员；终端资源化处理站点运行状态，运用实时监控系统，实现数字监管；全市11个镇落实垃圾治理监督员制度和"站长制"，监督员定期或不定期开展监督、巡查、考核；村级落实专人分管垃圾分类，开展分类宣传和监督管理，落实户分类评比等激励措施。

（四）注重宣传引领，拓面抓点推进

1. 强化巾帼先行。针对农村厨房妇女作业为主的特点，分 2 期办班培训 400 名巾帼分类培训师，颁发证书 163 个，并给每位培训师配发标准的"温岭市巾帼洁美家培训作业包"，再由培训师到各村（点）进行分类业务宣传授课，共组织垃圾分类巾帼培训 66 790 人次，带领广大农村妇女践行垃圾分类。

2. 强化先锋引领。在全市农村基层党组织中开展"先锋引领环境革命"三年攻坚行动，实施"党员＋垃圾分类"网格化治理引领，通过党员亮牌示范、担任分类辅导员、党员分片联系农户、党员公益服务日，开展美丽庭院创建和优秀分拣员评选等活动，引领群众投身垃圾分类。

3. 强化示范引领。共创建省高标准生活垃圾分类示范村 5 个、台州市级农村生活垃圾分类处理示范村 31 个、温岭市级垃圾分类处理示范村 49 个，着力提高示范创建的工作质量，涌现出了一批组织有力、工作扎实、特色明显、榜样引领的示范村，助推农村生活垃圾分类处理工作。

二、存在问题

（一）主体作用不到位

镇村干部的主体作用发挥不明显，户一次分拣、村级二次分拣环节落实不到位。个别镇终端和设施建设全覆盖，但仍然有少数村垃圾分类成效不明显，对垃圾分类的宣传培训和监督管理过多依靠外包服务公司。

（二）分类成效不理想

少数分类示范村的长效工作机制未建立，示范引领作用还不明显。群众生活习惯仍未改变，源头分类不理想，终端可腐烂垃圾收集处理量与预期有一定差距。有些村的积分奖励、评比公示等促进制度未有效落实。

（三）工作体系不完善

温岭市可再生资源回收网点建设与农村垃圾分类处置需要同步推进，垃圾回收网点需要加快进度，回收利用产业链未形成；终端处理工艺有待总结改进，有机肥料未实现产业化。

三、对策建议

依据浙江省委、省政府垃圾治理攻坚大会精神，围绕省"无废城市"建设

目标，突出源头减量、前端分类、中端分拣、后端处置、体系完善等重点，构建全程分类体系。

（一）突出全民参与，夯实社会基础

一是深入宣传培训。加大行政推动力度，突出源头精准分类，运用各种载体和方法，深入组织宣传培训，建立全民参与机制。二是实现上下联动。市、镇、村三级联动建立农户源头分类可操作、能评估、有奖惩的分类促进举措，巩固提升分类成效。三是改进收分模式。推广保洁员上门入户收运垃圾，落实二次分拣制度。通过保洁员现场二次分拣，以行感人，引领群众做好源头精准分类。

（二）聚焦关键环节，攻关核心技术

一是攻克关键技术。在组织试种蔬菜和产出物指标检测基础上，总结分析现有处理工艺，采用工艺科学、设备可靠、菌种适宜、功能完善的处理工艺。二是建立监测体系。依托第三方产品质量检验检测机构，加强监测和处置，增加出水出肥等产出物指标检测频次，加快终端所出肥料的试种试用。三是聚焦后端路径。部门协同，攻克差距和不足，衔接技术工艺更新、回收体系建设、运维监督体系、肥料产业化等后续环节，推动模式和路径创新。

（三）完善回收体系，源头集约减量

一是补齐短板。补齐农村再生资源回收利用体系短板。完善农村生活垃圾回收网络，加快回收站点规划落地，培育农村再生资源回收龙头骨干企业。二是完善功能。加快推进回收网络建设，推进线上线下同步发展，推动农村环卫网络与再生资源回收网络"两网融合"，实现农村生活垃圾处置和利用回收无缝衔接。三是强化奖惩。依托农村商场、农村超市等场所设置便民回收点，制定回收积分兑换措施，激励村民进行垃圾分类，提高回收利用率。

玉 环 市

多措并举推进海岛农村生活垃圾分类

玉环市紧紧围绕省、市关于农村垃圾治理重大决策部署，积极探索农村生活垃圾分类处理模式，推进农村生活垃圾分类减量和资源化利用，构建村庄保洁长效机制，实现村庄环境整洁有序。截至 2020 年 12 月，已完成 33 个省级农村生活垃圾分类处理项目村，惠及农村居民 156 948 人，全市农村生活垃圾分类处理体系正常运行。

一、主要做法

随着农村生活水平日益提高，人们在生产生活中排放的生活垃圾也日趋增多，农村生活垃圾总量年增速 14.9%。农村生活垃圾得不到及时处理，往往是随意堆放、扔弃，产生了严重的环境问题。玉环市依据农村生活垃圾"四分四定"的模式，进一步加强宣传工作，完善机制考核，细化责任，扎实推进农村生活垃圾分类处理工作。

（一）加强宣传力度，营造良好氛围

一是充分利用广播、电视、报纸、微信、新媒体等媒介，开展农村人居环境整治和垃圾分类相关工作的监督与宣传，形成电视上有影、广播上有声、报纸上有文、网络上有形的多维度宣传格局，营造全民参与的良好社会氛围。二是充分发挥村干部、党员、村中工青妇等作用，使其参与农村人居环境整治和垃圾分类宣传活动，落实垃圾分类党员联系户制度，入户指导垃圾源头分类。三是充分发动志愿者队伍力量，积极开展线下宣传工作，利用学校、村级文化礼堂、公园等定期组织开展内容丰富多彩、形式多样的农村人居环境整治和垃圾分类处理宣传。各乡镇（街道）、开发区积极开展农村生活垃圾分类宣传工作，如坎门街道、楚门镇通过现场分发宣传册、倡议书以及模拟分类投放等方式引导村民群众积极参与；芦浦镇开展党群服务活动，以身作则促进宣传工作，通过现场教学为村民群众普及垃圾分类的相关

知识。

除此之外，乡镇（街道）成立"清洁家园、美丽乡村"农村生活垃圾分类处理的领导机构，明确分管领导和联络员，负责组织各村（社区）开展治理工作，同时建立乡镇（街道）联片领导、驻村干部、村干部和保洁员包干负责制度，以及乡镇（街道）、村（社区）专门的督查队伍，形成多方联动、纵向分层的责任体系。

（二）强化督查机制，实现常态考核

出台《玉环市农村人居环境（清洁家园、垃圾分类）督查考核实施办法》（玉市委办〔2020〕10号），将垃圾分类工作纳入农村人居环境整治工作的考核范围，强化督查机制。一是推出两代表一委员制度，日常督察邀请党代表、人大代表和政协委员，不断加强督查工作的客观性和全面性；二是明察暗访相结合，在每月一次面上督查的基础上，增加不定期暗访督查，促显农村人居环境工作实效；三是利用大数据推进督查信息化，实时掌握各村农村人居环境工作推进落实情况，有效针对工作的薄弱环节。镇级实现每周督查，发动驻联干部每周开展进村入户督查工作。村级实行每日不定期巡查制度，进门宣传指导，并安排专门的保洁（分拣）员做好分类投放、分类收集、分类清运等工作，实现垃圾处理日产日清目标。

（三）加大财政投入，完善设施建设

根据《玉环市清洁家园（垃圾分类）专项资金管理细则》，对各乡镇（街道）进行考核并发放专项资金，指导各乡镇（街道）出台奖励方案，开展评比奖惩活动，对排名靠前的农户进行精神激励和物质奖励，如发放洗衣液、洗衣粉等日常必需品，稳步提高村级、农户的分类积极性，确保农村生活垃圾分类的准确率。此外，持续完成垃圾资源利用站、垃圾中转房的建设和改造工作，购入资源处理设备、垃圾分类运输车、公共垃圾桶、家用分类垃圾桶等基础设施配置。

通过建立"户分、村集、镇运、市处理"为主的四级体系，对农村生活垃圾进行分类处理，由农户在源头进行分类，村级对农户分类好的垃圾进行再次收集，乡镇（街道）统一对村级定点收集的厨余垃圾（可腐烂垃圾）进行收集并清运到乡镇（街道）堆放点，最后由乡镇（街道）将厨余垃圾运送至市厨余垃圾处理中心进行处理，不可腐烂垃圾采用清洁家园清运模式运行。目前已完成鸡山、坎门、清港、干江、市厨余垃圾处理中心的终端建设工作，2020年，沙门镇生活垃圾资源化处理站作为新增站点正在规划建设中，预计年底完成设备安装调试并进行预验收。按照"一总多分"的终端建

设布局实现农村生活垃圾处理及时、清运方便，有效改善了全市人居环境和农村的生态环境。

二、存在问题

从调研情况来看，玉环市农村生活垃圾分类处理工作有了一些成效，但还有不少问题和薄弱环节亟待破解。

（一）农村居民垃圾分类意识仍待强化

虽然居民普遍知晓生活垃圾分类处理，但是长期以来养成的垃圾混装习惯没有改变，难以形成分类投放习惯。目前，农村生活垃圾分类处理主要靠政府投入来推动，市级层面没有出台垃圾分类方面的具体政策规定，对于不进行垃圾分类的居民，只能进行劝说，没有有效的奖惩措施，存在"一头热一头冷"的现象，居民参与垃圾分类的意识比较淡薄。

（二）垃圾分类管理缺乏城乡统筹

目前，玉环市城区和农村垃圾分类工作是分开进行的。在管理力量方面，城区垃圾分类由综合行政执法局牵头，农村垃圾分类由农业农村水利局负责；生活垃圾、建筑垃圾等由综合行政执法局管理，工业固废、医疗垃圾、危废垃圾由环保部门监管；城区垃圾分类办和农村垃圾分类办分别抽调了人员分散办公。在分类标准方面，城区垃圾分类按照《浙江省城镇生活垃圾分类管理办法》规定，实行易腐垃圾、有害垃圾、可回收物、其他垃圾四分法，农村垃圾分类采取"二次四分法"，在农户家中实行易腐垃圾、其他垃圾二分法，在村公共集中投放点设立四分桶，这些导致工作合力不强，政策统筹性也不足。

（三）思想认识不到位

目前，部分干部在农村生活垃圾分类工作认识上还有偏差，存在等待、观望的现象。大部分乡镇还没有真正启动垃圾源头分类的工作。有的乡镇（街道）只注重示范村建设，缺少由点及面的系统落实。有的地方搞突击行动，应付上级检查，长效化机制建立和运行不足。乡镇（街道）、村宣传频率低、辐射面窄、形式单一；有些村并未真正宣传到户到人，甚至未开展垃圾分类科普宣传。垃圾分类奖惩机制落实不到位，村民分类意识淡薄，村入户收集效率大打折扣，部分村甚至未开展入户收集。

三、对策建议

（一）建立城乡一体的垃圾分类管理体系

市级层面，应打破垃圾分类城乡分割、多头管理的现状，整合现有城区垃圾分类办、农村垃圾分类办力量并进一步抽调环保等专业部门人员，建立统一机构，负责协调、指导、考核城乡各类垃圾分类处置工作；整合城乡垃圾分类资金，确保每分钱都用在刀刃上，市财政也根据工作实际，及时予以追加保障；此外，进一步完善垃圾分类工作考核机制，形成科学的居民分类投放奖惩机制、乡镇（街道）工作考核促进机制、维护运行长效投入及补偿机制，以提高垃圾分类处置的质量。

（二）进一步营造浓厚的垃圾分类氛围

强化面上宣传造势，广泛开展垃圾分类宣传活动，推动垃圾分类知识"进社区、进村宅、进学校、进医院、进机关、进企业、进公园"，大力普及垃圾分类的科学知识，营造"以参与垃圾分类为荣、以准确分类为荣"的浓厚社会氛围。

天 台 县
一平台三中心推进农村生活垃圾分类

2014 年浙江省农村生活垃圾分类处理工作开展以来，天台县农村生活垃圾处理工作以"三化"（减量化、资源化、无害化）为方向，以"四分四定"为要求，由点及面，稳步推进，初步形成农村生活垃圾分类处理运行体系。目前，天台县除了城中村、搬迁村、城郊村，其他农村地方已实现全覆盖。全县已建成 4 个省级高标准垃圾分类示范村、24 个市级农村生活垃圾分类"三化"处理示范村和 50 个县级农村生活垃圾分类处理示范村，共建成 32 个农村生活垃圾资源化处理站点，合计日处理量可达 44.5 吨。

一、开展情况

天台县共建成省级农村生活垃圾资源化处理站点 25 个（其中 2014 年 2 个、2016 年 8 个、2017 年 15 个），创建项目村 30 个，配置机器成肥资源化处理设备 25 台，覆盖村 172 个，覆盖人口数 270 348 人，受益流动人口 104 912 人，总投入 1 570.7 万元，其中省补助 737 万元。站点建成后，平桥镇金岭资源化处理站点由平桥镇政府购买服务，引进第三方运维管理，搭建"一平台三中心"（智慧云平台和兑换中心、运维中心、资源利用中心），采用政府主导、群众参与、企业合作的模式，年度运维费用 75 万元。其他 24 个资源化处理站点均由所在乡镇和村负责运维管护，年度实际运维费用 218.48 万元，其中站点工作人员 31 名、工资 79.48 万元，水电费用 63.1 万元。设计日处理总量 38 吨，实际平均日处理量 12.19 吨，年处理 4 326.9 吨。

二、主要做法

（一）完善政策举措，让工作"有章可循"

县级层面，专门成立清洁家园活动领导小组，下设清洁工程管理办公室，负责全县农村生活垃圾处理日常工作，主管资源化处理站点运维。先后出台了《天台县垃圾分类工作实施方案》《天台县农村垃圾"三化"处理实施细则》《天台县垃圾分类八项制度》等政策文件，制订了《农村生活垃圾分类处理规范》《资源化站点主体设施建设规范》等一系列制度标准，编制下发了《农村生活垃圾分类处理知识百问》等宣传材料。明确乡镇（街道）作为管理主体，负责本行政区域内农村生活垃圾资源化处理站点运维管理工作的组织管理，确定专人承担具体工作。要求在主管部门和乡镇（街道）的指导下，各行政村要把农村生活垃圾资源化处理站点运维管理纳入村规民约，明确专（兼）职人员参与农村生活垃圾资源化处理设施运维管理工作。

（二）健全基础设施，提高分类效率

从源头分类、收集运输、终端处理三个重点环节入手，为垃圾分类奠定基础。一是分类投放上，每户配备户分垃圾桶，每20～30户配一组标准四分垃圾桶，2016—2018年全县共配备16.7万组"户分"垃圾桶、5.4万组"村分"垃圾桶。二是收集清运上，每村配备一辆分类垃圾车，每150户聘请一名保洁员，确保垃圾有人扫、有人收、有人运。三是分类处置上，易腐垃圾、可回收物就地处理，其中易腐垃圾采取机器发酵快速成肥、生态沤肥池处理两种模式。天台县总结出农村生活垃圾分类"1234"工作法："1"即一个标准，包括有保洁队伍、有监督队伍、有分类运输车辆、有分类垃圾桶、有资金投入保障、有赏罚分明措施、有垃圾分类宣传阵地、有垃圾分类处置场地等"八有"标准。"2"即两个抓手，一抓硬件，包括建立一整套从源头分类到终端处理的基础设施体系，每家每户放置户分垃圾桶，按需设置村分垃圾桶，每村配备分类运输车，联建垃圾资源化利用站；二抓软件，如分级考核制度、村规民约制度、网格化管理制度、村嫂找茬制度、积分评审制度等。"3"即三支队伍，包括包干团、指导团、督导团。"4"即四分四定，包括分类投放、分类收集、分类清运、分类处置和定时上门、定人收集、定车清运、定位处置。

（三）注重工作实效，让分类成为新时尚

天台县各乡镇（街道）在工作机制、工作载体等方面进行了积极的探索与创新。如平桥镇通过购买服务统一收集、统一运输，建设日处理量8吨的垃圾资源化利用站统一处理，生产出来的肥料卖给种植大户。全县100多个村建立了"积分兑换超市"，安科、沸头、风廉等村推行"一户一码"，每家每户的"二维码"如同身份证，随时记录、追溯农户分类情况，调动农户的源头分类积极性。街头镇每月评选一批垃圾分类"巾帼流动红旗赛优秀村"。南屏乡建立"生态银行"，每户一本"绿色存折"，农户收集的易腐垃圾、可回收物可计量积分计入存折，换取日常用品；建立"垃圾新生馆"，通过手工制作创意展

示，变废为宝。雷峰乡建立点赞台、"红黑榜"，让好的长脸、差的丢脸。泳溪乡推行"一心三团"制度，建立垃圾生态交易中心，每村成立乡村指导团、村级监督团、小组包干团，明确包干区块和包干责任人，挂图作战，促进垃圾分类工作落到实处。塔后村突出青年民宿主引领垃圾分类，垃圾分类就是新时尚。张思村突出农村妇女在垃圾分类中的主导作用。后岸村依托垃圾分类学院，培养出一批垃圾分类讲师，每个农家乐、民宿都是垃圾分类微课堂，每年带动20万游客参与垃圾分类；后岸村创新的垃圾分类"猪定律"（猪能吃的是易腐垃圾，猪都不吃的是其他垃圾，猪吃了会死的是有害垃圾，卖了可以买猪的是可回收物）更是得到相关领导的肯定，得到新华社、《浙江日报》、浙江卫视等各大主流媒体的报道。

（四）保障资金投入，创新工作机制

每年在保障保洁经费投入的同时，积极争取各项资金投入。每年在完成省、市任务的基础上，全县开展各类农村生活垃圾提升行动，提出更高要求，争取达到"374个新村，村村进场、家家发动；10万户常住农户，户户指导、人人会分""垃圾分类行政村覆盖率100％，农村生活垃圾分类群众参与率100％，分类准确率80％以上"。以"处处美丽、时时干净"为目标，把边边角角修整好，不容许有瑕疵，凸显天台的天生丽质。成立县环境革命办，实体运作，专门负责全县环境卫生工作。召开环境革命现场会、推进会，县四套班子主要领导现场检阅、点评，建立环境革命工作微信群，个个都是"监督员""宣传员"，一旦发现脏乱差现象，即拍照上传，发送位置，微信曝光。落实路长制，段长制，在国、省、县道、"八条美丽乡村精品线"建立路长制，县四套班子所有领导、各乡镇（街道）主要负责人分别担任县级路长、镇级路长，并落实段长、专职保洁员，争创"整治路""整洁路""示范路"。对国、省、县道沿线及8条精品线沿线的垃圾房进行洁化美化"大手术"，露天垃圾池一律拆除，只有糙灰的垃圾房一律要粉刷并彩绘，垃圾房不得朝向国、省、县道，提升整体形象。县环境革命办不定期开展专项督查，开出"问诊单"，倒逼限期整改。

三、存在问题

1. 思想观念有短板，分类准确率有待提高。农村生活垃圾分类工作体系已基本建立，但是村民的意识还停留在把房前屋后、公共场地搞干净，还没真正形成分类意识，分类准确率较低。

2. 政策体系有短板，城乡一体未能实现。县分类办主要负责城镇生活垃

圾分类，农业农村局主要负责农村生活垃圾分类处理。城镇和农村各有各的垃圾分类规范，在分类标准、标识标志和分类流程上没有真正统一，一定程度上存在脱节现象。

3. 处置能力有短板，终端运维尚未常态化。垃圾制肥技术还不成熟，要实现商品化、直接转化经济效益比较难，生产的肥料大多无偿提供给村民用于花卉苗木，更多的还是社会效益。全县 32 个农村生活垃圾资源化处理站点（其中省级 25 个）布局分散，运维管理难度大。运维工作人员缺乏相关专业知识培训，运维管护水平不够。运维经费短缺，大部分站点现处于无钱运转状态。

4. 第三方运维不够多。全县 25 个省级农村资源化处理站点中，仅有平桥金岭站点由政府购买第三方服务。其他站点应该加快探索引进第三方运维。

四、对策建议

1. 推广适宜分类模式。根据浙江省关于农村生活垃圾分类"四分四定"处理体系要求，因地制宜、分类施策，创新多种模式，提升分类处理薄弱村，提高源头分类准确率，努力实现行政村全覆盖。

2. 加快实施终端设施建设。坚持"农牧结合、种养平衡、生态循环"的理念，尽量做到垃圾无害化处理、资源化利用，努力实现垃圾处置经济社会效益最大化。对于易腐性垃圾、有机垃圾等不可回收垃圾，通过建立阳光堆肥房、机器堆肥房或沼气利用终端就地分解。对于可回收垃圾，通过设立垃圾兑换超市，以"垃圾（券）"代"物"等值兑换。行政村与废旧物资回收站建立长期合作关系，定时到行政村集中收购报纸、纸板箱、废铁、啤酒瓶等可回收利用垃圾。

3. 全力创优长效管理机制。建立健全农村生活垃圾治理长效管理机制，使农村环境持续优化。引导群众树立"谁污染、谁付费"的自觉意识，建立"村级主导、群众自愿、村洁居美、群众满意"的农村保洁长效机制，对五保户、低保户、特困户等弱势群体实行免缴政策。逐步建立乡镇（街道）财政投入为主、村级集体经济为辅、农户自筹保洁资金为补充的农村保洁资金筹措机制，形成农户主动筹缴和积极参与农村环卫的良好局面。

仙 居 县

"四个三"战略推动垃圾分类"三化"处理

仙居县通过发挥党员、妇女、学生三类关键群体作用,牢把前端分类、中端运输、末端处理三大关键环节,创新一体化处理、市场化运作、数字化管理模式,健全组织、资金、考核三大保障的"四个三"战略,先行先试、积极探索,推动全县垃圾分类"三化"处理全覆盖、可持续。

目前,全县共建成农村生活垃圾资源化站房80个(其中机器设备58台、太阳能堆肥房22座),省级农村生活垃圾分类处理项目村32个,省级农村生活垃圾资源化处理站点30个(另有3个在建),省级高标准农村生活垃圾分类示范村5个、市级示范村27个、县级示范村52个。共配置13.2万多个户分类垃圾桶、1.6万多个组分类垃圾桶和650多辆垃圾分类清运车,保洁员(分拣员)1144人。为确保各处理站房正常运行,全县共安装了50套远程视频监控设备,并统一联入县农业农村局远程监控管理终端,实现了站房的智能化管理。全县20个乡镇(街道)313个行政村(含2个农村社区)生活垃圾分类和集中收集处理真正实现全覆盖,连续四年获评省农村生活垃圾治理工作优胜县。

一、主要做法

(一)明确职责分工

仙居县把农村生活垃圾分类"三化"处理工作列入县委、县政府对各乡镇(街道)年度综合考核。明确各乡镇(街道)党委、政府的主体责任。各乡镇(街道)把本项工作列入党委、政府的重要议事日程,建立健全组织机构,切实落实工作责任,做到工作有部署、责任有落实、管理有台账、考核有奖惩,攻坚破难,扎实推进垃圾分类工作,打造更大规模、更有影响的"清洁家园"。

(二)加强宣传培训

县农业农村局专门编制了《仙居县农村生活垃圾分类"三化"处理指导手

册》，积极开展三级培训。县级组织各乡镇（街道）分管领导、农办主任、妇联主席和省、市、县示范村的主职干部等相关人员的培训，各乡镇组织全乡镇机关干部、村两委班子、村妇联主席、保洁员（分拣员）和站房管理人员培训，村"两委"班子、妇联主席、党员干部入户、入校进行面对面指导培训。充分发动全县力量深入推进垃圾分类，确保源头分类准确、中途运输规范、终端处理设施正常运行。

（三）创新工作举措

一是巾帼先锋当起了排头兵。为充分发挥农村妇女的主力军作用，各乡镇（街道）成立以村妇联主席为代表的巾帼先锋队伍，由她们进村入户宣传指导垃圾分类工作，如横溪镇有"绿衣天使"，安洲街道有"十姐妹"。二是村干部赶起了新潮流。全县实行网格化管理，村两委班子实行区块负责制，如官路镇各行政村建立微信群，区块负责人将每天巡逻情况直接在群里公布，督促村民做好垃圾源头分类、落实门前三包制度。三是"擂台"摆到了家门口。各乡镇（街道）每月开展1次垃圾分类工作"擂台赛"。各行政村开展交叉检查，由各村的巾帼先锋垃圾分类宣传队成员对每家每户的垃圾分类和清洁家园工作情况进行评比。此外，横溪镇农村生活垃圾分类再生资源分拣中心已投入使用，可对村民日常生活产生的可回收物、有害垃圾、电子垃圾等进行分类收集、分类处置。

（四）强化督查管理

各乡镇（街道）采用班子领导包村制度，制定村级环境卫生长效激励机制和评比方案，每月进行评比排名，建立问题清单，村党组织书记作为第一责任人，负责辖区的美丽乡村建设，充分发挥党员联户作用，构建长效保洁机制，调动村级工作的积极性和主动性，发挥各自在美丽乡村建设中的主体作用。将排名情况与村干部年终考核挂钩，以实干、破难为主线，挂图作战，销号管理，形成主攻态势，狠抓工作落实。按要求对保洁员和站房管理人员每月进行考评，按照考评结果发放相应报酬，实现长效管理。

（五）做好资金保障

垃圾分类专项资金从原来的1 000万元增加到2 000多万元，其中，为提高保洁员的工资补助，在原来的基础上，增加保洁员工资补助270多万元，提高了保洁员的收入水平，增强其责任心和积极性；相应配套了站房运维管理资金336万元，以保证处理设施正常运行；同时，投入600多万元创建项目村和示范村工作。

二、存在问题

1. 源头分类不够精准。农户对垃圾分类认识不够到位，生活习惯一时难以改变。部分行政村可腐与不可腐垃圾有混倒现象，集镇区公共垃圾桶分类投入准确率相对较低。

2. 运转机制有待完善。部分村督查小组作用没有发挥到位，开展农户垃圾分类荣辱榜、优秀保洁员（分拣员）和站房管理的评比活动不及时，奖罚力度不够。

3. 站点运维面临困难。一是资金不足。经测算，按处理量 1 吨计，每台机器设备每年运维管理费用需要 102 660 元，每台设备运维管理费用缺口超过5 万元。仙居县是省内欠发达县之一，省、市对垃圾站房运维没有相关补助，光靠仙居县财政补助压力很大。二是效率不高。部分村由于常年外出人口较多，少数村甚至存在空心村现象，加之源头分类等原因，造成机器设备的效率不高。三是设备维护成本较高。部分站房管理人员文化水平不高、年龄偏大、技能不精、责任心不强，导致设备故障率较高，水电等资源存在浪费现象，增加了维护成本。

三、对策建议

（一）持之以恒做好宣传培训

农村生活垃圾分类"三化"处理关键在于垃圾源头分类工作的有效落实，在于农村居民垃圾分类意识的增强和生活习惯的养成。继续开展保洁员（分拣员）和站房管理员培训，进村入户做好宣传工作。坚持通过媒体长期宣传发动，跟踪报道美丽乡村建设，充分挖掘各地在农村生活垃圾源头分类工作中先进的经验做法，对一些先进典型事迹、示范村进行宣传报道及推广，进一步提高群众的知晓率、参与率。同时，宣传鼓励引进社会资本，引导民营企业、社会团体、个人等社会力量通过投资、捐助等形式参与农村生活垃圾分类。

（二）多措并举推进工作落实

以"一户多宅"及历史遗留非法住宅综合整治专项行动为契机，深入开展清洁家园、清洁水源、清洁田园、清除废物等各项活动，加大村庄整治和垃圾分类处理力度，进一步清理村内存量垃圾、农业生产废弃物，清淤疏浚村内塘沟，及时清运一户多宅整治所产生的建筑垃圾。对于拆除的旧砖旧瓦等建设废料，变废为宝，作为乡土材料合理运用在美丽庭院等建设中。切实落实垃圾分类示范村、为民办实事项目村等创建任务，改善农村基础设施、公共服务设施，完善农村生活垃圾回收站（点）设置。

（三）拓展创新运维管理模式

一是逐步推广市场化运作。鼓励横溪镇、南峰街道等条件比较成熟的乡镇（街道），由乡镇（街道）作为业主单位，将农村生活垃圾中途运输、终端处理和可回收垃圾的回收、销售等相关工作，以公开招标的方式统一外包给具备资质和条件的保洁公司或其他企业。同时，由乡镇（街道）负责做好垃圾分类处理全过程监管。二是探索创新不可腐烂垃圾处理模式。对于不可腐烂垃圾，将探索多种处理模式。如，对于交通不便、运输成本高的偏远村庄和景区沿线范围的村庄，推广横溪镇上陈村的磁性热解技术的经验，就地集中处理生活垃圾。三是全县推进垃圾分类处理数字化管理。对每个村的日产垃圾量做好统计，建立垃圾分类数据库，将大数据技术与垃圾分类相结合，为推进资源回收利用和垃圾站房处理能力建设提供参考，促进垃圾处理更加智能化、精细化，提高分类效率，减少清运成本，更好地服务群众。四是谋划农村垃圾分类源头智能化建设试点。在大战乡等地，推动通过垃圾智能收集设备规范垃圾源头分类，助力农村垃圾源头减量、源头监督。同时，积极探索可腐烂垃圾产出物深加工（有机肥颗粒）试点，使垃圾产出物能得到安全有效利用。

| 三 门 县 |

强力推动垃圾"三化"工作全域化

近年来，三门县积极探索出"大数据＋"的分类收集方法、"社会化＋"的清运体系、"多模式＋"的处理模式，动员群众、依靠群众的工作方法，走出了一条符合三门实际的农村垃圾污染治理新路子。

一、开展情况

三门县紧紧围绕全面推进农村生活垃圾分类减量处理全域化要求，秉持"小垃圾、大民生"理念，借鉴先进地区的处理模式，全力打造三门垃圾分类处理2.0版，走出了一条系统化、科学化、智能化、共享化的"四化同步"路子，并成功承办了2017年度全省农村生活垃圾分类处理工作现场推进会。

一是谋划布局。为寻找一条符合当地实际的农村垃圾"三化"处理路径，2017年开始，三门县多次组成考察团，赴各地学习考察，吸收成功经验。随后，又多次听取"两代表一委员"的意见建议，为工作开展奠定基础，并根据调研考察情况，结合实际，出台了实施方案。

二是试点先行。2017年，明确全县511个行政村，除去高山偏远村庄，有472个村将实行垃圾分类。

三是要素保障。为确保工作推进，三门县举全县之力，全面保障农村垃圾"三化"工作。在县级层面，成立县主要领导担任组长的领导小组，县、镇两级专门成立农村垃圾"三化"处理办公室，抽调骨干人员，实体化运作。全县包括保洁员、监督员在内的专职人员有3 030人。同时，积极通过"向上争、县内整、社会筹"等方式加强资金保障，特别是实行财政资金兜底，确保有钱办事。

二、主要做法

（一）建立"小垃圾、大科学"系统

三门县地域情况复杂，既有山区、平原，也有海岛；既有地域广、人口密

集的大镇，也有偏远、人少、交通不便的小村。为实现经济效益和环境效益的最大化，三门县因地制宜，利用高科技，探索、推广智能化分类、追踪收集清运和多模式处理的资源化设施建设，做出亮点，提高效能。

1. "互联网＋"推动源头分类。 定制二维码垃圾桶，推行一户一码，保洁员收集垃圾时，通过扫描二维码，对农户分类效果进行打分。根据农户得分情况，生成虚拟币，农户凭此可在指定的超市兑换商品，或到垃圾处理终端购买肥料。同时，在村内设置新型再生资源回收柜，对回收物品自动定价积分。该技术已经在健跳镇珠港村和海游街道前郭村进行试点推进，并取得成功，接下来将在全县陆续推广。

2. 全程定位，监控收集清运。 在财政资金保持原来预算资金不变的情况下，通过公开招标形式引入物业管理公司，把收集清运环节交由中标单位运作。为确保收集、清运质量，开发垃圾自动称重系统，利用 WiFi 称重设备对可堆肥垃圾称重后，将生成的数据传输到云服务器，进行实时监督。同时，开发清运车辆定位系统，实时监控垃圾定点定时收集的户数、垃圾数量和清运车辆的路线，确保垃圾收集和运输的及时、高效、到位。

3. 多模式组合，实现高效处理。 在集镇区主推"机械化＋阳光堆肥"模式。三门县按照"少布点、大容量"的原则，在乡镇（街道）主推 10 吨以上大型"机械化＋阳光堆肥"双模式终端处理设备，24 小时内实现减量率 90％以上。探索生物天然气技术如何产生经济效益，可腐烂垃圾经过机械分选，进入厌氧发酵系统转化为有机肥和生物燃气，如果处理规模扩大，可增加气体提纯设备，进行商品化制气。该技术在全省尚属首次。

（二）落实"小垃圾、大管理"制度

农村垃圾治理，难点在坚持，长效靠制度。三门县制定严格的考核制度，建立大数据监控系统，开展评优评先和宣传发动，推动工作的长效化管理。

1. 开发大数据监控系统。 开发大数据监控系统，对智能分类情况、清运车辆和垃圾终端处理中心实行远程监控。各乡镇、村点的分类情况、机器运行和减量化情况，产生的沼气和发电量，工人操作和出勤管理等数据，通过智能化管理系统，实时上传到云端进行统计分析，县农业农村局社会发展科工作人员通过手机、电脑 App 系统，全程掌握全县垃圾处理情况。

2. 建立评优评先制度。 深入开展"十佳"美丽村、"十差"卫生村竞赛活动，实行每月一考核一排名一通报，对工作不力的乡镇和村主职干部进行约谈，营造"比、学、赶、超"氛围，倒逼垃圾"三化"工作的顺利开展。实行保洁员对户、清运员对保洁员、管理员对清运员、县农业农村局对各终端处理中心、县对乡镇"五级"考核，考核结果与垃圾治理资金补助直接挂钩，与村

主职干部奖金挂钩，有效保证了农村垃圾治理工作人员不缺、目标不松、力度不减。

3. 创新全员参与制度。注重党员干部带头示范的作用，要求村主职干部把垃圾治理工作作为履职首要工作，在村内实行"片长制"和网格化管理，要求村"两委"干部划分责任包干区。同时，积极发动群团组织力量，开展"小手拉大手""巾帼爱卫""志愿者服务"等系列活动，有效普及垃圾分类知识，形成全民参与垃圾治理的强大合力。

三、问题与对策

垃圾分类已实施好多年，垃圾分类的宣传工作已深入人心，也做到了横向到边纵向到底，村民分类的知晓率较高，但真正落实垃圾分类的行动有所减少。随着农村垃圾革命的纵深推进，也暴露出很多问题和困难，三门县辖区内个别终端达不到饱和处理，造成终端实际垃圾处理量减少。分类专项资金不足，开展农户源头分类后，需要保洁员（分拣员）进行二次分类、分类收集、分类运输，而保洁员的劳动报酬每月仅为 600 元，导致有的村已经招聘不到保洁员。因此，为了全面、有效推进 2020 年农村生活垃圾资源化处理站点建设落到实处，更好地为后续运行工作做好保障，解决资金不足问题是当务之急。

丽 水 市
统筹推进农村生活垃圾分类

高水平推进农村生活垃圾分类处理，是打造新时代美丽乡村、实现乡村振兴的基础。近年来，丽水市委、市政府不断深化"千万工程"，加大工作力度，深入推进农村生活垃圾分类处理，完善农村生活垃圾"四分四定"体系建设，推动农村生活垃圾减量化、资源化、无害化处理。全市累计开展农村生活垃圾分类处理建制村 2 044 个，农村生活垃圾分类处理覆盖面为 85%，共有 213 个资源化处理站点投入运行使用。农村生活垃圾分类处理能做到准确精确，农户意识也普遍增强。

一、主要做法

（一）以机制创新统筹推进

近年来，丽水市加大资金投入，加强督查监管，细化工作职责，通过机制完善提升工作成效。莲都区因村制宜开展"村级收运""乡镇收运""村级上门收集、乡镇统一清运"等多种形式的"上门取件"垃圾直运模式，化被动收运为主动上门清运，推动分类处理准确实现。例如大港头镇石侯村，由清运员负责上门收走村民们已分好的易腐垃圾，其他垃圾由村民自行倒入户外垃圾桶再统一收走；碧湖镇镇区 5 个村均由镇里统一确定易腐垃圾收运员，定时定点进行上门收运；丽新畲族乡建立乡级易腐垃圾清运队伍，专职分类清运易腐垃圾。

（二）以技术创新示范引领

垃圾分类要做好，科学技术少不了。丽水市通过技术引进，由浙江洺园生物科技有限公司投资，在缙云县舒洪镇舒洪村建成黑水虻养殖处理可腐垃圾项目，该项目总投入 1 000 余万元，一期工程占地面积达 5 000 余米^2，由原舒洪镇建筑垃圾填埋场填埋后建设而成，于 2018 年 10 月建成并投入使用。该项目通过对可腐烂垃圾的处理，分离油脂、泔水、残渣，油脂用来提炼工业用油，泔水加麸皮、残渣用来养殖黑水虻。黑水虻可作为动物蛋白饲料的原料，养殖后废料加工成"虫沙"有机肥料，处理过程无味、无毒、无污染，可腐烂垃圾的利用率达100%。实现了传统经济由"资源—产品—污染排放"单向流动的线性经济转变为"资源—产品—再生资源"的反馈式流程，减少了垃圾排放总量。该项目引进社会资本，打破了以往主要靠政府投资的局面，实行"建设—拥有—运行"模式，谁投资、谁拥有、谁运行，减轻了政府的财政压力，减少了运行管理问题。

（三）以理念创新开源节流

垃圾分类工作精细而又繁重，通过人力物力整合、信息化管理方式，往往能够事半功倍。市本级于2019年委托丽水学院教师团队，结合课题研究及大学生暑期实践教学，顺势开展了村庄清洁行动暨农村生活垃圾分类处理夏季战役，充分利用了本地高校资源。遂昌县北界镇苏村村在每户垃圾投放处都印制住户的信息二维码，保洁员通过手持终端定时定点收取，并对农户垃圾分类进行评价。在智能化回收超市，配置有一体化可回收垃圾投放箱，农户只需通过扫描二维码打开回收箱，并按纸张、塑料、玻璃、金属这四类完成投放，投放箱就会自动完成称重和积分存储。接下去，农户就可通过扫描二维码，利用积分从另一台"售货机"上换取所需商品。通过一系列智能化管控，确保各类考评客观公正的同时，还节约了大量人力成本。

二、存在问题

（一）源头分类准确率有待提高

一方面，丽水山区村庄分布呈现"小、散、乱"状态，可回收物回收成本高，市场主体参与回收积极性不高，村民积极性较低。另一方面，农村生活垃圾分类没有刚性法律法规约束，只能以"奖"激励，无法以"惩"规范，村民的分类意识有待加强。

（二）资源化处理试点项目运行不够理想

1. 县级财力弱。 村级集体经济收入不高，支撑分类设施运维主要靠政府部门支付。2019年，各县（市、区）共投入资金1.44亿元用于建制村开展垃圾分类、资源化站点长效运维管理等，如莲都区财政对新启动分类村和历年分类村分别按照每年60元/人和30元/人的标准进行补助，资金由乡镇（街道）统筹使用；青田县每个资源化处理站点安排运行经费8万~10万元不等；遂昌县按照每年每个垃圾分类建制村 1.5 万元、每个资源化处理站点 5 万元的补助标准，地方财政压力较大。

2. 整体运作体系不成熟。部分地区无法配备足额分类运输车，源头分类后还会出现混合运输，加上丽水地区农村人口外流严重，某些站点前期选址不科学，出现"难喂饱、投入高、低产出"现象，只能被迫停机或间歇性运行以减少资源浪费。

3. 处理设备管护困难。资源化处理试点项目设备不成熟、操作人员技术能力不足导致设备故障较多，运维成本增加；部分设备供应商已经停产，设备零件无法更替维修，影响站点正常运作；站点产出物质量参差不齐，难以被种植户认可，无法形成"垃圾产业链"。

（三）城乡一体化推进进度较慢

工作机制上，目前丽水市生活垃圾处理仍然存在两头管的问题，全市虽有龙泉市、云和县、景宁县组建城乡垃圾一体化工作机制，但机构改革后工作还未理顺，"一把扫帚扫到底"的工作机制有待完善。硬件设备上，当前各地城乡生活垃圾处理方式以无害化填埋为主，除莲都、景宁外，其余均未建城乡一体的大型生活垃圾资源化处理项目。工作理念上，垃圾分类处理需要终端处理设施、中间收集清运、源头分类投放等环节无缝对接，垃圾城乡一体化是全方位的跨山统筹，而不是局部环节的城乡一体。

三、对策建议

（一）做好顶层设计，稳步提高水平

一是要循序渐进。垃圾分类还处于起步阶段，短时间内难以在农村实现精准分类。可先复制推广莲都"上门取件"模式，让农户先适应户分易腐垃圾和其他垃圾两类，将可回收物与有害垃圾"价值化"，再逐步过渡到户分四类。二是加快城乡一体。要做到跨山统筹，实现"一把扫帚扫到底"，必须科学合理规划，明确部门责任，加强部门联动，加快项目落实。同时加强考核督导机制，将垃圾分类工作列入乡村振兴、"美丽丽水"、生态文明建设等考核并不定时抽查工作成果。三是做好查漏补缺。对于人口密集区，要因地制宜完善各类基础设施，配备足额运输车，避免收运"一车装"，保障垃圾分类从收集到处置各环节顺畅无误；对于人口、垃圾量较少的偏远地区采取生态消纳与集中收运、处置相结合方式，适当撤并桶，对已建资源化站点做好扩面、停机、移机、报废等工作，防止处置设备"喂不饱"，杜绝过度建设，造成资源浪费。

（二）加快市场化运作，建立长效机制

一是加速外资与人才引进。通过外来资本与人才引入，打造一批适用于本地的资源回收、无害化处置龙头企业，通过配套管理模式，带动地方产业发展，引领垃圾"价值化"。二是加强技术创新。科技是解决垃圾分类难题的最优路径。通过合理运用各类处理技术及智能化管控设备，例如垃圾发酵、垃圾养殖等，实现易腐垃圾减量化资源化，提高垃圾产出投入比，实现可回收垃圾"资源化"、有害垃圾"无害化"的市场化运作，形成可复制推广的"垃圾产业链"。

（三）加大宣传引导，加强分类意识

一是发挥基层组织力量。基层工作要以党建为引领，充分发挥党员的带动作用，加强党群联动、干群联动，强化"党建＋"的网格化管理模式，推进农村生活垃圾分类处理。二是发挥妇女力量。妇女是农村工作中不可或缺的参与者、建设者，要不断强化妇女组织作用的发挥，凝聚巾帼力量，引导正确分类，自觉做好分类，促进准确分类。三是借助教育力量。一方面通过大手拉小手，培养儿童从小养成良好的分类习惯，发挥儿童创造力，增强可回收物工艺性理念；另一方面通过小手拉大手，以倒逼回馈方式向成年人普及垃圾分类知识，营造浓厚氛围，增强分类意识。

| 莲 都 区 |

合理布局站房　推动垃圾减量化

莲都区地处浙江西南腹地、瓯江中游，总面积 1 502 千米²，辖 5 乡 4 镇 5 街道，农村常住人口 26.5 万。自 2016 年启动实施垃圾分类工作以来，多部门联合，多组合出击，共同推进垃圾分类工作。全区建有务岭根垃圾填埋场（全国第二批 I 级生活垃圾填埋场）、渗滤液处理厂、粪便处理厂、垃圾焚烧发电厂、餐厨处理中心，投入 2 717.29 万元开展农村生活垃圾减量化资源化试点项目 32 个（站房 28 座），覆盖 169 个村、16.52 万人，以乡镇所在地和中心村为中心向周边村辐射，基本实现全区覆盖并满足处理需求。

一、主要做法

（一）合理布局站房

为方便日后运行维护管理，莲都区在项目实施前期就将垃圾中转站的布局和改造紧密结合、统筹谋划。28 座站房中，中转站改造 14 座、新建 14 座。处理模式采用机器快速成肥设备 26 台、阳光堆肥房 1 座（峰源乡郑地村），收集转运至区级餐厨垃圾处理中心 1 个（联城街道金周村）。

（二）补齐处置设备

机器快速成肥设备由原区农办统一公开招标采购，中标厂商分别为浙江延杭智能科技有限公司（1 台）和深圳市大树生物环保科技有限公司（24 台）；另，仙渡乡自行采购有机垃圾日处理设备 1 台。目前已全部完成 28 个试点项目建设并投入运行，各试点项目站点专门进行废水纳管处理和废气处理。

（三）落实运维举措

为进一步整合资源，实施建管分离管理办法。垃圾减量化资源化试点项目由区农业农村局牵头实施，于 2019 年分 3 批全部移交给区环卫局与中转站进行定车分类运输、定位分类处理的运行管理，同步结合全域洁净开展分类村的分类定点投放、分类定时收集。

（四）合理利用成肥

分类后厨余垃圾经过 24 小时的处理成为有机肥，由乡镇（街道）委托第三方进行出肥检测报告，26 台正常运行设备产出的有机肥经检测均合格。易腐垃圾通过微生物发酵技术的厨余处理设备进行处理，产出的有机肥用于当地农业消薄基地、茶叶试验基地、香榧基地、村级公益林、赠送当地村民等。不可腐烂垃圾转入垃圾中转站，通过压缩设备压缩后中转至区级焚烧发电厂进行发电。

二、存在问题

（一）资金短缺，长效运行难保障

农村垃圾治理工作只有起点，没有终点；垃圾治理的长效运行需要财政资金长期支持。垃圾分类工作，更需要建立奖励机制，调动广大干部群众参与的积极性。2019 年，莲都区投入保洁经费 1 400 万元［保洁 60 元/（人·年）］，分类专项 900 万元［30 元/（人·年）］，厕所保洁 140 万元（4 000 元/座）。其中资源化处理站点运维费用 212.03 万元，从分类专项费用中支出。近年来，随着物价和人工工资上涨，保洁和分类经费逐年增加，各乡镇（街道）、村和站点实际使用资金缺口较大，导致垃圾治理长效运行难以保障。

（二）意识淡薄，分类成效难稳固

受传统观念和习惯影响，混投、混弃的难题短期内难以解决，分类质量普遍不高，群众积极性不高，源头动力不足，尤其是老人或受教育程度较低的流动性人口，垃圾分类再利用效率偏低。莲都农村地域人口分散，地理位置与基础条件差异很大。偏远山村，留守的大多是年龄偏大的老百姓，比较节俭。人少、垃圾量少，运输难度大，造成机器"吃不饱"，产出量不高，使得资源化处理站房不能充分运用，分类成效稳固性较差。

（三）管理欠佳，运行常态难到位

目前资源化处理站房操作人员大部分为村内生活垃圾清运人员，年龄普遍偏大，文化水平偏低，对机器的操作方式不够规范，容易出现机器故障问题且无法自行解决，只能依赖厂家来修理，导致资源站房不能及时处理生活垃圾，对日常资源化处理工作造成影响。

由于机器快速成肥设备常年运转，损坏或者工作人员操作不当等问题都可能导致其生产的有机肥干燥程度不佳，个别站点还有设备漏水、漏油等现象。

从实地调研和调查汇总数据来看，多台设备显示屏进出料数据与实际手动记账有很大的差异，机器平均日处理为 0.38 吨，实际手动记账平均日处理为 0.54 吨，形成日处理负荷率不高的假象。

（四）成肥闲置，垃圾产业难成链

莲都地处山区，大部分农户一般选择使用农家肥和购买肥料来种植，对于生活垃圾转化后的有机肥了解不深，偶尔会有农户拿少量有机肥去种树及养花，大部分处理转化后的有机肥处于闲置状态，资源转化不够及时、有效。

三、对策建议

垃圾分类工作已连续两年被列入省、市、区民生实事，随着农村人居环境整治提升行动的纵深推进和优化乡村生态振兴的发展要求，建议从源头管控入手，进一步延伸垃圾产业链，助推农村生活垃圾资源减量利用最大化。

（一）源头管控，搭建平台，加大要素保障

人既是垃圾的制造者，也是垃圾的受害者。社会经济越发展，垃圾就越来越多，据统计，垃圾每年将以 5%～10% 的速度递增，其带来的各种污染和危害问题日益凸显，垃圾的源头管控势在必行。建议加快制定相关政策文件，重点针对农村区域的生活垃圾实行源头管控。在现有垃圾兑换超市推广应用的基础上，搭建污水治理、厕所改造、农村人居环境提升、美丽庭院等工作平台，让宣传引导更接地气，更通俗易懂，逐步提高群众对农村生活垃圾分类的认知度。同时，多渠道筹集资金，加大人、财、物要素保障力度，对条件成熟的垃圾资源化站点探索引入第三方进行维护和运行，确保垃圾处置设施有效使用。

（二）管理规范，优化质量，确保运行正常

莲都区农村垃圾处置设施基本实现全覆盖并满足处理需求，设备能否规范管理和正常运行是关键，在全面铺开农村生活垃圾分类工作的进程中，需要结合村情实际进行提档升级，建议推广"村村记、次次称、时时查"的三步记录方式，优化运行管理人员的配备，对年龄大、操作水平低的按需更换。同时加强培训，确保操作正确规范，提高出肥质量。鼓励各乡镇（街道）制定相应的激励政策，确保站房正常化运行。

（三）创新模式，推广运用，打造产业链条

垃圾资源站房机器设备生产的有机肥每年会统一检测，建议生产厂家根据

出具的检测报告，对有机肥的使用前景进行市场预估分析，政府相关部门做好垃圾产业链的规划布局，出台优惠政策，吸引社会资本参与垃圾回收、利用体系的投入，利用乡村振兴的发展契机，灵活创新谋划设备产出的有机肥去向，联合区域内农业专业合作社、农家乐民宿、苔藓等植被园林企业，探索有机肥的有偿优惠使用和无偿赠送机制，打造垃圾产业链，突出"垃圾变废为宝"主题的绿色企业品牌培育，全面推进绿色、高质量发展。

| 龙 泉 市 |
试点先行促进资源化处置

龙泉市并村后的 236 个村，已有 193 个村实施农村生活垃圾分类处理，实施率已达到 81％。其中 81 个村建有农村可腐垃圾资源化处理站点，包括机器快速成肥处理站 27 个，阳光房成肥处理站 54 个。配备农村生活垃圾中转站 21 个，农村生活垃圾移动压缩设备 21 套，垃圾转运车 3 辆，各乡镇（街道）配置各类环卫专用车辆设备。建制村农村生活垃圾集中有效处理率达到 100％，村生活垃圾回收利用率达到 45％以上，资源化利用率达到 80％以上，无害化处理率为 100％。

一、主要做法

（一）抓源头治理，创二次分类

从垃圾源头上创新分类处理方式，一次分类按能否腐烂为标准进行"可烂"和"不可烂"初次分类；二次分类对"不可烂"垃圾再分为"可卖"和"不可卖"两类，每家每户配置两格式垃圾桶。在盖竹村实施智能化农村生活垃圾分类收集系统，在村头村、石坑村、圩头村开设农村生活垃圾分类积分兑换超市。

（二）强终端处理，减量无害化

首先，对一次分类中的"可烂"垃圾，采取"一村一建"或"多村合建"的方式，建设标准化阳光房成肥处理站或机器快速发酵成肥处理站，集中堆肥处理。通过阳光房堆肥满 2 个月后，可直接还田增肥。其次，对"二次分类"中的"可卖"垃圾，进行废品收购回收利用。最后，对"二次分类"中的"不可卖"垃圾，按"户集、村收、镇运、市处理"机制，经乡镇垃圾中转站转运到市垃圾填埋场统一处理。经垃圾分类后，运至市垃圾填埋场统一处理的农村垃圾可减量 35％～50％。

（三）重宣传教育，全民齐参与

一是"常态化"培训。从市到乡镇到村，层层递进，全面开展农村生活垃垃知识培训。二是"常态化"宣传。联合市戏曲、艺术团开展"垃圾不落地、龙泉更美丽"送戏下乡活动，宣传普及垃圾分类常识。发挥共青团、妇联等各类组织的助推作用，动员人人参与，扩大覆盖面；联合市教育局、市文明办、市妇联等有关部门，开展垃圾分类进校园等活动，通过"小手牵大手""一人带一家""一家带一村"，让垃圾分类切切实实地融入大家的生活中。

（四）试点先行，有序推进

首先在饮用水源保护区、江河流域等生态敏感地区以及中心村、美丽宜居示范村、历史文化村落等地，择优选择村庄开展农村生活垃圾分类试点工作。激励各乡镇（街道）开展农村生活垃圾分类示范村创建。如浙西南红色小镇——住龙镇住溪村实行分片定人网格化管理，保洁员定时上门收集，既方便了群众分类垃圾投入，又减少了垃圾收集点设置，使村庄整体面貌更加美丽。

（五）建章立制，保障长效治理

全市建立了市、镇、村、户四个层面的制度运行体系，层层明确责任，保障农村垃圾分类处理体系长效运行；实行定期评比，张榜公示农户源头分类情况，组建垃圾分类督查指导小组，指导农户开展分类工作；实施分级督查考评制度，市对乡镇（街道）实行月查和不定期督查，分别公布排名，结果列入"乡村振兴"目标责任制综合考核内容，乡镇（街道）对村实行月查，全年成绩与垃圾治理资金补助直接挂钩，有效保证了农村垃圾分类处理工作目标不松，力度不减。

二、主要问题

龙泉市 2015—2019 年建设的设施中，阳光房因堆肥效率原因使用率低下，资源化处理站点使用率不高，部分未使用，主要反映出以下问题：一是乡村人口流动大。平时年轻人外出务工，村中常住基本为老人和小孩，垃圾产量不多，食物类可腐垃圾剩余基本由家禽家畜喂养消耗；年底时间段外出务工人员回家，垃圾产量增加，特定时间段需要使用机器。二是村民垃圾分类投放意识有待加强。垃圾减量化、资源化、无害化处理的一个重要前提是生活垃圾分类投放。作为生活垃圾分类的主体，广大居民只有积极参与才能从源头推进垃圾分类与处理工作。但从目前的情况看，垃圾分类处理主要还是靠政府投入来推动，由于受生活习惯和生活方式的影响，村民参与垃圾分类的意识不强。三是资金需求大。站点建设完成后还面临大量的运行维护费用，部分站点机器损坏后不能运行。

三、对策建议

一是在村民参与上下功夫。在前期宣传基础上，以村"两委"为责任单位，充分发挥基层组织作用，干部、党员带头进行生活垃圾分类，同时联合更多部门单位以及社会群体，进行下乡入户宣传，采用接地气、近民情、入人心的多元宣传方式，进行垃圾分类知识宣传，不断培养村民的生活垃圾分类意识，进而达到生活垃圾分类深入人心并融入生活行为的最终目的。二是在长效机制建立上下功夫。建立健全生活垃圾分类考核、激励、保障和约束等机制，将生活垃圾分类工作列入村规民约，让制度上墙，完善村民诚信评价体系，同时与村文明户评选相挂钩，持之以恒地推进农村生活垃圾分类工作。探索农村环卫保洁市场化运作，将土地、资金等资源配置给优质的市场主体，激发市场活力，推动农村垃圾分类处理可持续发展。

青 田 县

加强源头分类 倒逼处理体系完善

青田县现有 32 个乡镇（街道）363 个行政村（2019 年撤并前为 414 个行政村），农村常住人口约 21 万。截至 2021 年底，全县累计实施生活垃圾分类的村 348 个，建成省级高标准农村生活垃圾分类村 8 个、市级示范乡镇 1 个、市级示范村 5 个，建成农村生活垃圾资源化处理站点 15 个，农村生活垃圾分类处理覆盖面达到 95.8%。连续两年被评为浙江省农村生活垃圾分类处理工作优胜县。

一、开展情况

（一）完善设施，减量无害处理

开展农村生活垃圾分类处理村分类设施排查，制定年度建设计划，及时配齐各村的分类垃圾桶、垃圾收集清运车等设施，完善村级垃圾转运房。各分类处理村每户配置了一组小型两分类垃圾桶、户外按实际需要配备一组大型分类垃圾桶，每个垃圾分类村至少建有一个"四分"投放点。2019—2021 年，新购各类垃圾分类收集清运车辆 188 辆，建成农村生活垃圾资源化处理站 21 个。采用就近就地处理原则，不同类别垃圾采取不同处理方法，易腐垃圾由乡镇资源化站或县有机废弃物（粪便、餐厨）处置中心处理，其他垃圾转运至西村垃圾焚烧厂处理。农村生活垃圾资源化利用率达到 100%，无害化处理率达到 100%。

（二）构建体系，优化垃圾收运

按照二次四分法对农村生活垃圾进行投放和收集，农户将生活垃圾按可腐烂和不可腐烂分别放入绿色和灰黑色垃圾桶，由村保洁员根据村庄实际情况采用上门收集或户外固定投放点收集模式。健全保洁人员队伍，除环卫所清扫和保洁外包村，按常住人口 300 人配一名保洁员的标准配齐村级保洁人员，目前有村级保洁人员 716 人，由县农办统一投保人身意外险。

（三）强化督查，落实奖惩办法

出台《2021 年度青田县农村生活垃圾分类处理实施方案》《2021 年度农村

生活垃圾分类处理宣传工作方案》《2021 年度农村生活垃圾分类处理工作考核办法》等，将年度农村生活垃圾分类处理工作分解细化到具体乡镇（街道）、村，指导各乡镇（街道）、村做好落实。成立花园乡村创建工作专班，村庄卫生、垃圾分类、农村公厕等工作列入专班的日常督查内容，实行一月一考核，"红黑榜"村评定，并将督查考核结果实行排名通报。向获评为红榜村的行政村奖励 1 万～3 万元；月督查考核结果排名末位的乡镇（街道）和被评为黑榜村的行政村，通过电视台曝光；对全年连续两次或累计三次排名末位的乡镇（街道）主要负责人进行约谈。

（四）宣传培训，线上线下联动

召开全县农村生活垃圾分类工作业务培训会，印发《浙江省生活垃圾管理条例》《青田县农村生活垃圾分类工作指导手册》等宣传材料 5 万余份，指导相关乡镇开展业务培训会 106 次。在村内公开栏、宣传栏、公共场所等处粘贴垃圾分类知识、标语等宣传内容。部分乡镇（街道）的村级保洁员和垃圾清运车上配置喇叭，在工作时间开展分类宣传。在节日期间的乡村娱乐活动中安排垃圾分类节目，发动垃圾分类巾帼先行活动。同时，与中国移动合作，通过手机短信、朋友圈曝光等方式，向全县农村居民开展垃圾分类知识宣传，让"人人参与垃圾分类"的观念进一步生根发芽。

二、存在问题

1. 农户参与垃圾分类的积极性不高。 通过近几年的大量宣传、入户指导等垃圾分类活动，绝大多数村民知晓垃圾分类工作并认同垃圾分类的重要意义，但普遍觉得垃圾分类增加了麻烦，存在不愿分不想分的思想。

2. 垃圾分类处理工作成效极易反弹。 垃圾分类永远在路上。由于农村生活垃圾处理工作涉及面广、村民的分类意识不强，同时垃圾分类工作烦琐又不易出政绩，各农村生活垃圾分类处理工作领导小组成员部门未有效参与，部分乡镇领导思想存在应付，工作缺少强有力的推手和刚性约束。采用运动式的宣传、制度性的监管和形式上的考核，难以实现农村生活垃圾减量化、资源化和无害化处理的长效目标。

3. 农村生活垃圾中实际有机垃圾量少。 青田县农村饲养鸡、鸭等家禽现象比较普遍，农户日常生活中的剩菜剩饭、瓜果蔬皮等大多已自然消耗，丢入垃圾桶的量不多，农村垃圾桶里基本上是不可腐烂垃圾。部分乡镇站点管理干部为确保站点正常运行，甚至去单位食堂、农家乐等场所与村民抢收易腐垃圾。

4. 有机垃圾处置设备技术有待加强。青田县现有 15 座资源化处理站，现安装的处理设备出自 3 个厂家，难以适应现有的农村有机垃圾多样化的现状，普遍存在对收集来的易腐垃圾有较高的要求，如纯餐余垃圾不能处理（需加入 1/2～2/3 其他有机垃圾）；玉米叶（杆、须）、莲叶莲蓬、笋壳、番薯藤、茭白壳、苦马菜梗等高纤维植物不能处理；番薯渣、酒糟等糊状垃圾不能处理等，增加了站点正常运行难度。

5. 农村垃圾治理基础设施建设选址难。当地群众不愿意将环卫设施建在自己家、村附近，加上青田县是山区县，九山半水半分田，可用于建设的土地紧缺，导致环卫基础设施建设难。

6. 管理运维资金压力大。青田县除温溪镇外，其他乡镇无一级财政收入，农村收取建筑垃圾治理押金或保洁费不被允许（减少农户担负），绝大多数村集体经济收入有限，造成项目资金来源单一，农村生活垃圾治理经费基本靠县财政投入。

三、对策建议

1. 完善考核制度。将资源化处理站点运行情况作为各乡镇生活垃圾分类处理工作考核的主要指标，以终端的运行推进源头的分类。

2. 建立合力推进机制。充分利用联席办公会议，建立合力推进机制，实行农村生活垃圾分类处理工作的常态化专项考核；定期研究处理垃圾分类工作中遇到的问题，做好工作对接；充分发挥各成员单位联络员和信息报送制度的作用，定时报送相关工作信息。

3. 加大省、市财政支持。建立农村环卫保洁经费保障机制，把农村环卫保洁经费纳入各级政府财政预算，推动农村环卫保洁正常化。

云 和 县

精准建设站点 提高农村垃圾无害化处置水平

云和县地处浙江省西南部，是典型的盆地地形，总面积 978 千米^2，其中林地面积 121 亩、耕地 7.3 万亩，素有"九山半水半分天"之称，现有人口 11.37 万，辖管 3 个镇 3 个乡（其中 2 个为畲族乡）4 个街道。全县现有生活垃圾资源化处理站点 5 个（其中 2 个阳光堆肥房、2 个机械制肥站，1 个沼气厌氧处理站），配备农村生活垃圾中转站 4 座、农村生活垃圾移动压缩设备 3 套、垃圾转运车辆 6 辆，覆盖 3 镇 2 乡的村庄，总投资 636 万元。全县生活垃圾日处理总量约 6.8 吨，切实提高了资源化利用率、回收利用率和无害化处置率。

一、主要做法

（一）精准施策，合理布局站点

一是精心组织，统筹协调垃圾分类工作。成立由乡镇主要领导担任组长、分管领导担任副组长的农村生活垃圾分类和资源化利用工作领导小组，负责统筹协调全镇农村生活垃圾分类和资源化站点工作。二是精准分工，指导并落实垃圾分类实施。各乡镇领导小组成员及联络员负责农村生活垃圾分类工作的指导、监督、考核等工作，实现规模化运作。各行政村负责人负责落实工作，各村志愿者、督导员负责指导、监督落实工作。三是因地制宜合理布局垃圾分类设施。在选址过程中，按照"群众受益全面、设施覆盖到位、处理运行常态、减量效果明显、资源循环利用"等要求，合理布局农村生活垃圾分类处理资源化站点。原则上选择中心村、人口规模较大的村设点，因地制宜采取"多村合建"方式。

（二）结合实际，精准建设硬件

在建设过程中，充分考虑云和县城乡统筹发展、经济社会状态、用地指标要求以及交通方便等细节，结合"童话云和元素"和农村实际环境精心设计成熟可靠且经济实用的垃圾处理终端站房，每个站房都配套供排水、强弱电、挡土墙、绿化、污水处理、管理房、二次分类房等附属设施，每个资源化站点所在的村都配备垃圾兑换超市。在处置工艺上，根据云和县地域情况，优先推行微生物发酵资源化快速成肥机器，在垃圾量较少地区选择太阳能沤肥、沼气处理，积极探索利用新技术、新工艺处理农村生活垃圾。由业主单位认真组织施工建设，统筹推进垃圾分类、推动资源综合利用、完善收运网络，多元化研究垃圾分类处理方式及技术路线，并且精心设计和制作云和县垃圾分类专属标志，在各类宣传品上均标注云和县农村生活垃圾分类标识。

（三）创新机制，全面统筹推进

云和县加大资金投入，加强督查监管，细化工作职责，通过机制提高工作成效。各乡镇根据村情实际，按照生活垃圾"分类、减量化利用"的总体要求和安全、方便、实惠的原则，根据道路分布现状，每条道路将各个自然村进行串联，形成 5 条路线。采取"户集、村收、乡镇统一清运"等多种形式，定时定点上门收运易腐垃圾。同时加大督导力度，量化检查结果，制定奖惩方案，例如云和县崇头镇对崇头村的资源化站点的清运员每月进行考核，并根据考核结果对各清运员进行奖补，以此提高他们的积极性。

二、存在问题

（一）资金不足，长效运维举步维艰

专项补助资金仅补助资源化站点建设及项目村创建，后续长效运维资金不足。一方面，站点所覆盖的建制村较分散，需要分拣员到各村上门收集，人工成本较高；另一方面，机械设备的后续维修等运营经费不足。目前云和县 2 座利用机械堆肥的资源化处理站点所需后续运维费用较多，乡镇普遍感到困难且无名目列支，农村垃圾资源化处理站点运维举步维艰。

（二）意识有待加强，源头分类不精准

云和县实施"小县大城"战略，年轻人基本集中转移到县城，留守老年人长期以来养成的垃圾处理习惯难以改变。农家乐、个人存在乱投、错投、混投的现象，导致收集的餐厨垃圾内混有其他垃圾，需要分拣员二次分拣。

（三）处置能力不强，站点实效较低

目前云和县有 2 座资源化站点采用阳光房沤肥方式，但其沤肥周期较长，大约需要 60 天，且成肥率不能得到有效保证；由于分类处理不够彻底，依然有很多可腐烂垃圾未入厌氧沼气池。站点产出的有机肥除用于乡镇所在地的绿化，难以有其他去处，这也导致成肥闲置，资源转化不够及时和有效，无法形

成垃圾分类产业链。

三、对策建议

1. 进一步健全规章制度。乡镇应根据实际情况，制定完善的规章制度，明确分工、落实责任，为易腐垃圾资源化工厂化生产提供制度保障。

2. 严格落实奖惩机制。县、乡两级制定相应的激励政策，每月定期对各村开展最整洁、最脏家庭户评比，把垃圾精准分类纳入评分标准。结合各乡镇"两山转化"生态信用积分兑换制度，按规定对最整洁、最脏家庭实行加、减分，鼓励各家庭做好源头分类。

3. 优化网格化管理制度。各乡镇网格化管理制度要做到乡干部联系党员、党员联系群众。乡干部再以"熟识百张脸，争当百晓生"为目标，联系群众、熟识群众，监督党员和指导群众进行垃圾分类。

4. 大力开展宣传引导。要开展形式多样的宣传教育活动，发挥共青团、妇联等各类组织的助推作用，动员人人参与，扩大覆盖面。联合县教育局、县文明办、县妇联等有关部门，开展垃圾分类进校园等活动，通过"小手牵大手""一人带一家""一家带一村"，让垃圾分类融入群众的生活。举办垃圾分类晚会，结合"党员＋垃圾分类"，通过"互联网＋政府网"等宣传方式，让宣传引导更接地气，更通俗易懂，逐步提高群众对农村生活垃圾分类的认知度。

庆 元 县

推进"垃圾革命" 打造生态宜居乡村环境

庆元地处浙西南，位于长江三角洲经济圈和海峡西岸经济区的交集区。县域面积 1 898 千米²，呈"九山半水半分田"的地貌结构，下辖 19 个乡镇（街道）191 个行政村，总人口 20 万，被誉为中国生态环境第一县。庆元县积极构建农村生活垃圾源头减量、分类投放、分类收集、分类运输、分类处理体系，有效补齐源头减量不够、分类投放不准、处置能力不足、设施设备不符合要求等短板，强化政府推动、社会发动、全民行动，建立健全覆盖全域、保障有力、监管到位、运转高效的农村生活垃圾分类处理长效管理机制，不断提升农村生活垃圾减量化、无害化、资源化处理水平。曾被评为浙江省农村生活垃圾分类处理工作优胜县（市、区）。

一、主要做法

（一）顶层设计日臻完善

按照生态立县发展目标任务，县委、县政府高度重视，县委书记、县长担任农村生活垃圾分类工作领导小组双组长，召开全县农村生活垃圾治理全面决胜攻坚推进会，出台《庆元县生活垃圾治理全面决胜攻坚行动方案》《庆元县城区生活垃圾分类宣传工作方案》《庆元县城区生活垃圾"撤桶并点，两定四分"行动实施方案》《庆元县生活垃圾分类"桶长制"实施方案》等，扎实推进垃圾分类工作。

（二）分类设施提档升级

全面推行"撤桶并点，两定四分"，建成垃圾分类投放点位 103 个，优化调整点位 10 个，安装监控设备 100 个，并纳入监管平台。严格按照全程分类要求，新采购或改装分类清运车辆 43 辆，制定分类清运路线 9 条，提升改造中转站 1 座，正式运行庆元县生活垃圾综合处理处置项目，启动生活垃圾填埋场综合治理。分类体系不断健全，前、中、末端全链条闭环体系进一步完善。

（三）部门协同保障有力

各乡镇（街道）、部门积极发扬实干、苦干精神，强化重点部门单位协调联动和乡镇（街道）、村的主体意识，强化责任落实与长效管理机制建设，确保工作落实到位。逢单月 28 日，由副县级领导带队开展督查工作，以"全域洁净"工作为重要抓手，推进农村人居环境整治工作。在全县开展为期 3 个月的"撤桶并点，两定四分""桶长制"攻坚行动，全县"桶长"单位按全天 6 小时投放时间安排人员负责桶边督导，同时联合有关执法部门加强专项督查和执法检查。

（四）宣传引导落地见效

坚持宣传教育"入户、入行、入心"，以"八进"宣传为载体，开展各类业务培训 100 余场、宣传活动 120 余场。充分发挥微网格优势，开展入户宣传，共发放《农村生活垃圾分类倡议书》《农村生活垃圾分类指导手册》《农村生活垃圾分类宣传海报》等宣传资料 20 余万份，实现户户全覆盖。同时，借助商铺 LED 屏、公交站台公益广告等渠道，营造浓厚的垃圾分类氛围。设立每月"洁净乡村全民行动日"，当天各乡镇（街道）、部门、各级党员、干部、群众都会投入到相关辖区的环境卫生整治工作。

（五）市场化保洁大力推进

借鉴环卫处对县城保洁管理的先进经验，鼓励乡镇（街道）开展市场化承包保洁工作。三分之二以上乡镇（街道）引进市场化保洁管理，通过政府购买服务，使乡镇（街道）由直接管理保洁员转变为监督考核保洁效果，实现了管干分离，有效地减轻了日常保洁监管压力，是一种"以市场化保洁为主导，政府有效监督管理"的模式。同时，乡镇（街道）将更多的精力用于环境卫生宣传活动及其他村庄的监督管理，提高了保洁管理水平，实现了良性循环。

二、存在问题

1. 思想认识不到位。 垃圾分类处理涉及"投、收、运、处"多个环节，是一项复杂而长期的系统工程，庆元县虽然做了大量的前期宣传工作，但仍有不少村民还未形成垃圾分类习惯，缺少强有力的推手和刚性约束。仅靠激励和面上发动难以取得长效，时间一长也极易反弹，民众垃圾分类意识还需进一步增强。部分乡镇领导干部对于开展农村生活垃圾分类重视不够、信心不足，存在畏难情绪和应付心态。

2. 终端技术有待提升。 农村垃圾资源化终端处理设备运行不尽理想，缺乏国家标准和行业标准，技术工艺的成熟度、设备运行的稳定性缺少相关的检验标准，处理工艺不成熟、功能不全面、运行不稳定等问题较突出，致使终端处理设备选择难。

3. 运维资金压力较大。目前，农村生活垃圾分类处理工作经费以财政投入为主。庆元县大多数村集体经济收入有限，终端运维资金压力较大。

三、对策建议

（一）加强宣传引导

要采取多项措施，向群众普及垃圾分类的相关知识，提高群众对美好居住环境的忧患意识和保护意识，从"政府要我分"转为"我要主动分"。要改变一些领导干部的观念，清醒认识到农村生活垃圾分类不是应付上级考核，而是生态文明新内涵的要求，是一项惠及民生的实事，要拉高标杆、走先一步，才是真正实现赶超发展、跨越发展。要积极利用微信公众号、电视、标语、倡议书、指导手册、海报等开展宣传教育，提高群众参与率和知晓率，不断激发村民垃圾分类、建设美丽乡村的主动性和积极性。

（二）加强资金保障

要建立"政府主导、社会参与、农民自筹"的资金筹措机制，加大对农村生活垃圾处理的资金保障力度，加快分类处理设施建设的进度。要积极引导社会资本通过 PPP 模式参与农村生活垃圾收集、清运和处理设施运维。积极探索建立农村生活垃圾处理收费制度，按照"谁污染，谁治理"的原则，将垃圾处理按量收费，通过经济手段鼓励群众减少生活垃圾的产生。统筹资金倒排时间，抓紧落实资源化站点终端设备迭代升级，建立健全站长管理机制，做好日常运维工作。

（三）完善运行机制

进一步落实垃圾分类建制村基础设施和保洁队伍建设。深入推行保洁员、分拣员、清运员、站房管理员、监督员、巡查员等"六员共管"管理制度。加大培训力度，通过组织县、乡两级集中培训、外出考察等形式，做好保洁人员的垃圾分类培训工作，提升保洁员（分拣员）、清运员等具体从业人员的业务能力。

缙 云 县

做好"六个强化" 提高垃圾分类准确度

2015 年以来，缙云县在全面推进农村生活垃圾集中收集全域覆盖的基础上，积极推进农村垃圾减量化、资源化处理，围绕"最大限度地减少垃圾处置量，实现农村垃圾循环资源化利用"的总体目标，加强农村生活垃圾分类处理。目前，全县 18 个乡镇（街道）已建成省级农村生活垃圾处理站点 33 个、项目村 36 个，日处理易腐垃圾 21.8 吨，受益人口 8.69 万，省级投入 1 080 万元，县投入 1 440 万元，共计 2 520 万元。

一、主要做法

针对农村垃圾分类不规范、农户源头分类不清等问题，主要做好"六个强化"破解分类问题。

（一）强化宣传引导

充分利用各种媒介，有效地进行广泛的宣传，普及垃圾资源的再利用知识教育。在中小学教育中，增加专门的垃圾分类、资源利用和环境保护知识的内容。这些学生也是很好的普及宣传员和监督员，将对家庭及周围人员进行垃圾分类和回收利用的知识教育，促使整个社会逐渐形成良好的垃圾分类习惯。

（二）强化硬件配备

针对分类设施投放不完善，导致群众"想进行分类，条件却不允许"；分类收集工作不合规，收集过程中"不分三七二十一"全部"一车装"等问题，缙云县建立了"投放、收集、处理"垃圾分类的闭环系统，强化"硬件"设施，对所有垃圾简单分类村进行了整改提升，要求每 50 户设置 1 个投放点（四分法或二分法），其中行政村所在地 500 人以下的四分法投放点至少 2 个，500 人以上的至少 3 个。分类垃圾桶摆放与宣传窗内容要一一对应，垃圾桶盖和桶身上必须标注明显的分类类型。每个村至少配备 1 辆垃圾分类运输车。

(三) 强化网格管理

把垃圾分类纳入网格化管理范畴，根据村庄的规模，综合考虑面积和人口数，设置相应的网格，由村干部、党员、村民代表等担任网格长，每个网格涵盖 50～80 户农户。设置奖罚办法，对分类情况优秀网格长和农户适当予以奖励，切实提高垃圾分类工作效率。

(四) 强化方法创新

设立垃圾兑换超市，提高人民群众参与的积极性。如缙云县五云街道白岩村依托当地超市，设立垃圾兑换点，村民可以用可回收物、易腐垃圾兑换日常用品。在缙云县方溪乡垃圾兑换超市，250 克香烟头可兑换 1 瓶 500 克食用油、10 个农药袋可兑换 1 块肥皂等。垃圾兑换超市的设立，显著调动了村民参与垃圾分类、回收的积极性，在一定程度上解决了村里垃圾难处理的问题，使村里卫生环境得到显著改善。

(五) 强化终端处置

前端的生活垃圾分类与后续转运、综合利用等必须一体化设计。分类处理过程不科学，分类处理系统欠缺，将导致居民滋生不好分类、不愿分类的心理，也是影响垃圾分类工作进程的最现实掣肘。缙云县因地制宜，提出切实可行的农村生活垃圾分类处理模式，采取微生物发酵快速成肥、还山还田、厌氧发酵终端处理、可腐烂垃圾养殖黑水虻等，在站点边建设压缩中转站，确保其他垃圾能得到及时处理，基本实现垃圾处理终端全覆盖，以终端促前端。

(六) 强化经费保障

切实保障农村环境卫生整治资金投入，全面建立以县级财政投入为主、多渠道整合为辅的经费投入保障机制，切实加强资金使用监管，确保工作成效。一是农村保洁经费每年 50 元/人，用于农村日常保洁和垃圾处置，资金拨付与平时考核挂钩；二是保洁人员人身保障，每年投入近 20 万元为全县农村保洁人员投保团体意外伤害保险，解决了他们的后顾之忧。

二、问题与对策

缙云县在农村垃圾分类处理方面存在的主要问题有：资源化处理站点多为单村建设，处理设备存在"吃不饱"的现象；垃圾源头分类准确率低，二次分拣工作量大，站点运行成本高；前期购置的处理设备技术还不成熟，故障率偏高，设备维修成本较高。对此，提出以下对策建议：

（一）明确职责

根据省、市有关文件规定，县、乡（镇）、村三级进行明确分工，各司其职。2020 年初，制订出台了《缙云县农村生活垃圾减量化资源化处理运行管理办法（试行）》，进一步规范了农村生活垃圾减量化资源化处理工作，确保建成的设施能够切实发挥效益，杜绝发生二次污染。县农业农村局负责对农村生活垃圾资源化处理设施运行维护管理工作的指导、监督和考核，及时研究解决农村生活垃圾分类处理推进工作中的主要问题，确保目标任务落到实处。各乡镇（街道）是辖区内垃圾资源化处理设施运行维护管理的责任实施主体，负责做好现场施工的统筹协调、群众发动、政策处理、现场监督、项目运维等工作。项目村负责前端农户分类精准化、中端收集运输规范化、末端处理设施标准化三个关键环节的具体实施工作。

（二）保障运维

为确保垃圾分类资源化减量化处理站的顺利运行，着力推进"三个保障"。一是人员保障。农村生活垃圾减量化资源化设施须配备专人运行管理，专人操作，挂牌上岗。各操作员应经过技术培训合格后方可上岗，现场作业时应穿戴规定的劳保用品，做到安全运维。二是资金保障。积极创造条件，通过"以奖代补"形式，对垃圾处理设备、垃圾投放点等设施设备建设给予一定补助，按照用电量和出肥量进行考核，确定补助办法，日处理 500 千克的资源化处理站月均用电量 2 000 千瓦时的年度最高补助运维资金 4 万元，日处理 1 000 千克的资源化处理站月均用电量 3 000 千瓦时的年度最高补助运维资金 6 万元，以实际用电量确定补助基数；结合平时考评打分得出最终补助金额，年终得分（月评分总和/月评次数）10 分以下的补助 10％运维资金，10～19 分补助 20％运维资金，以此类推，90 分及以上全额补助运维资金。建立农村生活垃圾分类、资源化处理基金，按照"多元化、市场化、社会化"原则，采取多种形式，吸引社会资金参与垃圾分类处理工作，筹集资金主要用于分类基础设施更换、资源化设备维护等。三是制度保障。建立和完善严格的监督考核机制，组织人员定期和不定期开展明查暗访，针对设施配备、宣传发动、分类质量、群众参与等多方面内容进行全方位实地检查，以用电量和出肥量为主要量化指标，结果与年度考核、资金补助相结合，推进工作落实。

（三）破解原料不足

一是科学设置新建站点。精心规划处理站点，按照集约化、多元化、规范化要求，合理规划布局，鼓励联村建、联点建，辐射项目任务村及周边村。科学测算所辖区域、人口和垃圾量，使处理能力和处理需求相适应，保证站点覆盖范围最优化、设施设备效益最大化。二是扩大原有站点辐射范围。遵循"提升一批、整合一批"原则，根据乡镇人口规模、村庄散落分布等情况，因地制宜、因村制宜，对原31个单村处理模式的站点，加强统筹谋划，扩大农村生活垃圾减量化资源化处理覆盖面，把站点周边的生活垃圾简单分类村纳入处理范畴，解决原料来源不足问题，使农村生活垃圾减量化资源化处理站点效益最大化。农村生活垃圾减量化资源化处理站点每新增覆盖1个村并纳入有效处理（每月至少处理1 000千克）的，每年每村给予补助资金1万元。

| 遂 昌 县 |

以点带面促进垃圾分类工作展开

2014 年起，遂昌县开展农村生活垃圾分类工作，通过分类收集、减量处理、资源利用，减少垃圾处理量、降低处理成本，不断改善农村人居条件，提高农村生态环境质量，进一步打开"两山"通道，建设美丽幸福大花园。截至2019 年底，完成 153 个垃圾分类处理村建设，垃圾分类覆盖率达到 75.3%；完成了 27 个有机垃圾资源化处理站建设，资源化处理率达到 42%；完成了 2 个县级垃圾分类示范乡镇、4 个省级高标准垃圾分类示范村、17 个县级垃圾分类示范村创建，达到"以点带面，示范引领"的效果。

一、主要做法

（一）组织重视，形成提升合力

县委、县政府高度重视，要求乡镇（街道）明确主体责任，强抓落实，维护好遂昌县"洁净乡村"品牌，完成从"洁净乡村"到"美丽乡村"再到"未来乡村"的蜕变。将垃圾分类治理纳入党委政府对乡镇（街道）年度考核，全面执行乡镇（街道）、村垃圾分类月督查制度，打分、排名、公示，排名情况与乡镇（街道）、村干部岗位考核挂钩，与洁净乡村经费挂钩。

（二）出台政策，确保提升动力

为切实加强农村垃圾分类处理基础设施建设和垃圾分类村创建及运维管理，进一步提高财政资金使用效率，县农业农村局出台《遂昌县农村人居环境提升洁净乡村基础设施建设、运维以奖代补管理办法》（遂农函〔2019〕101号），明确目标任务，落实了每年每个垃圾分类建制村 1.5 万元，每个资源化处理站点 5 万元的运维资金。同时，对垃圾分类处理村网格化管理、月考核以及村规民约等制度进行完善，规范农村生活垃圾分类工作。

（三）制定规范，保持提升定力

遂昌县农业农村局制定出台了《有机垃圾资源化管理站运行管理规范》，

对站点的运行成效、操作方法、人员配置、环境卫生、安全培训、台账记录等方面制定了明确的规范，要求各乡镇严抓落实。同时，督查组专门针对有机垃圾资源化处理站运行情况进行单项打分，设立最低标准，未达到最低标准的不予拨付运维资金，并额外扣除其他洁净乡村基础设施补助资金。2019 年，对 4 个运行效果不理想的站点全额扣除了运行经费，并额外扣除了部分日常保洁经费作为惩戒。

（四）积极探索实战，展现提升活力

为进一步提高设备使用效率，遂昌积极探索多种运维模式，目前将湖山乡湖山村、金竹镇百胜村两个站点作为试点，将站点运维工作交由第三方运维公司，与之签订运维协议，由乡镇负责对其考核。自试点运行以来，实行定点定时定员定位的收集处理方法，效果显著，收集、转运工作规范有序，站点相关制度、标识完善，工作人员操作规范、形象统一，作业环境整洁干净。自试点运行以来，收集可腐烂垃圾 200 余吨，产出有机肥 20 余吨，实现了农村生活垃圾的减量化、资源化、无害化。

（五）统一维护，防止设备后继无力

前期，县农业农村局检查了 27 个有机垃圾资源化处理站点的设备情况，对所有设备的运行情况进行了评估，并与第三方签订了统一维护协议，要求第三方在故障发生后 1 天内必须到达现场，3 天内必须完成设备维修，由农业农村局统一结算维修经费，解决乡镇后顾之忧，防止设备后继无力。目前，遂昌县已在 18 个乡镇建成农村生活垃圾减量化资源化处理站 27 个，其中 2014—2015 年建成 4 个，2017 年建成 15 个，2019 年建成 8 个，有机垃圾日处理能力达到 28 吨以上，实现了农村有机垃圾资源化处理规划区范围外全覆盖。

二、存在问题

1. 资金保障问题。虽然县财政对每个站点安排了 5 万元/年的运维费用，但是仅靠政府投入，运维经费是不够的。如应村乡、高坪乡的有机垃圾资源化处理站点，设备已经过了质保期，没有充足的经费用于设备维护。

2. 重视程度问题。县、乡两级对垃圾分类处理工作非常重视，但是部分村、农户的认识不足、积极性和主动性不高，对于工作的落实推动方面存在影响。

3. 设备质量问题。购买年份较早的设备，没有统一的标准，质量参差不

齐，且部分设备厂家已不再从事该项业务，如遂昌县 2017 年在浙江万泰环保有限公司采购了 8 台有机垃圾资源化处理站，如今，万泰公司已不再经营小型资源化处理设备，后期维护存在很大的问题。

4. 群众分类意识较薄弱。 垃圾分类工作需要长期性的引导，以及群众自觉自愿，目前部分村处在开展垃圾分类试点工作的初期，群众观念和习惯的转变仍需要较长的时间。

三、对策建议

（一）突出工作重点，做好示范引领

针对暴露出的问题，坚持问题导向，加强分析研究和指导，形成一套更加系统、科学和可操作的运作机制，制定切合当地农民实际的农村生活垃圾分类管理规范要求，用制度规范村民行为。对违反制度的村民，在一定范围内进行曝光批评，让垃圾分类理念深入民心。积极开展党员干部"垃圾分类、美化家园"义务劳动活动，引导农民积极参与农村生活垃圾分类减量处理，自觉转变观念，提高村民参与积极性；对美化绿化、清洁卫生进行星级评定，达到标准且在某方面突出的家庭可以获得"绿色家庭""生态家庭""美丽家庭"称号并挂牌。

（二）强化考核，完善长效机制

针对制约垃圾分类和减量化工作的重点与关键环节，要明确部门责任，加大工作力度，建立工作联席会议制度，充分发挥联席会议的统筹、协调和指导作用，进一步细化、落实阶段性的工作目标和重点任务，建立健全垃圾分类检查、评估和考核体系。针对当前居民分类投放缺乏约束机制、参与率普遍不高的问题，要结合遂昌县实际研究对策，包括垃圾处置收费政策的可行性研究等，建立长效的源头减量、分类回收、分类资源利用等奖励与约束性制度，通过激励和约束相结合的方式保障政府、社会、家庭参与率；要加强垃圾分类与处理立法工作研究，制定具有可操作性的地方性法规，推进生活垃圾分类与处理工作的法制化和规范化。建议将垃圾分类工作与网格化管理工作相结合，将垃圾分类工作深入落实到基层，责任到户、到人。

（三）强化保障，保证设备正常运行

实行垃圾处理费用专款专用，保障从源头分类到垃圾终端处理设施运转体系建设。一是加大财政专项投入。发改、财政部门要积极争取更多的垃圾分类处理项目建设资金；拓宽投资渠道，放宽市场准入条件，完善市场退出机制，

引导和鼓励社会资本参与垃圾分类处理设施建设和运营；建立激励机制，完善税收优惠政策，建立利益导向机制，建立垃圾资源化处理推进机制和废品回收补贴机制。二是加强以奖代补力度。对于典型示范乡镇或村，以及垃圾分类考核先进的乡镇或村，加强资金补助力度。在垃圾的投放、收集、清运、处理等多个环节增加投入，为实施垃圾分类工作提供坚实的财政支持和保障。

松 阳 县

以农村生活垃圾分类为目标　推进全域洁净

松阳县大力推进农村生活垃圾分类处理，建立分类投放、分类收集、分类运输、分类处理的垃圾处理系统，形成以法治为基础的政府推动、全民参与、城乡统筹、因地制宜的垃圾分类制度，切实提高垃圾分类制度覆盖范围。

一、主要做法

（一）构建垃圾分类组织机构

2015 年以来，松阳县围绕省、市相关要求，建立了以县委副书记为组长，常务副县长、分管农业农村、建设等 3 位副县长为副组长，农业农村、建设、环保、国土等相关单位及各乡镇（街道）党政一把手为成员的全县生活垃圾分类处理工作领导小组，编制印发了《松阳县城乡生活垃圾分类处理实施意见》（松政办〔2019〕81 号），按照"二分"体系，不断夯实垃圾处理基础。

（二）提高群众垃圾分类意识

通过全民清洁日、"主题党日"创建等方式，大力宣传农村生活垃圾分类处理工作的重要意义，累计印发《垃圾分类倡议书》《生活垃圾分类指导手册》等宣传资料 4 万余册，开展垃圾分类各类宣传培训 600 余场。通过中国移动业务平台，将"垃圾分类引领低碳生活新时尚"等大家耳熟能详的语句制作成全市首支垃圾分类宣传视频彩铃，借助电视、微信、网站等宣传平台，形成多渠道多元化多方位的宣传格局，积极创建西坑村、平田村等高标准垃圾分类示范村，以点带面，提高群众知晓率、支持率和参与率。

（三）建设一批资源化处理站

目前，全县共建成农村生活垃圾分类处理终端 12 处，共投入建设资金 842 万元，其中省补资金 360 万元，县级配套 503 万元，覆盖村 50 个，覆盖村人口 32 601 人，平均日处理垃圾 1.06 吨，平均年处理量约 354 吨，一定程度上减轻了垃圾清运压力及垃圾填埋压力。

(四) 政策保障破解难题

提高回收(企业)人员、村干部等人员参与度,增强其对玻璃瓶、塑料瓶、铝罐、纸箱等可回收垃圾的收集意愿;针对村庄分布分散、山区村常住人少且路途遥远、回收成本较高等问题,加强回收市场主体参与建设。针对山区回收物少、回收企业难以落户现象,以联村为主设立回收站点,提高回收积极性。

二、存在问题

近年来,松阳县农村生活垃圾分类处理工作取得了一定的成效,但距离实现农村垃圾处理的减量化、资源化和无害化要求依然任重道远。

(一) 未真正建立政绩联结机制,乡镇领导积极性低

县级层面,农业农村部门管农村、建设部门管城市,各部门无法形成合力,因此在压实乡镇(街道)主体责任等方面效果不显著。乡镇层面,虽然垃圾分类工作每年被列入目标责任制考核及党政领导干部考核,且分值逐年增加,但效果不显著,存在政策失灵问题。部分乡镇领导存在畏难及抵触情绪,在态度上不坚决,落实上不到位等。

(二) 未最终形成系统闭环,农户参与度低

一是硬件设施缺失。目前全县仅有垃圾中转站 4 座,其中 2 座分布在县城,一些人口密集的乡镇目前尚无中转站。在城乡垃圾处理一体化的背景下,垃圾焚烧发电厂、餐厨垃圾处理厂等硬件设施缺乏,导致部分农户分好类后,却因无相应的分类收运、处置设施而混装混运,致使垃圾分类流于形式,阻碍了垃圾分类工作的开展。二是现有终端设施的出肥处置存在问题。由于使用可腐烂垃圾发酵制成的有机肥仅属于原腐品,农户使用时存在顾虑,如象溪村产生的肥料基本堆积仓库,大部分农户不愿意使用。三是源头监管尚未真正形成。虽然要求各村都将生活垃圾分类纳入村规民约,建立村级约束体系,但是由于松阳县村集体经济较为薄弱,对村民的福利较少,因此对村民的约束力不强,村规民约的作用留于表面。

(三) 各类要素保障不足,社会参与度低

资金不足令保洁员、终端运维管理等人员参与度低。一方面,本着给多少钱做多少事的原则,目前各村保洁员工资大部分在 800~2 000 元,大致与下

发经费持平，大部分保洁员均不愿多承担二次分拣工作，若增加分拣工作，一般每人每月需多加工资 300～500 元（如四都乡每人每月多加 500 元），全县需增加预算 324 万元。另一方面，根据调研，现有的 11 处终端共有运维人员 22 名，且大部分为兼职（象一村除外），年工资 32.5 万元，人均 1.47 万元/年，且终端运维工作环境恶劣，尤其夏天，运维人员一般应付了事，实际运维效果较差，目前计划各点位安排运维资金 3 万～5 万元，约需增加经费 50 万元。

三、对策建议

（一）理顺机制，系统推进

一是建议完善顶层设计。进一步理顺机制，着重发挥垃圾分类领导小组办公室牵头抓总的作用，真正建立城乡垃圾分类一体化工作体系，落实专人负责制。二是建议建立全局意识。将生活垃圾、农业生产垃圾、建筑垃圾、可回收资源等收运、处置问题一并考虑，规划建设静脉产业园；加快北山片区城乡垃圾资源化利用处置中心落地实施。

（二）补齐短板，加快落实

以问题为导向着眼长远，建议优化垃圾分类收运体系，加快建立城乡垃圾直运方式，加速大东坝、象溪、玉岩、古市、斋坛等 5 座垃圾中转站新（改）建工作，逐步形成以"资源化利用处置中心"为核心、各个中转站为节点的县域中转清运体系，同时建立农村"撤桶撤点""定时定点"投放制度，推广可烂垃圾不出户、不出村。二是建议建立健全回收体系，培育一批规模大、技术强的再生资源回收龙头骨干企业。三是加大政策支持，引进黑水虻等养殖主体，实现垃圾分类收集处理市场化，减轻政府负担。

（三）多措并举，强化意识

一是建议积极营造分类氛围。利用电视、网络媒体等，搭建宣传平台，营造全社会积极支持、参与、监督生活垃圾分类处理工作的良好氛围。二是继续加大考核。真正建立政绩联结机制，促进工作成效。三是建议建立激励机制。制定群众乐于接受、便于实施、易于监督的农村垃圾分类激励措施。

景宁畲族自治县
打造山区农村生活垃圾分类样板

景宁畲族自治县围绕"零增长"工作目标，通过深入开展源头减量、回收利用、处理能力提升、制度创建、文明风尚五大专项行动，持续推进农村生活垃圾"分类减量、源头追溯、定点投放、集中处理"模式，加快完善分类投放、分类收集、分类运输、分类处理的垃圾处置系统建设，连续五年获评浙江省农村生活垃圾分类处理工作考核优胜县。农村生活垃圾分类行政村覆盖面达100％，垃圾处置率、无害化处理率均达100％，资源化利用率80％以上。2021年成功举办了全国农村人居环境整治提升现场会，获评2022年度全国村庄清洁行动先进县。

一、建立规章制度，保障分类顺利推行

（一）在建章立制上引领垃圾分类强力推动

出台《景宁畲族自治县农村生活垃圾分类五年规划（2018—2022)》，为全县农村生活垃圾分类工作找准方向。印发《农村生活垃圾分类实施办法细则》和《景宁县生活垃圾分类宣传工作考核评分办法（试行）》，对考核内容、考核方法和计分标准等进行了详细规定，实现农村生活垃圾分类工作有章可循、有法可依。

（二）在统一标准上实现垃圾分类高标定位

制定农村生活垃圾分类"十个一"标准，即制作形成一张村内垃圾治理总览图；每户人家配备一组户内二分桶，垃圾收集房配备一组四分桶；配备一辆全封闭式村内垃圾收集手推车或电动车；建立一个垃圾回收站点；制作一个知识宣传栏；建立一个党员联户网格化管理制度，实现垃圾分类网格化管理；建立一套考核奖惩激励机制；建立一个"门前三包"制度，门前三包制度需上墙；制定一个村生活垃圾三年治理计划；组织一系列培训宣传会，实现在保障和推进工作上转向高质量，打造农村垃圾分类工作的景宁模式。

（三）在深化过程督考上推动垃圾分类争先创优

县级层面、部门层面、乡镇层面三级联动，制定《关于加快推进农村垃圾分类减量化资源化处理工作的实施意见》《涉农资金监管长效机制的实施意见》《关于开展村庄清洁行动四季战役提升农村人居环境工作督查的通知》，实行工作督查制，并将农村生活垃圾分类工作列入全县年度综合考核。县委、县政府重点工作专项督查、"两代表一委员"视察督查和分类办常态督查相结合，实行每月督查交办、每月打分考核的全天候督查机制。督察采用明查暗访的形式，对村庄垃圾分类、农村公厕及村内环境脏、乱、差点位督查，通过走访了解村庄清洁行动四季战役开展情况及日常村庄保洁情况等。建立全县"垃圾分类"微信工作群，实现工作动态实时通报，经验做法及时推广，发现问题即时交办，全面营造各乡镇（街道）生活垃圾分类争分夺秒、比学赶超的浓厚氛围。

二、开展试点先行，创新激励约束机制

选择垃圾分类"零基础"村开展垃圾分类试点工作，创新推出"一图全清"的垃圾分类导览图、"1＋10"党员联户管理制度等 10 项工作，成效显著，实现基础设施、制度管理、宣传元素等全覆盖，打造农村生活垃圾分类示范村。

选择垃圾分类完成村开展智能垃圾回收试点工作，渤海镇渤海村建成全县首个垃圾分类智能化管理示范村。智能化垃圾分类系统由垃圾袋智能发放机、智能垃圾分类箱、智能可回收垃圾投放箱三大硬件设备组成。村民可以通过垃圾分类用户卡免费领取垃圾袋，每个垃圾袋上都印有"易腐""其他""有害""可回收"四种二维码，做到"一户一码"。村民到智能垃圾房投放垃圾时，需要将印有二维码的垃圾袋在垃圾房上刷一下，只有通过二维码识别后，才会开启对应的铁门，做到了强制百分之百正确分类。

大均乡伏叶村试点智能垃圾分类积分兑换制，通过给村民发放智能垃圾分类卡，凭借积分卡投放垃圾，同步称重获取相应积分，用积分兑换相应礼品。同时，大均乡将垃圾分类与生态信用挂钩，出合生态信用激励与约束机制，将各营销店铺、居民个人的生态信用行为与金融征信、产业激励、社会救助等挂钩，逐步完善生态信用体系建设。

"一乡一点、聚点成网"建立垃圾兑换便民服务站。全县山区人口少、村分散，21 个乡镇（街道）均依托超市、回收经营户、农户等载体，建立了 23 个垃圾兑换便民服务点，通过以奖代补、积分兑换等模式，充分调动农户垃圾

分类积极性，所有农村回收站点与城区回收站点统筹建立垃圾回收体系，进一步健全垃圾分类处理体系，实现农村生活垃圾回收利用率达 30％以上。

三、升级技术设备，夯实垃圾治理基础

县城乡生活垃圾环卫一体化生活垃圾分类处置中心地处澄照乡农民创业园叶缴区块，项目用地面积 29 648.82 米^2，总建筑面积 5 172.7 米^2，其中车间用房 4 691.0 米^2、辅助用房 455.0 米^2，总投资 1.7 亿元。处理工艺采用"机械分选＋厌氧发酵＋沼气发电＋沼渣制肥＋塑料制粒＋污水处理＋臭气处理"工艺。该系统包括生活垃圾接收和机械分选系统、厌氧发酵系统、沼气净化及发电系统、沼渣制肥系统、塑料制粒系统、污水处理系统、臭气处理系统、电气和控制系统、监控系统等。中心设置处置能力为生活垃圾机械自动分选 180吨/天＋餐厨垃圾 20 吨/天。处置中心采用机械分选设备将生活垃圾分为可腐垃圾、金属、塑料、可燃垃圾和无机垃圾五大类，再进行分类处置。可腐垃圾通过厌氧发酵＋沼气发电＋沼渣制肥系统处置，金属垃圾直接回收，塑料垃圾进行再制粒，可燃垃圾和无机垃圾（渣土、砖块等）分别转运至焚烧厂和填埋场进行处置。在处置中心二楼，设置一个占地 600 余米^2 的科普宣传垃圾分类教育展厅，宣传介绍垃圾分类工作发展沿革、垃圾分类工作趋势及重要性，该展厅成为全县乃至周边县市中小学生环保科普教育基地。该中心是丽水市首个处置中心结合的垃圾分类文教中心，是丽水市首个采用生活垃圾厌氧发酵、利用产生沼气发电的集中处置中心，是澄照乡农村生活垃圾资源化处理站点村联建项目的升级处理中心，也是全县城乡生活垃圾分类处置中心。

四、保洁员竞聘上岗，创新保洁监管模式

所有行政村均配备专门的保洁清扫人员，负责河道、街道、公共场所等区域的保洁工作，农村保洁清扫覆盖率100％。指导各乡镇（街道）将村域划分为若干区块，以"新保洁员录用只求态度能力，不讲村籍人情"为原则，面向公众招聘保洁人员。以"竞聘制"择优建立保洁队伍，新保洁员试用期一个月，正式录用后签订一年的承包协议，期满后需考核合格方可续签，竞争上岗后不是"一劳永逸"，通过这一举措树立了保洁员的忧患意识，大幅度提升了保洁员的工作积极性，促进了全县保洁队伍素质的建设。创新保洁工作监管模式，聘请保洁监督巡查员，监督村内垃圾分类投放点管理以及公厕、道路卫生保洁等工作。巡查员根据各乡镇（街道）"垃圾分类"与"厕所革命"保洁工作要求，每月对各块辖区进行 2 次以上的随机抽查，并将检查结果记录到《道

路保洁巡查考核记录本》《公厕保洁巡查考核记录本》，定期反馈至乡镇（街道），同时要把巡查中发现的问题发送到乡镇、村保洁工作微信群中"晾晒"，通知相应保洁员限期整改。通过这一举措打破了传统保洁工作吃"大锅饭"的局面，极大提高了保洁员工作的责任意识，推动了卫生保洁工作质量的提升。

五、加大宣传力度，促进垃圾分类人人参与

（一）各类群体促宣传

党员干部带头学，结合主题党日等载体，做好乡、村党员干部的知识培训，发挥示范引领作用。中小学生齐参与，举办全县"小手牵大手""垃圾分类校园行"等系列活动，开展中小学垃圾分类征文与废旧物品创意 DIY 大赛等，寓教于乐，培养良好习惯。妇女群体总动员，开展"垃圾分类·巾帼先行"活动，全面开展全县农村妇女培训，充分发挥妇联作用，深入一线开展宣传。志愿队伍来服务，定期在各乡镇（街道）巡回举办垃圾分类主题宣传活动，招募垃圾分类志愿者，普及垃圾分类知识，用志愿服务扫除分类"盲区"。

（二）媒体联动强宣传

积极主动"找方法"，与电视台、报社等媒体联合开展垃圾分类宣传，在乡镇设置了 8 个广告宣传屏全天候播放垃圾分类宣传视频，制作了 5 个垃圾分类公益广告在电视台每天循环播放，报社定期刊发农村生活垃圾分类有关新闻。各乡镇人民政府大楼 LED 显示屏循环滚动播放垃圾分类宣传标语。联合通信运营商，每月向公众发送垃圾分类宣传短信。

（三）群团参与助宣传

在全县垃圾分类大环境下，各类群团组织也积极参与进来。凤凰爱心协会多次组织学生自愿者进村庄、入农户发放垃圾分类宣传手册，传授新知识，传递新理念。畲乡歌舞团开展"送文化下乡"活动，在各个乡镇开展大型垃圾分类宣传文艺表演活动 10 余场，带动当地学生、村民养成习惯，培育绿色环保理念。

下一步，景宁畲族自治县将进一步深化"千万工程"，持续加大投入力度，做好精细化管理，将"垃圾"这项民生大事落到实处。

图书在版编目（CIP）数据

浙江省农村生活垃圾分类处理实践 / 朱娅，孔朝阳
著 . —北京：中国农业出版社，2023.8
ISBN 978 - 7 - 109 - 31025 - 4

Ⅰ.①浙…　Ⅱ.①朱…　②孔…　Ⅲ.①农村－生活废
物－垃圾处理－研究－浙江　Ⅳ.①X799.305

中国国家版本馆 CIP 数据核字（2023）第 157412 号

中国农业出版社出版

地址：北京市朝阳区麦子店街 18 号楼
邮编：100125
责任编辑：孙鸣凤
版式设计：王　晨　责任校对：吴丽婷
印刷：北京中兴印刷有限公司
版次：2023 年 8 月第 1 版
印次：2023 年 8 月北京第 1 次印刷
发行：新华书店北京发行所
开本：700mm×1000mm　1/16
印张：23
字数：440 千字
定价：98.00 元